高等职业教育"十四五"规划教材

禽病防治

张进隆　主编

中国农业大学出版社
·北京·

内 容 简 介

本教材基于职业教育教学标准，以适度理论为基础，以技术技能为核心，以信息化资源为支撑，以线上线下为特色，根据“1＋X”证书制度试点进展，对接养禽生产技术，注重吸收疾病防控新技术、新规范。主要内容包括禽病防治基本知识、家禽病毒性传染病、家禽细菌性传染病、家禽寄生虫病、家禽营养（缺乏）代谢病和家禽中毒性疾病 6 个项目，又分为 53 个任务 18 个实训，涵盖了禽病防治的行业标准和技术规范。本书内容丰富，图文并茂，通俗易懂，形式新颖，职教特色明显，既可作为职业院校教师和学生开展“校企合作、工学结合”人才培养模式的特色教材，又可作为企业技术人员的培训教材，还可作为广大畜牧兽医工作者短期培训、技术服务和继续学习的参考用书。

图书在版编目（CIP）数据

禽病防治 / 张进隆主编. -- 北京：中国农业大学出版社，2024. 8. -- ISBN 978-7-5655-3232-0

Ⅰ. ①S858. 3

中国国家版本馆 CIP 数据核字第 2024TP4876 号

书　　名　禽病防治

作　　者　张进隆　主编

策划编辑　康昊婷　　**责任编辑**　康昊婷

封面设计　郑　川　李尘工作室

出版发行　中国农业大学出版社

社　　址　北京市海淀区圆明园西路 2 号　　**邮政编码**　100193

电　　话　发行部 010-62733489，1190　　读者服务部 010-62732336

编辑部 010-62732617，2618　　出　版　部 010-62733440

网　　址　http://www.caupress.cn　　**E-mail**　cbsszs@cau.edu.cn

经　　销　新华书店

印　　刷　河北朗祥印刷有限公司

版　　次　2024 年 8 月第 1 版　　2024 年 8 月第 1 次印刷

规　　格　185 mm×260 mm　　16 开本　　16 印张　　395 千字

定　　价　49.00 元

编审人员

主　编　张进隆（甘肃畜牧工程职业技术学院）

副主编　唐文雅（甘肃畜牧工程职业技术学院）

参　编　杨红梅（甘肃畜牧工程职业技术学院）

杨祎程（兰州现代职业技术学院）

张　阳（酒泉职业技术学院）

敬淑燕（甘肃农业职业技术学院）

主　审　王治仓（甘肃畜牧工程职业技术学院）

何彦春（张掖市动物疫病预防控制中心）

前言

党的二十大报告指出，深化教育领域综合改革，加强教材建设与管理，完善学校管理和教育评价体系，健全学校家庭社会育人机制。根据《国家职业教育改革实施方案》《“十四五”职业教育规划教材建设实施方案》《高等职业学校专业教学标准(试行)》等文件精神，并遵循职业教育教学规律，本教材编写过程中突出以下特点。

(1)以适度理论为基础。坚持适度、够用、实用的原则，在学生认知规律和同质化原则的基础上，以生产过程和岗位任务为主线，突出项目导向，在具体学习任务中设计“学习目标”“学习内容”“考核评价”“知识拓展”“执业兽医资格考试真题精选”供学生学习。

(2)以技术技能为核心。在理论知识学习的基础上，更加注重学生实践技能的培养和提高。重点结合禽病防治岗位要求设计基本技能，考核评价方法，实现课程内容与职业标准对接、教学过程与生产过程对接的特点。

(3)以信息化资源为支撑。利用二维码技术为学生配备了丰富的数字资源，通过手机微信扫描二维码，即可获取相关图片、视频等电子学习资源，图文并茂，加深学生对知识点的学习、理解和掌握，培养学习兴趣，提升学习效果，体现信息化技术手段在专业课程教学中的运用。

(4)加强课程思政。深入挖掘课程蕴含的思政元素，充分发挥专业课程的思政育人功能。坚持正确的政治方向和价值导向，在给学生传授专业知识的同时，引导学生树立正确的人生观和价值观，弘扬技能宝贵、敬畏生命、爱岗敬业、乐业奉献等精神。

(5)推进“1+X”试点改革。在每一项目后，精选部分“执业兽医资格考试真题”供学生学习。明确兽医从业人员必须具备的专业知识，认识执业兽医资格证书在规范动物诊疗活动、做好动物疫病防控工作的重要性，实现毕业证书与职业资格证书有效衔接。

本教材邀请行业、企业专家共同编写，注重工学结合，按照“岗位需求”构建相应的岗位知识，突出以能力培养为本，注重学生职业综合技能、专业技能的培养和发展需求，补充新发传染病相关内容，将防疫新规范、诊断新技术和新标准融入教材，使学生充分了解课程、技术、专业发展前沿。教材内容涵盖了禽病防治的行业标准和技术规范，内容丰富，图文并茂，通俗易懂，形式新颖、职教特色明显。本教材既可作为教师和学生开展"校企合作、工学结合"人才培养模式的特色教材，又可作为企业技术人员的培训教材，还可作为广大畜牧兽医工作者短期培训、技术服务和继续学习的参考用书。

本教材编写分工如下：项目一由张阳编写，项目二由张进隆编写，项目三由杨祎程、敬淑燕编写，项目四由杨红梅编写，项目五和项目六由唐文雅编写。全书由张进隆统稿，王治仓、何彦春审稿。教材编写过程中得到宁夏晓鸣农牧股份有限公司、张掖市动物疫病预防控制中心的大力支持，在此一并表示感谢。

由于编者水平所限，书中错误和疏漏之处在所难免，恳请同行专家和广大读者不吝赐教，批评指正。

编　者
2024 年 3 月

目 录

项目一
禽病防治基本知识

学习目标

知识目标

- 掌握禽病发生的原因。
- 掌握禽病发生流行的特点。
- 掌握禽病的诊断方法，了解诊断技术进展。
- 掌握禽病的综合防治措施。

能力目标

学会喷洒消毒、熏蒸消毒的操作方法和家禽常用免疫接种方法；初步掌握病料采取和保存方法。

思政目标

通过基本知识的学习，培养深厚的“三农”情怀，立足岗位，爱岗敬业，科学有效防控家禽常见病，减少经济损失，提高养禽业效益，保障养禽业健康发展，服务乡村振兴。

学习内容

任务一　家禽传染病的发生流行特点

一、传染病的基本特点

1. 传染

病原微生物侵入动物体，并在一定部位定居、生长繁殖，从而引起机体一系列的病理反应，这一过程称为感染。不同种类的病原微生物，侵入动物体的方式不同，一旦侵入动物体并选择适宜的靶器官或靶细胞定居。如果动物迅速启动防御机能，尽快识别并消灭病原，没有发生组织器官的病理变化和临床症状，发生抗传染免疫；如果动物的免疫机能没有及时识别和消灭病原，病原实现了数量的增加，不同种类的病原微生物，采用不同的方式，造成了组织器官的病变，发生传染。传染与免疫之间，随着条件的改变是可以相互转化的。

2. 传染病

凡是由病原微生物引起的,具有一定的潜伏期和临床表现,并具有传染性的疾病称为传染病。

传染病不同于其他非传染性疾病,主要有以下特征。

(1)由特定的病原微生物引起。一种病原微生物只能引起一种传染病,如禽流感病毒只能引起禽流感,鸡白痢沙门菌只能引起鸡白痢。据此,在发生传染病时通过查明患病动物体内病原微生物的种类,可达到确诊传染病的目的,即病原学诊断。病原学诊断是实验室诊断动物传染病的方法之一。

(2)具有传染性和流行性。传染性是指患病动物将病原微生物通过一定的方式传给另一易感动物,出现同样的症状,使发病数量增加。不同的传染病其传染性的强弱不同。流行性是指某一疾病在动物群体中蔓延扩散的特征,即动物群体发病。

传染性决定了流行性,即传染性的疾病具有流行性;反过来,流行性疾病不一定具有传染性。因此传染病与其他非传染性疾病最主要的区别是传染性。

(3)被感染的动物具有特异性免疫反应。在感染发展过程中由于病原微生物抗原的刺激作用,机体发生免疫生物学的改变,产生特异性抗体或变态反应等。某些患病动物机体在抗体的进一步作用下,将病原微生物清除,达到康复,并在一定时期内或终生不再感染该种传染病。另外,可用免疫学方法检测出产生的特异性反应,以达到诊断传染病的目的,即免疫学诊断。免疫学诊断也是实验室诊断动物传染病的方法之一。

(4)潜伏期。从病原侵入到出现最初症状需要一定的时间,不同种类传染病潜伏期长短不等。

二、传染的类型

感染根据不同的分类依据可分为以下不同的类型。

1. 外源性感染和内源性感染

病原微生物从动物体外侵入机体引起的感染过程(大多数感染均属于这种类型),称为外源性感染。病原体(条件性病原微生物)寄生在动物体内,当机体抵抗力减弱时,病原微生物活化,毒力增强,大量繁殖,最后引起机体发病(如巴氏杆菌病),称为内源性感染。

2. 单纯感染和混合感染

一种病原微生物引起的感染称为单纯感染。两种及以上的病原微生物同时参与的感染称为混合感染。

3. 原发感染与继发感染

动物感染了一种病原微生物之后,在机体抵抗力减弱的情况下,又由新侵入或体内原来存在的另一种微生物引起的感染(如新城疫常继发感染大肠埃希菌病),称为继发感染。

4. 显性感染与隐性感染

表现出该病明显的临床症状的感染称为显性感染(如新城疫)。在感染后不呈现任何临床症状而呈隐蔽经过的感染称为隐性感染,其在机体抵抗力降低时可以转化为显性感染。

5. 局部感染与全身感染

机体抵抗力较强或病原微生物毒力较弱、数量较少,病原微生物被局限在一定部位生长繁殖，并引起一定病变，称为局部感染。机体抵抗力较弱，病原微生物冲破了机体的各种防御屏障侵入血液向全身扩散，则发生严重全身感染。表现形式有菌血症、病毒血症、毒血症、败血症、脓毒症和脓毒败血症。

6. 典型感染与非典型感染

在感染过程中，表现出该病的特征性临床症状者为典型感染（如神经型马立克病）。在感染过程中，其表现或轻或重，与典型症状不同称为非典型感染（如非典型性新城疫）。典型的传染病临床上容易诊断，而非典型的传染病难以诊断。

7. 急性与慢性

按病程长短分为4种情况。

(1)最急性：病程短促，常在数小时或1 d内突然死亡，症状和病变不明显。

(2)急性：病程较短，几天到两三周不等，并伴有明显的典型症状。

(3)亚急性感染：病程稍长，症状比较缓和。

(4)慢性感染：病程发展缓慢，常在1个月以上，临床症状常不明显或者甚至不表现出来。

三、传染病发生条件

传染病的发生必须具备下列3个条件。

1. 具备一定数量和足够毒力的病原微生物以及适宜的感染途径

没有病原微生物，传染病就不可能发生。病原微生物的毒力弱或数量少，一般也不会引发传染病。病原微生物侵入动物体的部位（传染门户）不适宜，也不能引起传染病。

2. 动物易感性

病原微生物只有侵入对该传染病有易感性的动物体，才能引起传染病。同一毒力和数量的病原微生物，侵入抵抗力不同的同一种动物，可产生不同的结果，有的临床症状严重，有的轻微，有的不发病。

3. 外界环境条件

具有可促使病原微生物侵入易感动物体的外界环境条件，能影响病原微生物的生命力和毒力，能影响动物体的易感性，能影响病原微生物接触和侵入易感动物的可能和侵害程度。没有一定的外界环境条件，传染病也不能发生。

在传染病的发生过程中，病原微生物的致病作用和机体的防御机能是在一定的传播途径和外界环境条件下不断相互作用的过程，只有具备病原微生物以及适宜的感染途径、易感动物和外界环境这3个条件，传染病才能发生。了解传染病在动物个体中发生的条件，对于控制和消灭传染病具有重要意义。

四、传染病的发展阶段

动物传染病的病程经过，在大多数情况下具有一定的规律性，一般分为4个阶段。

1. 潜伏期

由病原体侵入机体并进行繁殖时起，直到疾病的临床症状开始出现为止，该阶段称为潜伏期。不同的传染病的潜伏期长短常常是不相同的（表1-1），就是同一种传染病的潜伏期长短也有很大的变动范围。这是由于不同的动物种属、品种或个体的易感性不同,病原微生物的种类、数量、毒力和侵入途径、部位等因素也有所不同而出现的差异。如禽流感:一般为 3～5 d,最长可达 21 d。一般来说,急性传染病的潜伏期差异范围较小,慢性传染病以及症状不很明显的传染病的潜伏期差异较大。同一种传染病潜伏期短促时,疾病经过常较严重,反之,疾病病程较缓和。通常用平均时间表示潜伏期,根据最长的潜伏期确定封锁期和隔离期。

表 1-1　家禽传染病的潜伏期

病名	平均时间	最短时间	最长时间
禽流感	3～5 d	数小时	21 d
新城疫	3～5 d	2 d	15 d
马立克病	3 周	—	—
禽传染性支气管炎	36 h	—	—
传染性法氏囊病	2～3 d	—	—

2. 前驱期

前驱期是疾病的征兆阶段,特点是临床症状开始表现出来,但疾病的特征性症状仍不明显。多数传染病的前驱期,仅可察觉一般的症状(如体温升高、食欲减退、精神异常)。不同传染病不同病例的前驱期长短不一,通常只有数小时或一两天。

3. 明显期

在前驱期之后,疾病的特征性症状逐渐表现出来(如鸡白痢、马立克病),该期是疾病发展的高峰阶段。

4. 转归期

在病原体致病性增强或动物体抵抗力较弱时,疾病进一步发展为转归期,动物以死亡为转归。在动物体抵抗力增强或病原毒力较弱时,动物逐步恢复健康,表现为临床症状逐渐消退,病理变化逐渐减弱,生理机能逐渐恢复,一定时期保留免疫学特性,但病后一定时期内还有带菌(毒)和排菌(毒)的现象存在。

五、流行过程的基本环节

(一)传染病流行过程

传染病在动物群体中发生、传播和终止的过程称为流行过程,也就是传染病从动物个体发病、蔓延、扩散到群体发病的过程,简称流行。

(二)动物传染病流行过程的三个基本环节

1. 传染源

传染源是指体内有病原体寄居、生长、繁殖,并能排出体外的动物体,又称传染来源。具体地说就是受感染的动物,包括患病动物和病原携带者。

(1)患病动物。表现临床症状的动物、前驱期和明显期的患病动物可排出大量的病原体,是主要的传染源。患病动物能排出病原体的整个时期称为传染期。不同的传染病其传染期长短不同，患病动物的隔离期就是根据该种传染病传染期的长短来制订的。为了控制传染源，原则上对患病动物应隔离至传染期终了为止。

(2)病原携带者。病原携带者是指无症状但携带并可排出病原体的动物，是最危险的传染源。如果检疫不严，常被认为是健康动物而参与流动，将病原体散播到其他地区，造成新的流行。

病原携带者一般可分为以下 3 种类型。

①潜伏期病原携带者。大多数传染病在潜伏期时，其感染动物体内的病原体数量还很少，不具备排出病原体的条件，因此不能起到传染源的作用，只有少数传染病在潜伏期的后期能够排出病原体。

②恢复期病原携带者。一般来说，处于这个时期的病原携带者传染性很弱或没有传染性，但仍有一些传染病，如禽传染性喉气管炎等在临床痊愈的恢复期仍能排出病原体。对于这种病原携带者，应考查其病史，并进行多次病原学检测方能查出。

③健康病原携带者。是指没有患过某种传染病却能排出该种病原体的动物，如鸡巴氏杆菌病为健康病原携带者。

病原携带者还可根据病原体种类的不同，区别为带菌者和带毒者等。病原携带者存在间歇排出病原体的现象，因此需反复多次对其进行病原学检查，直到为阴性时，才能排除病原携带状态。消灭和防止引入病原携带者是防制动物传染病艰巨的任务之一。

2. 传播途径

病原体由传染源排出后，通过一定的方式再侵入其他易感动物的途径称为传播途径。传播途径可分为垂直传播和水平传播两大类。

(1)垂直传播。传染病经卵由上一代传给下一代的方式称为垂直传播。卵细胞携带有病原体，在发育时使胚胎受到感染称为经卵传播，主要见于禽类。可经卵传播的疫病有禽白血病、禽腺病毒病、鸡传染性贫血、禽脑脊髓炎和鸡白痢等。

(2)水平传播。分为直接接触传播和间接接触传播。

①直接接触传播。没有任何外界因素的参与，病原体通过传染源与易感动物直接接触而引起的传播方式。以直接接触为主要传播方式的传染病较少，其流行病学特点是一个接一个地发生，形成明显的锁链状，一般不造成大的流行。

②间接接触传播。病原体通过传播媒介使易感动物发生感染的传播方式，大多数传染病是通过这种方式传播的。将病原体从传染源传播给易感动物的各种外界环境因素称为传播媒介；或者说，起着传播病原体作用的一切物质、物体、动物和人统称为传播媒介。

媒介物：无生命的物质(体)称为媒介物，包括被污染的饲料、饮水、空气、土壤和用具等。传染源的分泌物、排泄物及其尸体或流出物污染了饲料、饮水、饲槽、用具、圈舍和车船等，都有可能引起以消化道为主要侵入门户的传染病，如新城疫、沙门菌病等。空气不适于任何病原体的生存，但空气可作为媒介物成为病原体在一定时间内暂时存留的环境。患病动物由于咳嗽、打喷嚏以及鸣叫时喷出带有病原体的微细飞沫，如果被易感动物吸入而感染称为飞沫感染。所有的呼吸道传染病主要是通过飞沫而传播的，如禽传染性支气管炎、喉气管炎等。一般鸡饲养密度过大、舍内阴暗、寒冷和通风不良时，有利于空气传播。另外，从传染源排出的分泌物、排泄物和处理不当的尸体散布在外界环境中时，病原体附着物干燥后，由于空气流动的冲击，带有病原体的尘埃在空气中飞扬，被易感动物吸入而感染称为尘埃感染。尘埃传播的作用比飞沫要小，因为只有少数病原微生物能耐过干燥或阳光的曝晒，能经尘埃传播的传染病有痘病等。

媒介者：又称为生物媒介，主要指节肢动物、野生动物和人类。节肢动物媒介主要有虻类、螯蝇、蚊、蠓、家蝇和蜱等。它们主要是机械性传播，通过在患病动物（或尸体）和健康动物之间的刺螫吸血，或其排泄物（或分泌物）沾染动物以及物体而散播病原体。也有少数是生物性传播，某些病原体（如立克次体）在感染动物前，必须先在一定种类的节肢动物（如蜱）体内经过一定的发育阶段才能致病。野生动物的传播可以分为机械性传播和生物性传播。机械性传播是野生动物本身对该种病原体无易感性，但可机械性地传播疫病。生物性传播是野生动物本身对病原体有易感性，受感染后再传染给其他易感动物，此时野生动物实际上是起了传染源的作用。饲养人员、畜牧兽医工作人员和外来人员等，不严格遵守兽医卫生防疫制度时，其衣服、鞋底和手都有可能成为媒介，机械性地传播病原体。如饲养员相互串舍聊天、外来人员参观访问都有可能引起疫病散播。动物传染病的传播途径比较复杂，有的只有一种途径，有的有多种途径；即使是同一种传染病，不同的病例也可能有不同的传播途径。既能通过直接接触传播，又能通过间接接触传播的传染病称为接触性传染病，接触性传染病的传染性极强。掌握动物传染病的传播途径有助于诊断该种传染病。

3. 易感动物群

易感动物群是指由易感动物组成的群体。动物的易感性虽然与病原体的种类和毒力强弱有关，但主要由动物的遗传特性、特异性免疫状况等因素决定。外界环境因素也可以直接影响动物群体的易感性和病原体的传播。该地区动物群体中易感个体所占的比例，直接影响传染病能否造成流行以及流行的程度。影响动物群易感性的因素主要有以下三方面。

（1）鸡群的内在因素。不同种动物对于同一种病原微生物所表现的临床反应有很大的差异，这是由遗传因素决定的。同种但不同品系的动物对传染病抵抗力的遗传性差别，有些是抗病育种的结果。例如，通过选种培育的白来航鸡对鸡白痢沙门菌的抵抗力有一定程度的增强。不同年龄的动物对同种传染病的易感性也不同，一般幼龄动物对传染病的易感性较成年动物高，这往往和动物的非特异免疫状态有关。

（2）外界因素。各种饲养管理条件包括饲料品质、舍内卫生、粪便处理情况、拥挤、饥饿及隔离检疫等都是与疫病发生有关的主要因素。

（3）鸡群的特异性免疫状态。在某些传染病流行时，鸡群中易感性最高的个体易于死亡，余下的动物或已耐过或经过无症状感染后的动物获得了特异性免疫力，获得这种特异性免疫力的动物所生的子代动物，常有先天性被动免疫（母源抗体），使其在出生后一定时间内具有一定的免疫力。在某些传染病常发地区，动物的易感性很低，往往出现无症状感染或非典型感染，如果无病地区引进此种动物，一旦动物群被传染，常引起暴发。一般来说，动物群中有70％～80％的动物有抵抗力，就不会发生大规模的暴发流行，但随着时间的推移或引进易感动物或新出生动物，都会使易感动物的比例逐步增加，在一定条件下又足以引起传染病再次流行。

综上所述,传染病的流行必须具备传染源、传播途径和易感动物群三个基本环节,它们相互连接形成连锁,若缺少任何一个环节,新的传染就不可能发生,也不可能构成传染病的流行(图 1-1)。同样的,当流行已经形成时,若切断任何一个环节,流行即告终止。因此,在预防和控制动物传染病时,要针对三个基本环节采取综合性防制措施,即消除传染源、切断传播途径和增强易感动物群的抵抗力。

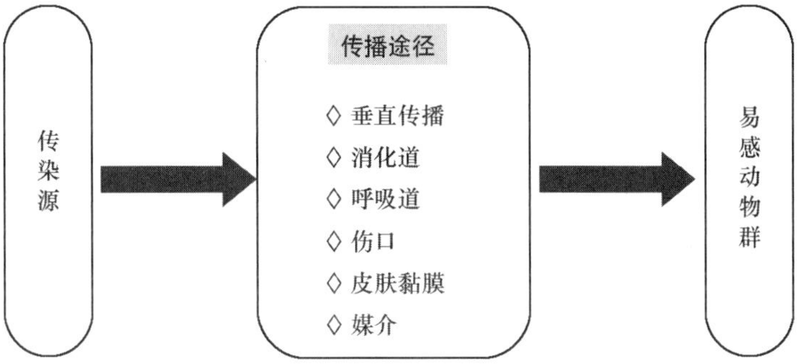

图 1-1　传染病流行的基本环节

(三)影响流行过程的因素

动物传染病流行过程的三个基本环节相互连接、协同起作用时,传染病才有可能发生和流行。保证这三个基本环节相互连接、协同起作用的因素是动物活动所在的环境和条件,即各种自然因素和社会因素。了解这些因素有助于预防和控制动物传染病的发生和流行。

1. 自然因素

对流行过程有影响的自然因素主要包括气候、气温、湿度、阳光、雨量、植被、地形和地理环境等,它们对三个环节的作用错综复杂。对于传染源来说,一定的地理条件(海、河、高山等)对传染源的转移产生一定的限制,成为天然的隔离条件。季节变换使动物体抵抗力随之变动,如呼吸道疾病,在寒冷潮湿的季节里病情加重,咳嗽频繁,排出病原体增多,散播传染的机会也增加;反之,在干燥、温暖的季节里,如果饲养管理条件较好,病情容易好转,咳嗽减少,散播传染的机会也减少。对于传播媒介来说,自然因素对其影响更为明显,适宜的温度、湿度条件,有利于节肢动物的繁殖和活动,因此也就增加了传播疫病的机会。对于易感动物来说,自然因素的影响主要是增强或降低机体的抵抗力,从而减少或增加传染病的发生和流行,如冬季低温高湿,动物易受凉,呼吸道黏膜的抵抗力降低,容易引起呼吸道传染病的流行。

2. 社会因素

影响动物传染病流行过程的社会因素主要包括社会制度、生产力和人们的经济、文化、科学技术水平以及贯彻执行法律法规的情况等。这些因素既可能是促进动物传染病流行的原因,也是有效消灭和控制传染病流行的关键所在。严格执行兽医法规和采取相应的防制措施,是控制和消灭动物传染病的重要保证。实践证明,缺乏法律约束和长远的防疫规划,是造成一些传染病不能消灭和使疫情扩散的主要原因之一。因此我们应根据已颁布的动物防疫法等法律法规,制订防疫规划并严格贯彻执行,以有效预防和控制动物传染病的发生和流行。

任务二 家禽寄生虫病的发生流行特点

一、寄生生活、寄生虫及宿主

(一)寄生生活

1. 寄生生活概念

生物在自然进化过程中，形成了不同类型的复杂生活方式，有些生物能够自立生活，与其他生物没有直接的和必然的关系，如家畜、家禽；有些生物则需要与其他生物相互依赖、相互依靠才能进行正常的生活，离开依赖的一方就不能生存，二者缺一不可，这样的生活方式称为共生。按照相互依赖双方是否得到好处，分为互利共生、偏利共生和寄生。互利共生指两种生物共同生活在一起，彼此互相受益，如大肠埃希菌寄居于肠道，动物为其提供场所及营养物质，大肠埃希菌对肠道致病菌产生排斥以及产生的细菌素对近缘关系的致病菌产生抑制，合成的维生素可以被大肠吸收利用；偏利共生指两种生物在一起生活，其中一方受益，另一方不受益也不受害，如鲨鱼和吸附于体表的鲫鱼，后者以鲨鱼的废弃食物为食，对鲨鱼不造成危害；寄生生活是两种生物体之间的一种特殊生活方式，其中一种生物体寄居在另一种生物体的体表或体内，以对方的组织、体液作为营养，并给对方造成各种不同程度的损害。营寄生生活的动物称为寄生虫，被寄生的动物称为宿主。如鸡蛔虫寄生于鸡的小肠内，生活的场所和生长繁殖所需要的营养物质都来源于鸡，蛔虫造成小肠黏膜损伤，营养物质的大量消耗，大量寄生时造成小肠阻塞或胆管阻塞危及生命。在这一生活关系中鸡蛔虫是寄生虫，鸡则是它的宿主。

2. 寄生虫的形态和特性变化

寄生虫为适应在宿主体内、外寄生的生活环境，其形态构造和生理机能都发生了相应的变化。

(1)形态构造的变化。内寄生虫为了在动物体内定居，不被排出体外，具有发达的附着器官，如吸盘、棘、钩；外寄生虫牢固吸附于宿主体表，其附着器官也很发达，如节肢动物附肢末端的爪、毛、吸盘。线虫、绦虫的线状或带状体形，使其更加适合肠道的寄生环境。

寄生虫从宿主吸取丰富的营养物质不再需要进行复杂的消化过程，其消化器官变得简单，甚至完全退化；有些以宿主组织、血液、淋巴液等为营养的寄生虫，还形成特殊的器官(如线虫口囊中的齿、切板)，以利于从宿主获取食物。

寄生虫内部构造最明显的变化是生殖器官特别发达。如吸虫身体的1/3以上被生殖器官所占据；线虫生殖器官的长度超过身体若干倍；绦虫由若干节片组成，每个节片有1～2组生殖器官，这些虫体每天可以产出成千上万的虫卵。

(2)生理机能的变化。胃肠道寄生虫分泌抗消化物质，抵御宿主消化液的不利影响；移行期寄生虫分泌各种酶破坏宿主组织以便到达寄生部位；内寄生虫为适应组织内寄生，除利用酶进行厌氧呼吸外，最突出的变化是具有强大的繁殖力，以适应在复杂的生活过程中，各种不利因素对其延续后代带来的不良影响。强大的繁殖力，一方面表现在虫卵变小、产卵或产幼虫数量增多、卵及幼虫抵抗力增强;另一方面表现在某些寄生虫可在外界环境中继续繁殖,如吸虫的一个毛蚴,可在螺体内无性繁殖形成上百条尾蚴。

(二)寄生虫的类型

寄生虫按照不同的分类依据可以分成不同的类型。

1. 按寄生生活时间的长短分类

寄生虫可按寄生生活时间的长短分为以下两种类型。

(1)暂时性寄生虫。寄生虫短时间侵袭宿主,为了获得营养或者为了完成其发育。主要的种类有蜘蛛昆虫类,如蚊、蜱。

(2)固定性寄生虫。寄生虫在宿主体内或体表需经过一定的发育期。按照时间长短它又可分为永久性寄生虫和周期性寄生虫。前者指在宿主体表或体内度过一生的寄生虫,如螨;后者指一生中只有一个或几个发育阶段在宿主体表或体内完成的寄生虫,如鸡球虫。

2. 按寄生部位分类

寄生虫按寄生部位可分为以下两种类型。

(1)外寄生虫。生活于宿主体表或与体表直接相通的窦腔内的寄生虫,如蜱、螨。

(2)内寄生虫。生活于宿主体内组织、细胞、器官和体腔中的寄生虫,如球虫、异刺线虫等。

3. 按发育过程中是否需要中间宿主分类

寄生虫按发育过程中是否需要中间宿主可分为以下两种类型。

(1)生物源性寄生虫。需要中间宿主的参与才能完成发育的寄生虫。如卷棘口吸虫。

(2)土源性寄生虫。不需要中间宿主的参与直接完成发育的寄生虫。如鸡蛔虫,成虫产生的虫卵到达外界环境后,只要温度、湿度适宜,就开始发育,不需要中间宿主的参与,直接发育到感染性虫卵阶段。

4. 按结构特点及其生物学特性分类

寄生虫按结构特点及其生物学特性可分为以下几种类型。

(1)原虫。属于原生动物门,大多为单细胞结构,结构简单,繁殖迅速,采用无性生殖和有性生殖。如鸡球虫。

(2)吸虫。属于扁形动物门,大多数虫体背腹扁平,有口、腹吸盘,雌雄同体。如后睾吸虫。

(3)绦虫。属于扁形动物门,虫体扁平,有分节现象,体型较大,雌雄同体,繁殖能力很强。如赖利绦虫。

(4)线虫。属于线形动物门,虫体呈圆柱状或线状,大小不等,雌雄异体,生殖器官发达,繁殖能力强。如蛔虫。

(5)棘头虫。属于棘头动物门,虫体呈圆柱状、纺锤状或棒状,体前端有吻突,雌雄异体。

(6)蜘蛛、昆虫。属于节肢动物门,有附肢并分节,是寄生于动物体表的外寄生虫。如蜱、螨。

5. 按感染宿主种类的多少分类

寄生虫按感染宿主种类的多少可分为以下两种类型。

(1)单一宿主寄生虫。指对宿主有严格的选择性,只能寄生于一种特定宿主的寄生虫。如鸡球虫。

(2)多宿主寄生虫。指对宿主无严格的选择性,能寄生于多种宿主的寄生虫,如球虫。

(三)宿主的类型

宿主按寄生虫在其体内发育和适应程度及其在流行病学上的作用,可分为以下类型。

1. 终末宿主

寄生虫成虫期寄生的宿主。寄生虫能在其体内发育到性成熟阶段,进行有性繁殖。

2. 中间宿主

寄生虫幼虫期寄生的宿主。寄生虫在其体内只能发育到幼虫阶段,不能达到性成熟期,但某些寄生虫(如吸虫)可在中间宿主体内进行无性繁殖。有些寄生虫在其幼虫发育阶段需要两个中间宿主,把第二个中间宿主称为补充宿主。

3. 贮藏宿主

有些寄生虫发育到感染性阶段的虫卵或幼虫可进入非终末宿主体内,在其体内保持生命力和感染力,但不能继续发育,该动物被称为贮藏宿主。如土壤中的鸡蛔虫感染性虫卵被蚯蚓吞食后,虫卵在蚯蚓体内不再发育,但长期保存生命力和感染力,如果有适宜的机会,鸡采食带感染性虫卵的蚯蚓,虫卵完成最终发育,所以蚯蚓就是鸡蛔虫的贮藏宿主。贮藏宿主保护感染性虫卵、幼虫,减少不良环境因素的影响。

4. 带虫宿主

带虫宿主主要指隐性感染的动物,体内感染有寄生虫,但没有临床表现。

5. 保虫宿主

某些种类的寄生虫以多种动物作为终末宿主时,把那些不常被寄生的终末宿主称为保虫宿主。在寄生虫的整个发育史中,其寄生的宿主种类多是固定的,有的只需要一个宿主,有的需要两个宿主。贮藏宿主和保虫宿主虽不是寄生虫发育史中必不可少的,但在寄生虫种群延续和寄生虫病的流行病学上具有重要意义。

二、动物寄生虫病的发生

(一)动物寄生虫的致病作用

不同种类的寄生虫,其致病作用的方式各不相同,主要表现在以下几个方面。

1. 机械作用

机械作用是指寄生虫在寄生部位或者幼虫在移行过程中对宿主所造成的各种影响。

(1)固着。寄生虫利用吸盘、顶突、小钩、小棘、唇、叶冠、齿、口囊等吸附(或采食)器官及特定的分泌蛋白,固着于宿主的器官黏膜或组织表面,造成其损伤,甚至引起黏膜出血和炎症。

(2)移行。寄生虫的幼虫在移行到寄生部位的过程中,破坏了所经过器官或组织的完整性,对其造成损伤。

(3)压迫。某些寄生虫在生长发育过程中,体积逐渐较大,压迫宿主的器官,造成组织萎缩和功能障碍。还有些寄生虫虽然体积不大,但由于寄生在宿主的重要器官,也因压迫而引起严重症状。

(4)破坏。在宿主组织细胞内寄生的原虫,繁殖过程中大量破坏感染细胞,如球虫破坏肠上皮细胞等。

(5)阻塞。寄生于消化道、呼吸道、实质器官和腺体内的寄生虫,常因大量寄生而引起阻塞,如鸡蛔虫大量寄生时引起肠阻塞或胆管阻塞等。

2. 夺取营养

寄生虫吸取营养的方式有两种:一是具有消化器官的寄生虫,用口摄取宿主的血液、体液、组织和食糜,经消化器官进行消化和吸收,如吸虫、线虫和昆虫等;二是无消化器官的寄生虫,通过体表渗透作用摄取宿主消化分解以后的小分子营养物质,如绦虫依靠体表上突出的绒毛吸取营养、棘头虫以布满体表的细孔摄取营养。

寄生虫可以使宿主的代谢、消化和吸收功能发生改变,从而造成宿主营养障碍;消化道寄生虫常造成宿主的消化机能障碍,不能进行正常消化;球虫严重破坏宿主肠上皮细胞,并使其脱落,使宿主降低甚至丧失吸收功能。

寄生虫所夺取的营养物质除蛋白质、碳水化合物和脂肪外,还有维生素、矿物质和微量元素。如鸡感染蛔虫后,肝中维生素 A 的含量明显减少。

3. 毒素的作用

寄生虫的分泌物、排泄物和死亡虫体的分解产物对宿主均有毒性作用。如吸血的寄生虫分泌溶血物质和乙酰胆碱类物质,使宿主血凝缓慢,血液流出量增多。

4. 接种和激活病原微生物

一些寄生虫侵袭或侵入宿主时,往往与病原微生物和其他寄生虫的感染有密切关系,主要表现如下。

(1)接种病原微生物。某些蜘蛛、昆虫叮咬动物时没有选择性,吸食发病动物血液后再吸健康动物血液,可以将病原微生物接种于健康动物体内。如某些蚊虫传播日本乙型脑炎病毒,某些蜱传播血液原虫、Q 热、斑疹伤寒、森林脑炎、出血热病毒等。

(2)携带病原微生物。某些蠕虫在感染宿主时,将病原微生物携带到宿主体内。

(3)协同作用。某些寄生虫的侵入,可以激活宿主体内处于潜伏状态的病原微生物和条件性致病菌引起发病。

5. 变态反应

动物寄生虫的代谢产物、分解产物,都可以作为变应原,刺激宿主发生变态反应,引起机能障碍。

(二)宿主的易感性

宿主的易感性即宿主对某些寄生虫容易感染的特性,易感性高低的主要表现在以下几个方面。

1. 种间差异

通常寄生虫只能在一种或几种动物体内生活、发育和繁殖,而不能在所有种动物体内生活发育和繁殖。这种寄生虫对宿主的专一性,就是机体抵抗力的一种表现形式。

2. 品种差异

在同一种动物不同的品种之间，抵抗力也各不相同。

3. 年龄差异

宿主机体年龄不同，对寄生虫的抵抗力也不同。如雏鸡最容易感染鸡球虫病，成年鸡则不容易感染。

4. 个体差异

在同一个群体中，不同的个体，对寄生虫的抵抗力也是不同的。

此外，宿主的营养状态也会影响易感性。一般来说，机体营养状况越好，对寄生虫的抵抗力越强；反之，机体营养状况越差，对寄生虫的抵抗力越弱，易感性增强。影响机体营养状况的因素主要是饲料的营养成分和比例关系，特别是蛋白质、维生素和矿物质的含量。

(三)外界环境因素的影响

在寄生虫病的发生过程中，除与寄生虫的致病力和宿主机体的感受性有直接关系外，外界条件也发挥着重要的作用，外界环境因素既可以影响寄生虫的致病性，又可以影响宿主的抵抗力。

1. 对寄生虫的影响

只有少数永久性寄生虫不离开动物体，在宿主体内或体表完成其所有发育阶段，环境因素对其影响不大。多数寄生虫属于周期性或暂时性寄生虫，其整个生活过程中，有一个或几个发育阶段必须在外界环境中完成，外界条件直接影响它们体外阶段的发育，甚至决定其生存与死亡。

在外界条件中，起决定作用的是温度、水、空气、阳光、土壤、植被以及海拔高度与动物区系。寄生虫的体外发育阶段必须有适宜的温度，低于适宜温度，发育停止；高于所能耐受的温度则造成死亡。譬如，鸡蛔虫卵发育的适宜温度为 22～23 ℃，随着温度的升高，发育速度加快，高于 35 ℃则发育不正常，37 ℃时引起死亡，低于 12 ℃时发育停止，低于－27 ℃仍保存生命力，低于－30 ℃导致死亡。

多数寄生虫的体外发育阶段需要潮湿的环境，甚至有些寄生虫的虫卵、幼虫等必须在水中完成发育。因此，地势的高低、降水量的多少、河流湖泊的有无，都影响寄生虫的发育，成为寄生虫病能否发生的重要因素。此外，直射日光照射和沙石土壤，都易使寄生虫的虫卵、幼虫或卵囊死亡。

上述外界条件除影响寄生虫体外发育阶段的生存、发育和能否顺利达到感染期外，还影响其侵入机体后的致病能力。

2. 对中间宿主和传播媒介的影响

有些寄生虫的发育需要中间宿主参与，有些寄生虫的发生需要传播媒介。因此，在一定地区某些寄生虫的中间宿主和传播媒介的存在与否，则是该种寄生虫病能否发生的重要影响因素。

中间宿主和传播媒介都有自己固有的生物学特性，所以温度、水、空气、阳光、植被、地势等都直接影响寄生虫的中间宿主和传播媒介的生存、发育和繁殖，因而间接影响寄生虫病的发生。

3. 对传播途径的影响

寄生虫完成体外发育后，有适宜的途径和机会才能侵入宿主，发生感染。寄生虫的侵入和外界条件、宿主的饲养管理方式有着直接关系。如网上笼养鸡很少发生球虫病，散养鸡则易发生。

4. 对宿主的影响

外界条件（如气温、降水量、放牧条件、饲养质量、饮水质量）直接影响机体的抵抗力。如冬春寒冷季节，动物营养不均衡，可使机体抵抗力下降，寄生虫趁机发育，引起寄生虫病。

5. 寄生虫与宿主之间相互作用

寄生虫与宿主之间相互作用的结果有三种情况。

(1)宿主清除了体内寄生虫，并可防御再感染。

(2)宿主清除了大部分或未能清除体内全部寄生虫，但对再感染具有相应的抵抗力。宿主与寄生虫之间维持相当长时期的寄生关系，可见于大多数寄生虫感染。

(3)宿主不能控制寄生虫的繁殖，发生寄生虫病，如不及时治疗可导致宿主死亡。

综上所述，寄生虫病的发生，取决于寄生虫的侵袭力、致病力和侵袭数量，取决于宿主机体对寄生虫的抵抗力，最终动物寄生虫病是否发生，除寄生虫的致病性和宿主的抵抗力相互对比外，外界环境因素也有着重要的影响，如果外界环境对寄生虫有利而对宿主不利，则可以促进动物寄生虫病的发生，反之则不利于寄生虫病的发生。

三、动物寄生虫病的流行特点

动物寄生虫病的流行病学是研究动物群体中寄生虫病发生发展规律的科学，其内容包括寄生虫病的感染源、传播途径、病程、流行形式、地理分布和季节动态等。

(一)病程和流行形式

1. 病程

大多数寄生虫病呈慢性经过甚至呈隐性经过，只有少数寄生虫病呈急性或亚急性经过。因为动物感染寄生虫病后，只有原虫和其他少数寄生虫能通过繁殖直接增加数量，多数寄生虫只是在感染后继续完成其个体发育，不能实现数量增加。

2. 流行形式

绝大多数寄生虫病呈地方流行性，部分寄生虫病呈散发，只有极少数寄生虫病呈流行性。由于寄生虫病的发生和流行受很多因素制约，如寄生虫的生物学特性，寄生虫中间宿主和传播媒介的生物学特性及外界因素对寄生虫、中间宿主和传播媒介的影响等，诸多因素制约的结果，使寄生虫病的传播受到一定限制。

(二)地理分布

不同地区的温度、降水量和植被类型有明显的差异，直接影响动物种群分布，这些动物种群包括寄生虫的终末宿主、中间宿主和传播媒介。随着寄生虫的终末宿主、中间宿主和传播媒介的不同，必然影响寄生虫的地理分布。同时，各种寄生虫对自然条件的适应性也不一样，有的寄生虫适应于高湿环境，有的寄生虫恰恰相反，有的寄生虫适应于较温暖的条件，有的寄生虫适应于较寒冷的条件，这也是不同区域的自然条件影响寄生虫分布的原因。一般规律是直接发育型的寄生虫的地理分布较广，间接发育型的寄生虫的地理分布受到严格限制。

(三)季节动态

寄生虫的发育史比较复杂，各种寄生虫都有各自的发育过程。多数寄生虫其中一个或几个发育阶段必须在外界环境中完成，因此外界条件特别是温度和湿度直接影响体外发育阶段的完成，间接影响动物感染的时间和发病的季节。

同样，外界条件直接影响着寄生虫的中间宿主和传播媒介的发育，所以，生物源性寄生虫病更具有明显的季节性。

总之，每种寄生虫病都有自己的流行病学特点，同一种寄生虫病在不同地区的流行病学特性也各不相同。我国幅员辽阔，自然条件差异很大，各地区寄生虫病的种类及其流行病学都有所不同，只有掌握当地寄生虫病的流行病学资料，才能为制订正确的防控措施和方案提供科学依据。

四、动物寄生虫病的免疫学特点

1. 免疫期短

寄生虫病的免疫虽然与微生物引起的免疫有许多相似之处，但免疫效果不如后者，寄生虫病的免疫期较短，除原虫引起的免疫期比较长外，多数寄生虫病的免疫期只有几个月，许多蠕虫引起的免疫只有几十天。

2. 寄生虫引起的免疫多为带虫免疫

带虫免疫的特点是寄生虫激发宿主有机体产生免疫后不能将它们全部杀死或排除，宿主还保留一定数量的寄生虫，继续刺激宿主机体维持免疫状态，宿主对相应寄生虫的再感染保持一定的免疫力。一旦体内虫体完全被杀死或排除，宿主随着体内虫体的消失而丧失了免疫力。实质上，带虫免疫的宿主多是带虫动物，是寄生虫病流行的感染来源。

寄生虫病免疫的表现形式，取决于所形成的免疫强度。最强的免疫为清除性免疫，不但能把体内相应的寄生虫全部消灭，而且对再感染有长期的保护力，但这样的免疫形式较少，多数表现为对寄生虫的抑制作用，如抑制生长发育，缩短生活期限，降低繁殖力，影响后代的生命力，抵御相应寄生虫的再感染。

3. 寄生虫引起的免疫反应比较复杂

在寄生虫病的免疫发生过程中，抗原物质是寄生虫的死亡分解产物及其代谢产物，寄生虫的生活史比微生物复杂得多，整个生活史可以分为几个不同的发育阶段，各发育阶段都有各自的生理生化特性，因此寄生虫的抗原是相当复杂的。存在整个发育阶段都具有的共同抗原，也存在只在某一发育阶段才有的特异性抗原，其中能激发动物产生防御再感染的保护性免疫的抗原，称为功能性抗原。功能性抗原来自活着的寄生虫，如寄生虫的分泌物，蠕虫幼虫在孵化、蜕皮和入侵时所释放出来的物质等。

4. 自愈现象

在寄生虫病的流行上，存在一种“自愈现象”，即宿主受到某种蠕虫感染后，当遭到同种寄生虫感染时，宿主把新感染的和原来体内存在的同种及其他种寄生虫全部清出体外。产生自愈现象的原因，一般认为是超敏性变态反应。

5. 免疫逃避

寄生虫在生物长期进化过程中已完成了对宿主及环境变化的适应过程，获得了某种（某些）自我保护的独特功能，这种独特功能就表现在寄生虫能够在可致命的免疫攻击的环境中生存下来。寄生虫可以侵入免疫功能正常的宿主体内，逃避宿主的免疫效应，并能在宿主体内发育、繁殖和生存。

五、动物寄生虫病的诊断方法

动物寄生虫病的诊断和其他疾病的诊断一样，应根据患病动物临床症状分析做出初步诊断，但多数蠕虫病往往无特征症状，因此，寄生虫病的诊断应着重于流行病学调查和通过实验室诊断的手段，检查虫卵、幼虫或虫体，必要时辅以尸体剖检进行诊断。具体诊断方法如下。

（一）流行病学诊断

流行病学调查可为寄生虫病的诊断提供重要线索。重点调查鸡群所在地的自然情况、鸡群的饲养情况、生活环境，被检鸡群的生产性能，被检鸡群的发病和死亡情况。当怀疑某种寄生虫病时，应了解与该病有关的中间宿主情况等。

通过动物寄生虫病分子流行病学调查，可以对畜禽寄生虫病的流行现状、特点进行更为准确的诊断，并因地制宜地提出行之有效的综合防制策略和措施。现代分子流行病学调查方法有 PCR 技术、基因型分离和核酸探针等。

（二）临床诊断

临床诊断可根据畜禽的营养状况、临床表现结合流行特点做出初步判断，为寄生虫病的确诊奠定基础。

（1）具有典型症状的动物寄生虫病，根据症状可确诊，如鸡球虫病根据粪便带血结合发病年龄和流行特点很容易诊断。

（2）慢性寄生虫病，根据主要临床表现，结合动物的营养状况，可视黏膜的颜色变化，是否长期具有消化不良、消化机能紊乱及皮肤病变，粪便状况等综合判断。

（三）剖检诊断

剖检是诊断寄生虫病常用而可靠的方法之一，全身蠕虫学剖检法能够确定感染的寄生虫的种类和数量，明确寄生虫对宿主的危害程度，尤其适合于群体寄生虫病的诊断。剖检时可选用自然死亡的动物、急宰的患病动物或屠宰动物。

（四）药物诊断

药物诊断是对可疑患寄生虫病的动物，通过用抗寄生虫药物进行治疗或驱虫，根据治疗效果或排出的虫体达到诊断的目的。

1. 驱虫诊断

用特效驱虫药对疑似患病动物进行驱虫，收集驱虫后 2 d 排出的粪便，通过检查其中的虫体，确定感染寄生虫的种类、数量来达到诊断的目的，适用于某些胃肠道寄生虫病的诊断。

2. 治疗诊断

用特效抗寄生虫药，对可疑患病动物进行治疗，根据治疗效果来确定诊断。如果死亡停止，症状减轻，全身症状好转以至消失，说明初步判断正确，否则重新分析发病原因。

(五)实验室诊断

实验室诊断是寄生虫病诊断中必不可少的手段，可为建立诊断提供重要的依据。

1. 粪便检查

粪便检查是动物寄生虫病诊断的一种常用方法，包括虫体检查和虫卵检查。

(1)肉眼检查。采集粪样，主要检查绦虫节片和寄生虫幼虫。

(2)虫卵检查。采集粪样，采用直接涂片法、漂浮法、沉淀法、虫卵计数法等方法检查。

2. 皮肤及刮下物的检查

主要用于螨的诊断。

3. 免疫学检查

免疫学检查是寄生虫病调查与诊断最有价值的方法，寄生虫及其分泌代谢产物、脱落的表膜等均含有抗原，能激发宿主产生相应的抗体，它们与抗原在宿主体内外均能结合形成抗原抗体复合物，这种结合反应具有特异性，因此可用已知的寄生虫抗原或抗体，通过结合反应而判定血清中相应抗体或抗原的存在，抗原抗体复合物很小，肉眼不可见，但可通过一定的显示方法成为肉眼可见的现象，从而证明宿主有寄生虫的感染。由于显示方法和采用的抗原抗体不同，便出现了许多不同的血清学诊断方法。如琼脂扩散、对流免疫电泳、凝集试验、免疫荧光测定技术(IFA)、单克隆抗体技术应用于诊断，提高诊断的特异性、敏感性。单克隆抗体和重组抗原被应用于畜禽寄生虫病的免疫诊断和免疫机理研究、保护性相关抗原分析和分离及诊断抗原编码基因、保护性抗原编码基因的分离。

4. 分子生物学诊断

用于动物寄生虫病的分子生物学诊断技术主要有两种，即 PCR 和 DNA 探针技术。利用 PCR、核酸探针、消减杂交、差异显示、环介导等温扩增、反向线性印迹等技术，进行动物寄生虫病的诊断，与传统的实验室检测技术相比，具有特异性更强，敏感性更高的特点。

六、寄生虫病的防制措施

动物寄生虫的种类繁多，每种寄生虫又有其本身的特点，同时寄生虫病的传播和流行又与自然环境条件和社会因素有着密切的关系，这就大大增加了防治工作的难度和复杂性。因此，必须贯彻“预防为主”的方针，采取综合防制措施。通过长期不懈的努力，才能控制和消除动物寄生虫病，达到保障养殖业发展和保护人民身体健康的目的。

(一)控制和消除感染源

对患寄生虫病的动物及时进行诊治,既可以达到治疗的目的,又可以减少病原体向外界环境散播,起到控制感染源的作用。治疗的原则是"标本兼治,扶正祛邪",即采用特效抗寄生虫药物和对症治疗相结合的原则,当动物出现明显临床症状时要及时使用特效药进行驱虫,必要时辅以对症疗法,如强心、补液、输血,还应注意加强护理。

1. 驱虫

驱虫是用抗寄生虫药物把动物的寄生虫驱除体外或杀死,消灭病原。要求根据监测结果,确定是否实施驱虫,避免传统定期驱虫的盲目性;选择具有高效、广谱、低毒、投药方便、价格低廉、安全无残留和不易产生抗药性等特点的抗寄生虫药,提高驱虫的成功率;驱虫后及时检测患病动物,保证驱虫效果。按驱虫目的不同分为治疗性驱虫和预防性驱虫。

(1)治疗性驱虫。治疗性驱虫是对患寄生虫病动物采取的紧急措施,通过治疗性驱虫使患病动物恢复健康。治疗性驱虫没有时间和季节的限制,只要出现患病动物立即给予治疗。治疗还可以起到消灭传染源的作用,即在治疗过程中,杀死或驱除寄生虫,终止寄生虫的繁殖,防止病原体的扩散。治疗患病动物要在正确诊断的基础上坚持早治疗的原则,对于某些传染性强的寄生虫病,在治疗过程中应将患病动物隔离。治疗时应加强护理,改善饲养管理条件,有利于促进患病动物康复。

(2)预防性驱虫。预防性驱虫是为防止寄生虫病的发生而进行的计划性措施。驱虫计划预先拟订。根据动物寄生虫的流行规律,在每年的一定时间进行一次或多次驱虫。对于大多数蠕虫,通常采用一年两次以上的预防性驱虫:一次在秋末冬初进行,这是最重要的一次预防性驱虫,既可保护动物的安全越冬,又能减少翌年牧场的污染;另一次在冬末春初时进行。严重感染情况下可根据寄生虫的发育情况增加驱虫次数,具体驱虫时间应根据寄生虫的生活史和流行病学特点以及药物的性能等因素来确定。

预防性驱虫又分为成虫期驱虫及成虫前驱虫,前者是针对达到性成熟的虫体而进行的驱虫,后者是针对未达到性成熟的虫体而进行的驱虫。在预防寄生虫病上,成虫前驱虫具有重要意义,因为这种方法在寄生虫尚未产生虫卵或幼虫之前被驱除体外,可以最大限度地防止外界环境的污染。

2. 药物预防

在某些寄生虫的感染季节或特定感染年龄阶段,经常或定期地应用抗寄生虫药物,使已感染的寄生虫不能发育或被杀死,达到预防寄生虫病的目的。药物预防对于那些危害大、不易控制的寄生虫病尤为重要。如鸡球虫病必须采取药物预防。

(二)切断传播途径

1. 粪便生物热除虫

寄生在终末宿主消化道及肠上皮细胞中的虫体,在繁殖过程中产生的虫卵或卵囊,随粪便一起排到外界,进行体外发育。因此,患有寄生虫病的动物,其粪便中含有大量的虫卵、幼虫或卵囊。这些病原对常用消毒剂有很强的抵抗力,但对热敏感,温度达到 50～60 ℃完全杀死虫卵。粪便发酵,经 10～20 d 粪堆中心最高温度达到 60～70 ℃,几乎可以完全杀死粪中的寄生虫病病原体。规模化大型养殖企业，动物排泄物经沼气池进行厌氧发酵，产生的沼气回收利用，沼液（渣）进行生化处理或进入氧化塘、调节池后，最终返田、菜地、果园等进行再利用，变废为宝，因此粪便堆积发酵或者沼气池发酵杀死虫卵或卵囊是一种经济有效的方法。

2. 笼养

鸡采用笼养，可切断感染途径，对预防某些寄生虫病也具有重要意义。

3. 消灭中间宿主

生物源性寄生虫的幼虫必须在中间宿主体内发育到一定阶段，才能感染动物。消灭中间宿主可阻断寄生虫的发育，切断感染途径，起到对外界环境除虫和预防动物感染的作用。

4. 消灭传播媒介

有的寄生虫病与鼠类关系比较密切，吸血昆虫也是许多原虫的传播媒介，因此，要搞好杀虫、灭鼠工作。其具体消灭措施，将在有关疾病中阐述。

（三）提高动物的抵抗力

1. 改善鸡的饲养条件

在防治寄生虫病的过程中，鸡群饲养采用标准化和科学化，不但要保证日粮的总能量符合机体需要，而且要保证全价的营养成分，只有这样才能保障机体充分发挥防御体系的防卫能力，保持高度的、稳定的抵抗力。抵御寄生虫的感染及致病作用，在抵抗力较好的情况下，可防止寄生虫侵入，对侵入后的寄生虫阻止其继续发育，甚至将其包埋或致死，使感染限制在最低程度，控制寄生虫病的发生。饲养条件一旦改变，随着机体营养状况的下降，抵抗力变弱，机体和寄生虫之间的平衡关系被破坏，不但难以阻止寄生虫的侵入和抵制寄生虫的发育，甚至体内已被抑制发育的寄生虫也会重新继续发育，导致寄生虫病的发生和复发。因此，在动物的饲养管理方面注意做到以下几点。

（1）饮水卫生。被寄生虫污染的水源是动物感染的重要因素之一。因为许多种寄生虫的体外发育阶段需要一定的湿度，有的需要在水中完成，有的寄生虫的中间宿主生活在水中，如水池、湖泊、水塘、沼泽地、稻田、小溪和水渠等，适合寄生虫虫卵、幼虫及某些中间宿主的生存和发育，这样的水不能作为动物的饮用水。饮用水的水源应加以保护，防止污染，禁止将粪便、垃圾或动物尸体抛入水中，禁止将尸体处理点、粪坑、垃圾点设在水源附近。

（2）饲料卫生。被寄生虫污染的饲料很容易被易感动物采食造成感染。因此，必须保管好饲料，防止动物的粪便或其他分泌物污染。

（3）圈舍卫生。动物养殖场应建在离水塘、池沼和坑洼地较远的地方；圈舍要保持干燥，光线充足和通风良好；舍内饲养的动物密度要适宜，避免过于拥挤；圈舍和运动场应保持干燥、清洁，经常清除粪便和垃圾，并进行堆积发酵处理。

2. 保护雏鸡

一般成年鸡对寄生虫感染的抵抗力强，不易感染，感染后发病症状较轻或无症状，但往往是重要的感染来源。雏鸡抵抗力弱，容易感染，感染后发病严重，死亡率高。因此，应采取适当措施保护雏鸡，将雏鸡与成年鸡分群饲养，为此，应对新生雏鸡及早训练补饲，及早分群。雏鸡安置在新建的或经过除虫处理的鸡舍饲养。家禽分为雏鸡群、育成鸡群和成年鸡群，各群严格隔离管理,雏鸡及育成鸡应在新建禽舍或进行过除虫处理的鸡舍饲养。

3. 免疫接种

用疫苗对动物进行接种,使动物产生特异性的抵抗力,是预防寄生虫病的重要环节。

(1)低剂量虫体感染。人为低剂量感染寄生虫,可使宿主对进一步感染产生有效的抵抗力。这一技术已应用于禽的球虫病(球虫活苗)。这一技术的改良方法是:在感染的危险急迫期,加入亚治疗剂量的抗寄生虫药,使宿主体内的寄生虫不足以引起疾病,但能刺激机体产生对再感染的抵抗力。其主要缺点是:它不能防止寄生虫对环境的污染,不能根除寄生虫感染。

(2)基因工程疫苗免疫。基因工程疫苗是指利用 DNA 重组技术,将编码虫体的保护性抗原的基因导入受体菌(如大肠埃希菌)或细胞,使其在受体菌或细胞中高效表达,表达产物经纯化复性后,加入或不加入免疫佐剂而制成的抗寄生虫感染的疫苗。如将编码鸡球虫的一种名为棒状体的细胞器的一段保护性抗原 *so7* 基因序列克隆插入高效表达载体 PJC264 中,在大肠埃希菌上表达了 CheY. SO7 融合蛋白,用纯化的重组抗原免疫雏鸡,可对柔嫩艾美尔球虫的攻击感染产生部分的保护。

(3)致弱虫苗免疫。通过人工致弱或筛选的方法,使寄生虫自然株(野毒株)变为无致病力或弱毒的且保留保护性免疫原性的虫株,用此虫株免疫宿主,使其产生免疫保护力。致弱的方法主要有:离体培养致弱、用药物进行预处理、通过非正常宿主传代以及放射性诱导等。目前鸡球虫的弱毒苗已进入应用阶段。

(4)异源性虫苗免疫　利用致病力弱的、与强致病力有共同保护性抗原的异源虫株来免疫宿主,使机体对强致病力寄生虫产生免疫保护力,这种寄生虫疫苗称为异源性虫苗。

目前,国内外比较成功地研制了鸡球虫苗。获得虫苗的方法很多,包括应用一定剂量寄生虫的正常感染,应用分类学上近似的毒力弱的虫株,人工培养的培养液,利用寄生虫的代谢产物,感染人工致弱的虫株等。寄生虫虫体大,抗原性复杂,疫苗研究难度大。加强寄生虫病的防制工作,保障我国养殖业持续稳定健康发展,也是保障食品安全和公共卫生安全的必然要求。随着我国动物防疫体系的完善,对动物寄生虫病的预防和控制能力将不断提高。

任务三　家禽营养代谢病的发生特点

一、营养代谢障碍

随着家禽营养需要、饲料配方设计和混合饲料加工生产等科学技术水平的提高,家禽的增重、产蛋率、出肉率等生产性能已有了很大的提高,大面积、严重的营养缺乏和代谢障碍性疾病已较少发生,但有时仍对生产造成一定的损失。原因是多方面的。

由于家禽品种繁多,尤其杂交黄鸡的新品种和品系不断出现,生产性能也在不断改进和提高,对营养的需要也更高、更精细,以致有时难以面面俱到。饲养方式的改变,如家禽的散养改为笼养后,失去了采食螺、昆虫的机会,对钙、磷和蛋白质的要求随之增加。肉鸡、蛋鸡、种鸡从地面平养改为离地网养或笼养后,原来从垫料、粪便、地面杂物得到补充的维生素和微量元素将全部由饲料供给。一些人为追求家禽增重、产蛋率等生产性能的提高,盲目滥用营养物质,如超量使用维生素、矿物质和微量元素、油脂类能量饲料和氨基酸等,因而引起某些营养成分的过剩、代谢障碍和中毒。

家禽由于解剖生理和代谢特点，对某些营养代谢性疾病较为敏感。如家禽体内代谢过程中产生的大量废氮，不能将其转化成溶解度比较高的尿素而只能形成溶解度较低的尿酸，导致家禽极容易产生以尿酸盐析出和沉积为特征的痛风病。家禽的营养代谢障碍不仅影响了家禽的成活率、增重和产蛋率等生产性能的正常发挥，还直接或间接地影响家禽的免疫力，使家禽对病原微生物和寄生虫更为敏感，这种潜在的危害性必须引起重视。

二、药物中毒

药物中毒引起的家禽中毒性疾病时有发生，并在家禽生产中造成不少的损失。例如，在使用磺胺类药物、庆大霉素、卡那霉素、亚硒酸钠、氯化钠等防治禽病时，剂量过大、使用时间过长引起的药物中毒；在使用杀虫剂驱除家禽的螨和虱时，药物浓度太高；将离子载体抗球虫药与泰妙灵等抗菌药物联合使用；饲料中混有杀虫剂等有毒物质；在混合饲料中使用过量未去毒的棉籽饼或菜籽饼；用含有抗球虫药速丹的饲料饲养水禽；使用含有黄曲霉素的发霉饲料饲养家禽；被蜂和蛇咬伤产生生物毒素中毒等。

三、饲养管理不当和(或)应激

尽管家禽的饲养管理水平已有了很大的提高，但由于饲养管理不当和(或)应激产生的禽病仍时常发生。例如，幼禽冻伤、家禽热应激、严重缺水、过分拥挤引起啄癖；地面不平整或网、笼上突出的铁丝刺、钩引起的皮肤和脚垫的创伤；禽舍由于氨气浓度过高、空气污浊、垫料过分干燥，尘土飞扬而引起眼结膜炎或上呼吸道症状；产蛋禽由于受异常声响或陌生人的惊吓，跳跃引起的卵黄性腹膜炎；冬季为了保温而忽视通风换气、长时间缺氧而加剧了肉鸡腹水症的形成等。

任务四　养鸡场生物安全措施

一、防制工作的基本原则

(一)认真贯彻防疫方针

我国的防疫方针是“预防为主，预防与控制、净化、消灭相结合”。即在平时要加强饲养管理，搞好防疫卫生、预防接种、检疫、隔离和消毒等综合性防制措施，提高动物体的抗病能力和健康水平，最终达到控制和杜绝传染病的发生。实践证明，只要做好平时的预防工作，很多传染病就可以避免发生，即使发生了也能及时得到控制。

(二)动物防疫施行联防联控

根据《国务院关于推进兽医管理体制改革的若干意见》(2005)的文件精神，我国于2006年开始进行兽医体制改革，建立了国家、省、市、县四级兽医行政管理机构，建立了省、市、县三级动物卫生监督机构，建立了国家、省、市、县四级动物疫病预防控制机构，并在不断地完善和健全中，各司其职，保证了兽医工作的正常开展和发展。

家禽传染病的防制工作是一项与农业、商业、外贸、卫生、交通等部门以及和人们生活密切关系的重要工作。只有在各相关部门的密切配合下，从全局出发，大力合作，统一部署，全面安排，才能把防制工作做好；同时要大力开展科普和科技推广工作，提高群众的防病意识和防疫水平，从根本上减少疫病的发生。

(三)依法开展防疫工作

为了加强对动物防疫工作的管理，切实有效地预防、控制和扑灭动物疫病，促进养殖业的健康发展，保护人类健康，我国于1991年发布了《中华人民共和国进出境动植物检疫法》(以下简称《动植物检疫法》)，该法对动物检疫的原则和办法做了详尽的规定。《中华人民共和国动物防疫法》(以下简称《动物防疫法》)于1997年7月3日第八届全国人民代表大会常务委员会第二十六次会议通过，2007年8月30日第十届全国人民代表大会常务委员会第二十九次会议第一次修订，2013年6月29日第十二届全国人民代表大会常务委员会第三次会议第一次修正，2015年4月24日第十二届全国人民代表大会常务委员会第十四次会议第二次修正，2021年1月22日第十三届全国人民代表大会常务委员会第二十五次会议第二次修订。《动物防疫法》实施以来，在保障养殖业生产安全、动物源性食品安全、公共卫生安全及生态环境安全方面具有十分重要的作用，是涉农法律制度中带有基础性的重要法律。《动物防疫法》对我国动物防疫工作的方针政策和基本原则做了明确而具体的规定。国务院根据《动植物检疫法》和《动物防疫法》，制定和发布了《种畜禽管理条例》《兽药管理条例》《重大动物疫情应急条例》《病原微生物实验室生物安全管理条例》等多部法规，这标志着我国把动物疫病的预防、控制、扑灭以及动物和动物产品的检疫，纳入了法制化管理的轨道，引起了全社会对动物防疫工作的重视，推动了我国动物防疫工作的开展。

但由于我国饲养动物量大面广，养殖方式相对落后，动物及动物产品国际贸易增多，基层动物防疫体系薄弱，动物防疫形势严峻复杂，境外动物疫病传入风险持续存在，人兽共患传染病发病率明显增加，养殖业生产安全和公共卫生安全面临极大挑战。《动物防疫法》按照全面提升动物卫生水平和全力防控人兽共患传染病的目标，着眼补短板、堵漏洞、强弱项，调整完善了动物防疫方针，保障公共卫生安全和人体健康的工作机制、防疫责任体系、制度体系、监管体系和法律责任，为强化动物防疫活动管理提供了有力支撑和保障。

《动物防疫法》修改的主要内容和亮点概括起来有八个方面。

1.完善动物防疫方针

根据动物防疫自身规律，借鉴国际先进做法，在监测预防为主的基础上加入净化、消灭的方针。在动物防疫中增加了诊疗、净化、消灭和病死动物、病害动物产品无害化处理等内容，补全了动物防疫监管链条。

2.完善防疫责任体系

明确生产经营主体承担动物防疫相关责任，强化管理部门监管责任和地方政府属地化管理责任，理顺相关部门在野生动物、实验动物和进出境动物及动物产品防疫监管职责，加强部门间协作配合。

3.完善防疫制度体系

着眼于动物防疫全程管理，调整并加强了风险评估、强制免疫、监测预警、区域化管理、动物防疫条件审查、动物检疫等制度，新增了动物疫病净化消灭、分区防控、运输主体及车辆备案、指定通道以及病死动物、病害动物产品无害化处理等制度规定，对生产经营各环节动物防疫活动监管实现了全覆盖。

(1)免疫无新城疫区：

①该区域要达到国家无规定疫病区基本条件。

②该区域在过去3年内未发生过新城疫。

③有定期的、快速的动物疫情报告记录。

④该区域和缓冲区实施强制免疫，免疫密度100%，所用疫苗必须为符合国家兽医行政管理部门规定的弱毒疫苗(ICPI小于或等于0.4)或灭活疫苗。

⑤该区域和缓冲区须具有运行有效的监测体系，过去3年内实施监测，未检出ICPI大于0.4的病原，免疫效果确实。

⑥所有的报告及免疫、监测记录等有关材料准确、翔实、齐全。若免疫无新城疫区内发生新城疫时，最后一只病禽扑杀后6个月，经实施有效的疫情监测确认后，方可重新申请免疫无新城疫区。

(2)非免疫无新城疫区：

①该区域要达到国家无规定疫病区基本条件。

②在过去3年内没有暴发过新城疫，并且在过去6个月内，没有进行过免疫接种；另外，该地区在停止免疫接种后，没有引进免疫接种过的禽类。

③有定期的、快速的动物疫情报告记录。

④在该区具有有效的监测体系和监测区，过去3年内实施疫病监测，未检出ICPI大于0.4的病原或HI滴度不大于2^3(1:8)。

⑤所有报告及监测记录等有关材料准确、翔实、齐全。

若非免疫无新城疫区内发生新城疫时，在采取扑杀措施及血清学监测情况下，最后一只病禽扑杀后6个月；或采取扑杀措施、血清学监测及紧急免疫情况下，最后一只免疫禽屠宰后6个月，经实施有效的疫情监测和血清学检测确认后，方可重新申请非免疫无新城疫区。

(3)无高致病性禽流感区：

①该区域要达到国家无规定疫病区基本条件。

②有定期的、快速的动物疫情报告记录。

③在过去3年内没有发生过高致病性禽流感，并且在过去6个月内，没有进行过免疫接种；另外，该地区在停止免疫接种后，没有引进免疫接种过的禽类。

④在该区具有有效的监测体系和监测区，过去3年内实施疫病监测，未检出H5、H7病原或H5、H7禽流感HI试验阴性。

⑤所有报告及监测记录等有关材料准确、翔实、齐全。

若发生高致病性禽流感时，在采取扑杀措施及血清学监测的情况下，最后一只病禽扑杀后6个月；或采取扑杀措施、血清学监测及紧急免疫情况下，最后一只免疫禽屠宰后6个月，经实施有效的疫情监测和血清学检测确认后，方可重新申请无高致病性禽流感区。

4. 完善公共卫生保障

建立人兽共患传染病防治合作机制，增加了饲养犬只防疫管理的规定，进一步强化狂犬病、高致病性禽流感等人兽共患病的防制工作。明确了野生动物疫病监测职责，加强野生动物检疫监管工作，授权国务院相关部门制订野生动物检疫办法。

5. 完善兽医管理制度

专门设立官方兽医任命制度，规范海关官方兽医管理，调整执业兽医报考规定，鼓励乡村兽医向执业兽医转型，明确行业协会的职责。

6. 完善防疫体系建设

调整完善动物卫生监督机构、动物疫病预防控制机构的法定职能，落实动物防疫制度规定。要求县级以上人民政府稳定、加强动物防疫队伍和体系建设，配备与检疫工作相匹配的官方兽医，鼓励社会力量参与动物防疫工作。

7. 完善防疫保障措施

加强动物防疫财政保障力度，明确对强制扑杀的动物、销毁的动物产品和相关物品要给予补偿。增加防疫人员保险、补助或抚恤、医疗卫生津贴等规定，保障村级动物防疫员合理劳务报酬。

8. 完善法律责任设定

根据法律制度的调整和设定情况，对义务性、禁止性的条款均设定了相应罚则。从严设定处罚标准，增加行业禁入等处罚措施。

(四)防制工作的基本内容

针对疫病而采取的预防、控制、消灭的对策和措施称为防疫措施或防制措施。包括两个方面：一是在平时未发生疫病时，为防止疫病入侵动物群而采取的各种措施，称为预防措施；二是在发生疫病时，为迅速扑灭疫病而采取的各种措施，称为扑灭措施。

二、养鸡场环境控制措施

1. 养鸡场的合理选择和布局

(1)养鸡场的选址应符合农业农村部动物防疫条件审查办法的有关规定，选择地势高燥、背风向阳、通风、水源良好，远离居民区、屠宰场，特别是鸡产品加工厂，周边应常年没有地方性动物疫病的存在。规模化养鸡场的建筑物分区与布局应当从人和动物保健的角度出发，应将生产区、销售区、行政管理区和职工生活区严格分开，并尽可能根据不同的生产功能将生产区划分成若干个较小的、互相独立并距离较远的小区或分场，并根据地势和主风向合理安排各个功能区的位置，并且各功能区之间应设立屏障和进出门岗。场内、外道路布局合理，严格区分场内、外道路及场内净道和污道，避免交叉感染。

(2)严格控制养鸡场与外界及鸡场内人流、物流设立门岗，并建立物品和人流进出消毒制度，凡是进出养鸡场或不同功能区之间物品和人员，均应采取相应的消毒措施。严格进出场区车辆的管理，并关注临近场的情况。

(3)控制飞禽、节肢类、啮齿类等动物接近生产区。

(4)生产区内应保持合理的鸡舍密度,不同栋舍之间应保持一定的距离。

2. 合理的鸡舍建筑和舍内环境控制措施

制订和严格执行卫生防疫制度,坚持“自繁自养”的原则。搞好环境卫生,及时清除舍内粪便、垃圾、污物等,并保持清洁干燥和通风良好。良好的鸡舍内环境需要能够给鸡只提供良好的通风、温度、湿度、光照控制等措施,避免鸡舍内温度过高、过低、忽高忽低、通风不良、粉尘过多、氨气等有害气体超标等。鸡舍周围应设置挡鼠板、纱窗等,防止啮齿类、节肢类及飞鸟、昆虫等动物进入鸡舍。平时贮藏饲料的仓库门要严闭,防止鼠类窜入,偷食和污染饲料;同时注意通风,以防饲料霉变。注意饮水卫生,供给动物的饮水应是清洁无污染的。

3. 单一品种饲养和全进全出

不同品种或不同日龄的家禽对疾病的敏感性和抵抗力不同,多品种、多日龄家禽混养容易造成疾病多发,且病原体容易发生变异。无数实践证明,单一品种、全进全出的饲养方法是预防疾病、降低成本、提高成活率和经济效益的最有效措施之一。

4. 全价饲料

注意饲料卫生,在动物不同的饲养阶段供给相应的饲料,以保证生长、发育以及生产的需要;在转舍(群)需变换饲料时应逐渐过渡,不可突然改变;尽管饲料工业发展水平已较高,但营养性疾病问题仍有出现。常见因素有饲料中某些成分含量不足,某种饲料原料的营养成分的实际含量低于计算含量,饲料的加工贮藏不当,不同成分的拮抗作用,或由于家禽患病或使用某些治疗药物后对某些营养成分需要量的异常增加等。应根据实际情况满足家禽对各种营养成分的需要,防止家禽营养缺乏病的发生。饲料成分较多,且加工、运输等过程容易受病原微生物污染。在饲料加工过程可适当采用熟化、添加酸化剂等手段,减少病原微生物尤其是细菌的污染程度。

5. 清洁的饮水

目前大部分养鸡场使用深井水,水井容易受养殖场病原菌污染,且鸡舍水线内容易滋生病原微生物,造成鸡只感染病原菌。

6. 疾病净化和引种

健壮无特定病原体的种苗是培养健壮无病或少病鸡群的基础。应从健康无病尤其是无蛋传递性疾病的种鸡场购进种苗,并且要经过当地兽医部门的检疫和认可。

7. 避免或减轻应激

捕捉、搬迁、断喙,免疫接种,突然的音响,不适当的光照,氨气浓度过高,过分拥挤,供给饮水或饲料无规律,饲料的改变,过热或过冷等应激因素均可引起鸡只的抗病力降低而诱发其他的疾病,饲养人员可以通过周密的设计和细心的管理来尽量避免或减轻应激。

8. 病房、淘汰间和解剖室的管理

规模化养殖场原则上不设置病房和淘汰间,异常鸡只及时淘汰处理,不宜放在养鸡场时间过久。尸体解剖室是专业技术人员最容易忽视的传播疾病的场所。尸体解剖室应安排在较为偏僻的地方,饲养员用密封的容器将病死禽送到某一指定的地点,由专人将病死禽收集运回解剖室。尸体剖检完成后,应对场地做彻底的清洁消毒,对尸体和污水做无害化处理。参加解剖的人员在工作完成后应清洗消毒,更换衣服鞋帽,然后离开解剖室。

9. 孵化室卫生

孵化室应远离家禽饲养区、加工厂或兽医诊断室等可能有病原体污染的地方。进蛋、熏蒸、贮蛋室、选蛋装盘、孵化、出雏、雏禽停留室、装运室等均应单向流动，不得逆转运行。孵化用种蛋必须经过消毒才进入孵化机，蛋盘、蛋架、孵化机和出雏机在每次使用后均应冲洗消毒。对连续生产的孵化机，也应定时停机清洗消毒。孵化后的死胚、废蛋及绒毛等应集中做无害化处理。对孵化房内的地板，除经常清扫外，每天用消毒药液喷洒几次。

10. 防止中毒

使用杀虫剂等药物时，必须在专业人员的监督下进行；防止用霉变的饲料饲养家禽，防止饲料、饮水和垫料中混入有毒物质；在使用化学药物治疗病禽时，应按规定剂量使用，不可随意增大剂量；对毒性大、安全范围小以及尚未了解其特性的药物，更应严格按说明书使用，而且在大群应用之前，最好先做小群安全试验，确认安全有效之后再扩大使用范围。药物用量的计算、称量应反复核对，不能有差错。无论经饲料或饮水投药，均应充分拌匀，对毒性大的药物，或对贵重又敏感的禽鸟，最好逐只给药更为安全。

生物安全涉及环节较多，养鸡场内任何一个活动都可能涉及生物安全，且一个环节出现异常，就可能导致鸡群出现异常，需要工作人员具有良好专业素质和职业道德，配合科学的管理制度才能将各项生物安全措施落实到位。

三、加强消毒

消毒是指杀灭或清除外界环境中活的病原微生物，其目的是消灭被传染源散播在环境中的病原微生物，以切断传播途径，阻止传染病继续蔓延，是预防和控制家禽传染病的重要措施之一。

(一)消毒的种类

根据消毒的目的和时机不同分为预防性消毒、随时消毒和终末消毒。

1. 预防性消毒

预防性消毒是指结合平时的饲养管理对动物圈舍、场地、用具和饮水等进行的定期消毒，以达到预防一般传染病发生的目的。其特点是：定期进行。

2. 随时消毒

随时消毒是指在发生传染病时，为了及时消灭刚从患病动物体内排出的病原微生物而进行的不定期消毒。消毒的对象包括患病动物所在的圈舍、隔离场地、患病动物的分泌物、排泄物以及可能被污染的一切场所、用具和物品。其特点是：重复多次消毒。

3. 终末消毒

终末消毒是指在患病动物解除隔离、转移、痊愈或死亡后，或者在疫区解除封锁之前，为了消灭疫区内可能残留的病原微生物所进行的全面彻底的大消毒。其特点是：全面彻底。

(二)消毒的方法

消毒方法包括机械清除法、物理消毒法、化学消毒法和生物热消毒法等，这些消毒方法常常结合使用。

1. 机械清除法

机械清除法是指通过清扫、洗刷、通风、过滤等机械方法清除病原微生物的方法。随着垃圾污物的清除，大量的病原微生物也被清除。在清除之前，为了防止尘土飞扬，造成病原微生物的散播，在地面上喷洒清水或某些消毒剂。机械清除不能达到彻底消毒的目的，必须配合其他消毒方法进行。

通风也具有消毒意义，它虽不能杀灭微生物，但可在短期内使舍内空气交换，减少病原微生物的数量。通风时间视温差大小可适当掌握，一般不少于 30 min。

2. 物理消毒法

物理消毒法是指利用阳光、紫外线、干燥、高温等物理方法杀灭病原微生物的方法。

(1)阳光、紫外线和干燥。阳光是天然的消毒剂，其光谱中的紫外线有较强的杀菌能力，阳光的灼热和蒸发水分引起的干燥也有杀菌作用。一般非芽孢性细菌和病毒，在直射阳光下几分钟至几小时可以杀死，对于牧场、草地、畜栏、用具和物品等的消毒具有一定的意义，应充分利用。

在实际工作中，很多场合(如消毒室、育雏室和无菌室)用紫外线灯进行空气消毒。紫外线的消毒效果与照射的距离、时间和强度有关。灯管悬挂的高度距离地面一般为 2 m 左右，照射时间因照射的对象不同而异。消毒室主要针对进入场区或生产区的人员进行消毒，照射时间为 5～10 min；育雏室主要针对空气和育雏设备消毒，在进雏之前照射 1～2 h。

紫外线会损伤人的眼睛和皮肤，因此不能在紫外线灯下长时间照射消毒或工作，人员消毒时眼睛不能一直望着灯管，而是闭目或低头。

(2)高温。

①火焰烧灼和烘烤：是简单而有效的消毒方法，当发生由抵抗力强的病原微生物引起的传染病时，对患病动物的粪便、饲料残渣、垫草、污染的垃圾和其他价值不大的物品，以及死亡动物的尸体，均可用火焰加以焚烧；不易燃的畜舍地面、墙壁用火焰喷射消毒；金属制品可用火焰烧灼和烘烤进行消毒。

②煮沸消毒法：大部分非芽孢病原微生物在 100 ℃的沸水中迅速死亡，大多数芽孢在煮沸后延长时间也能致死，煮沸 1～2 h 可以杀灭所有的病原体。主要用于金属器械和玻璃用具的消毒。

③高压蒸汽灭菌法：高压蒸汽灭菌所用仪器为高压蒸汽灭菌器，有小型手提式灭菌器和大型全自动灭菌器，主要用于注射器、针头、刺种针、棉签、解剖器械、疫苗稀释瓶和废弃疫苗等的灭菌。

3. 化学消毒法

化学消毒法是指用化学消毒剂杀灭病原微生物的方法。

(1)常用消毒剂的种类和用途。

①氯制剂。

二氯异氰尿酸钠：是一种常用的消毒剂，具有很强的氧化性，对各种致病性微生物如病毒、细菌芽孢、真菌等有很强的杀生作用，是一种适用范围广、高效的杀菌剂。

三氯异氰尿酸：为有机化合物，白色结晶性粉末或粒状固体，具有强烈的氯气刺激味。三氯异氰尿酸是一种极强的氧化剂和氯化剂，具有高效、广谱、较为安全的消毒作用，对细菌、病毒、真菌、芽孢等都有杀灭作用，对球虫卵囊也有一定杀灭作用。

漂白粉：本品遇水后离解成活性氯和新生态氧，杀菌作用强，能杀灭芽孢。3%～5%漂白粉混悬液用于厩舍、围栏、饲槽、车辆和排泄物的消毒；20%漂白粉用于细菌芽孢污染的场地消毒；0.3～1.5 g/L 漂白粉用于饮水消毒。漂白粉不能用于金属制品的消毒。

84 消毒液：有效成分为次氯酸盐(大部分产品的有效成分是次氯酸钠)，84 消毒液因其杀菌效率高、杀菌种类多、适用范围广，目前被广泛使用。

②百毒杀。

无刺激性：无刺激性气味，对畜禽与工作人员无任何刺激性和应激产生，有效又安全。

无腐蚀性：对任何金属器械均无腐蚀性，以一般消毒浓度的 10 倍剂量使用，经数月之久也不致产生腐蚀现象。

无蓄积毒性：百毒杀所使用的赋形剂是最佳特殊溶剂，完全没有毒性，能与水完全互溶，更保证百毒杀的最高安全性。适用于畜禽各种消毒，绝无残留，安全性高。

广谱：能完全杀灭各种细菌、病毒(有囊膜及无囊膜)、支原体、霉菌、藻类等致病微生物。

长效：为阳离子表面活性剂，消毒杀菌后可覆盖物体表面，且效力维持 10～14 d 之久。

速效：渗透力超强，能深入裂缝及各种有机物内杀灭各种病原体，低浓度瞬间消毒杀菌。

对鸡平时预防性的喷雾消毒：百毒杀按 1∶600 倍的比例，即 17 mL(每瓶盖为 10 mL)百毒杀溶液兑 10 kg 水。当鸡群处于疫情敏感或发病时期的喷雾消毒：此时带鸡消毒的稀释倍数为 1∶200 倍，即 50 mL 百毒杀-S 溶液兑 10 kg 水，2 次/d，连续 3～5 d 或至疾病减缓及完全控制后恢复正常用法；同时配合百毒杀-S 按 1∶1 000 饮水，1 次/d；带鸡消毒时可以关闭部分通风设备，高温季节最好选在清晨、傍晚凉爽时候关闭通风系统操作。

清理饮水管道：用百毒杀 1∶2 000 冲洗管线，水线要定期清洗，防止藻类、苔类的生长。用于改善水质、平日饮水消毒：用百毒杀 1∶(2 000～4 000)倍稀释使用。用于控制疾病饮水消毒：用百毒杀 1∶1 600 倍稀释使用。种蛋、农舍环境、器具消毒：用百毒杀 1∶600 倍稀释使用。疫病感染消毒：用百毒杀 1∶200 倍稀释使用。洗手盆消毒：百毒杀 1∶600，5～7 d 更换 1 次。

③过硫酸氢钾。可杀灭肠道致病菌、化脓性球菌、医院感染常见细菌和细菌芽孢，并对病毒有灭活作用。过硫酸氢钾复合物粉是一种平衡稳定的过氧化物、表面活性剂、有机酸及无机缓冲系统组成的混合物，其主要成分是过硫酸氢钾三盐复合物(KMPS)。具有广谱、高效、低毒的特点，对多种致病微生物具有杀灭作用，而实际消毒使用的水溶液毒性极低，对人畜无害且对环境没有残留。对细菌杀灭：1∶100 倍稀释过硫酸氢钾溶液对大肠埃希菌 22 s 内杀灭率达 100%，1∶100 倍稀释过硫酸氢钾 5 min 将悬浮全部的枯草芽孢杆菌芽孢杀灭。对真菌杀灭：1∶100 倍稀释过硫酸氢钾溶液 30 min 杀灭率达 100%。对病毒杀灭：1∶(100～200)倍稀释过硫酸氢钾溶液 10 min 杀灭率达 100%以上，1∶400 倍稀释过硫酸氢钾溶液 30 min 可有效杀灭。对器械、衣物浸泡消毒：1∶200 倍稀释过硫酸氢钾溶液浸泡消毒 30 min。

④甲醛。市售浓度为 38%～40%，杀菌力强，能杀灭细菌、芽孢和多种病毒。福尔马林配合一定比例的高锰酸钾可用于动物圈舍、无菌室、孵化室和种蛋等的熏蒸消毒；4%甲醛可用于组织病料的固定。

⑤烧碱(氢氧化钠)。常用于环境消毒。2%～4%烧碱溶液用于被细菌、病毒污染的厩舍、饲槽和运输车船等的消毒；10%～20%热烧碱溶液用于消毒细菌芽孢污染的场地。本品不能

用于皮肤及金属制品的消毒。

⑥生石灰(氧化钙)。加水后生成氢氧化钙,有强烈的杀菌作用,但对芽孢无效。10%～20%的石灰乳用于墙壁、畜栏、场地及排泄物等的消毒,需现配。

⑦乙醇(酒精)。70%～75%乙醇用于体温计、皮肤、某些医疗器械及术者手臂的消毒。本品不适宜新鲜伤口的消毒。

⑧过氧乙酸。市售品为20%的溶液。0.5%过氧乙酸用于厩舍、饲槽、车辆及场地喷洒消毒;5%过氧乙酸用于喷雾消毒密闭的实验室和无菌室等;0.2%～0.5%过氧乙酸用于塑料和玻璃制品的消毒;带动物熏蒸消毒用0.3%的溶液,30 mL/m^3,需现配。

⑨碘酊。3%～5%碘酊用于手术及注射部位的消毒。

⑩碘伏。碘伏是单质碘与聚乙烯吡咯烷酮(Povidone)的不定型结合物。具有广谱杀菌作用,可杀灭细菌繁殖体、真菌、原虫和部分病毒。可用于皮肤、黏膜的消毒,也可用于手术前和其他皮肤的消毒、各种注射部位皮肤消毒、器械浸泡消毒等。

⑪来苏尔(甲酚皂溶液)。3%～5%来苏尔用于器械、厩舍和排泄物等的消毒;2%来苏尔用于洗手和皮肤的消毒。

⑫新洁尔灭。0.1%新洁尔灭溶液用于手和其他部位皮肤的消毒,对于玻璃器皿、手术器械、橡胶制品、搪瓷用具和敷料等可用0.1%的溶液浸泡30 min进行消毒。新洁尔灭不适用于粪便、污水及皮革的消毒,与肥皂及其他合成洗涤剂接触时杀菌力降低。

⑬高锰酸钾。0.1%高锰酸钾溶液用于伤口、皮肤、黏膜的消毒。

(2)消毒剂选择。

根据消毒的方式、时机以及不同的消毒对象选择适宜的消毒剂。选择的一般原则是:杀菌效力强,价格低廉,固体或粉末的消毒剂要易溶解,能长期保存,带动物消毒时无腐蚀性和刺激性,还要绿色环保。

4. 生物热消毒法

生物热消毒法主要用于粪便、污水和其他废物的生物热发酵处理等,也是简便易行、普遍推广的方法。在粪便等堆沤过程中,粪便中的微生物发酵产热,可使温度高达70 ℃以上,经过一段时间后,可杀灭病毒、细菌(芽孢除外)、寄生虫虫卵等病原体,从而达到消毒的目的,同时又保持了粪便的良好肥效,可深加工成各种用途的有机肥。但这种方法不适用于芽孢菌所致疫病的动物粪便消毒。

(三)消毒的对象

消毒的对象为被患病动物或可疑患病动物污染的圈舍、场院、仓库、土壤、饲料、饮水、运输工具、饲养管理用具、器械、粪便、尸体、动物产品、工作服、鞋帽等一切可能被病原微生物所污染的物质(体)和场所。下面介绍几种主要消毒对象的消毒方法。

1. 动物圈舍的消毒

可先进行机械性清扫,清除粪便和垃圾污物,再用3%～5%漂白粉溶液或1%～3%粗烧碱溶液,喷洒墙壁、门窗和地面,消毒剂用量为800～1 000 mL/m^2。泥泞圈舍可撒一层干石灰或草木灰,然后垫上新土。

2. 污染用具的消毒

如饲槽、水槽、鸡笼等,能耐火的可用火焰消毒,不耐火的可用消毒剂洗刷,但消毒后需用清水冲洗。

3. 粪便的消毒

粪便定点堆积后，常用生物热发酵消毒，对一般病原微生物都能杀死，但对芽孢杆菌无效，可采用焚烧或用灭菌剂消毒。

4. 空气消毒

常用甲醛或者三氯异氰尿酸钠熏蒸消毒。

(四)消毒效果的检查

考核消毒效果的内容有：第一，消毒是否及时；第二，消毒对象和消毒方法的选择，作用时间是否正确；第三，消毒后的效果。消毒效果的指标是指疫区内可能传播病原体的物体，不应有该传染病的特异病原微生物存在。当该病原微生物不易检查时，可检查其他容易检查的微生物，如肠道传染病不得检出大肠埃希菌，呼吸道传染病不得检出溶血性链球菌。

四、免疫接种

免疫接种是给动物接种疫苗或注射免疫血清，使机体产生特异性免疫力，是预防和控制家禽传染病的重要措施之一。根据免疫接种的时机不同分为预防免疫接种和紧急免疫接种。

(一)预防免疫接种

在经常发生某些传染病的地区，或有某些传染病潜在的地区，或经常受到邻近地区某些传染病威胁的地区，为了防患于未然，在平时有计划地给健康动物群进行的免疫接种，称为预防免疫接种。预防免疫接种通常使用疫苗，免疫接种的途径较多，有注射、滴鼻、点眼、饮水免疫、气雾免疫、刺种和泄殖腔涂擦等，按免疫程序和免疫计划执行。

1. 制订合理的免疫程序

一个地区或养殖场，可能发生的家禽传染病不止一种，用来预防这些传染病的疫(菌)苗的性质又不尽相同，免疫期长短不一。根据当地家禽传染病流行情况、动物的种类及用途和疫苗的免疫特性，合理地安排接种疫苗的种类、次数和间隔时间，就是免疫程序。其内容应包括疫病名称、疫苗名称、接种途径和每种疫苗接种的日龄等。目前，还没有可供统一使用的免疫程序，在生产实践中要根据不同地区、不同动物群的具体情况而定。免疫程序也不是一成不变的，应随着时间的推移和疫情的变化不断地增减、调整和完善。

2. 制订免疫计划

为了做到预防接种有的放矢，全面落实强制免疫工作，防止重大动物疫病的发生和流行，根据《中华人民共和国动物防疫法》规定，各级兽医主管部门要在每年初制订所管辖区域内的动物疫病的强制免疫计划和实施方案。

养殖场可根据免疫程序和动物群的现状资料，可提前 1 周拟订免疫计划，然后按照免疫计划及时准备药品、材料和组织人力，并对所用器械做必要的灭菌或消毒。免疫计划的具体内容应包括动物的种类、品种、数量、年龄、性别、接种日期、疫苗名称、疫苗数量、免疫途径、免疫器械的数量和所需人力等。

目前，传染性疾病仍是养禽业的主要威胁，而免疫接种是预防传染病的有效手段。对家禽的免疫接种，应注意以下几方面的问题。

（1）制订免疫程序。制订免疫程序时考虑的主要因素应在什么时期接种、接种什么样的疫苗，这些是养禽者尤其是大型养禽场最为关注的问题。但是没有一个免疫程序是通用的，使用别人现成的程序不一定能在本场内获得最佳的免疫效果。唯一有效的办法是在免疫学基本理论的指导下，根据本场的实际情况，参考别人的成功经验，制订适合本场的免疫程序。在制订免疫程序时，应着重考虑的主要因素如下。

本场的病史及目前仍有威胁的主要传染病：本场尚未确诊已发生的疾病，必须在本场确实已受到严重威胁时才能安排接种。对强毒型的疫苗如强毒型传染性喉气管炎疫苗等，更应非常慎重，非不得已，不引进使用。

家禽的用途及饲养期，如种鸡在开产前需要接种传染性法氏囊病灭活油乳剂疫苗，而商品蛋鸡则不必。种苗产地的禽病疫情。母源抗体的影响对马立克病、新城疫和传染性法氏囊病等疫苗选择及首免时间安排等影响较大。

在制订免疫程序时，还应考虑不同种类、不同品种家禽对某些疾病抗病力的差异；不同疫苗之间的干扰作用；疫苗毒（菌）株的血清型、亚型或毒株的选择；疫苗剂型的选择，如对活疫苗或灭活疫苗、细胞结合型疫苗和非细胞结合疫苗之间的选择等；疫苗的出产地和厂家的选择；疫苗剂量和稀释量的确定；疫苗接种途径的选择；某些疫苗的联合使用；同一种疫苗根据毒力先弱后强的安排（如传染性支气管炎疫苗先用 H120 后用 H52）；同一种疫苗的活疫苗和灭活油乳剂疫苗使用顺序的选择；根据免疫监测结果或突发疾病时对免疫接种做必要的修改。

（2）疫苗的运输与保管。疫苗的安全运输和保管是保证免疫成功的重要环节之一。在这一过程中，应注意避免高温和直射阳光对疫苗的影响，在天气炎热时尤其重要。疫苗应在低温条件下保存和运输，但不同种类疫苗所需的最佳温度不同。例如，冻干疫苗、湿疫苗需在 −20～0 ℃保存；油乳剂疫苗和铝胶剂疫苗则应避免冻结，最适温度为 2～8 ℃；细胞结合型马立克病疫苗则应在液氮内保存。疫苗应有专人保管，造册登记，以免错乱。不同种类、不同血清型、不同毒株、不同有效期的疫苗应分开保存，使用时先用有效期短的，后用有效期长的。应经常检查电冰箱或冷库的电源及温度，最好有备用电源。电冰箱或冷藏柜内如结霜或结冰太厚时，应及时除霜，使冰箱达到预定的冷藏温度。保存期较长的和较重要的疫苗应与常用疫苗分开保存，并尽可能减少打开冰箱门的次数，以保持恒定的低温环境，尤其是天气炎热时。

（3）疫苗的使用剂量。疫苗的剂量不足，不能刺激机体产生有效的免疫应答，剂量过大则可能引起免疫麻痹或毒副反应，所以疫苗使用剂量应严格按产品说明书进行。随意将剂量加大使用，是没有必要的，而且是危险的。大群接种时，注射过程中可能产生浪费，在配制时可适当增加 10%～20%的用量。

（4）疫苗的稀释。稀释疫苗之前应对使用的疫苗逐瓶检查，尤其是名称、有效期、剂量、封口是否严密、是否破损和吸湿等。对需要特殊稀释液的疫苗，应用指定的稀释液。其他疫苗一般可用生理盐水或蒸馏水稀释。稀释液应是清凉的，这在天气炎热时尤应注意。稀释液用量的计算和称量均应细心和准确。稀释过程应避光、避灰尘和无菌操作，尤其是注射用的疫苗应严格无菌操作。稀释过程一般应分级进行，对疫苗瓶应用稀释液冲洗 2～3 次。稀释好的疫苗应尽快用完，尚未使用的疫苗也应放在冰箱或冰水桶中冷藏。

对于液氮保存的马立克病疫苗的稀释，更应小心，生产厂家有操作程序时，应严格按提供的程序执行，如无现成的程序，应考虑如下的注意事项。

①一般性要求。液氮保存的疫苗必须由指定的专业技术人员负责保管和稀释；定期测定和登记罐内的液氮量，液氮量不足时应及时补充；液氮罐应存放于安全的地方，与宿舍、办公室、仓库等保持一定的距离；带液氮罐领取疫苗时应由专车运送，不得用客运交通工具运送。如需经火车等长途运输，则必须征得有关部门的同意，并采取相应防范措施。

②疫苗的稀释过程。操作者应先戴好防护面具和手套，稀释液平时应于 4 ℃保存，稀释前稀释液温度应为 15～27 ℃(按厂家规定标准)，按疫苗厂家的要求，准备好 15～27 ℃的水浴箱(桶)以及长柄钳 1～2 支、冰块、托盘、水桶、自来水、注射器、18 号针头等备用，打开液氮罐，取出一支疫苗后迅速将其余疫苗放回液氮罐内，立即将已取出的疫苗放入上述已准备好的温水浴中，使疫苗迅速解冻，待疫苗完全溶解后，立即取干布拭干疫苗瓶，甩动疫苗瓶，使疫苗瓶颈部不含疫苗液。在尽可能远离操作者面部及身体的地方把疫苗瓶从颈部折断，取注射器套上 18 号针头，抽取温度为 15～27 ℃(按厂家规定标准)的稀释液 1～2 mL，再将疫苗液抽入注射器内，轻轻混匀后注入稀释液瓶中，然后抽取稀释液连续冲洗疫苗瓶 2～3 次，并将冲洗液加入稀释液瓶中。轻轻地摇动已加入疫苗的稀释液，使疫苗均匀地分布在稀释液中。把稀释好的疫苗在 15～27 ℃(按厂家规定标准)保存，在注射期间也应保持在这一温度范围内。已稀释的疫苗必须在稀释后 1 h 内用完接种。

(5)疫苗的接种途径。免疫接种时操作上的失误是造成免疫失败的常见原因之一。应掌握不同免疫接种途径的优缺点及注意事项。例如，饮水免疫避免了逐只抓捉鸡，可减少劳力和应激，但这种免疫接种受影响的因素较多，操作过程应注意疫苗是否为高效的活毒疫苗，使用的饮水应清凉的，且水中不应含有任何能灭活疫苗病毒或细菌的物质。

3. 多联苗和多价苗的使用

同一种动物在同一季节内可能有 2 种以上的疫病流行，如果同时接种 2 种以上的疫苗，是否能达到预期的免疫效果呢？一般认为有 2 种情况：一是所产生的多种抗体可能彼此无关，二是可能彼此发生影响。其影响的结果：可能是彼此相互促进，有利于抗体的产生；也可能是相互抑制，使抗体的产生受到阻碍。还应考虑动物体对疫苗刺激的反应是有一定限度的，同时注入多种疫苗，不仅可能引起比较剧烈的注射反应，而且还可能减弱机体产生抗体的机能，从而降低预防接种的效果。因此，哪些疫苗可以同时接种，还必须通过试验来确定，确定后将其制成多联苗或多价苗。目前已经应用的多联苗有新城疫-传染性支气管炎二联苗、新城疫-传染性支气管炎、减蛋综合征三联灭活苗、新城疫-鸡痘联合疫苗、新城疫-传染性支气管炎联合疫苗等。已经应用的新城疫-禽流感 H9-腺病毒三联苗、新城疫-禽流感(H9 亚型)-传染性法氏囊病-禽腺病毒(安卡拉)四联灭活疫苗(LaSota 株＋SZ 株＋rVP2 蛋白株)等。多联苗和多价苗的应用，大大提高了防疫工作效率，同时减少了对动物的应激次数，这是疫苗研究和开发的方向。

4. 母源抗体问题

雏鸡通过卵黄从母体所获得的特异性抗体称为母源抗体。母源抗体可保护幼龄动物在一定时期内不感染该种传染病，随着日龄的增长，母源抗体的量逐渐减少直至消失。如果在母源抗体水平较高的时期接种疫苗，疫苗抗原与体内的母源抗体结合，使母源抗体水平下降，不能达到保护机体的作用；疫苗抗原量减少，不足以刺激机体免疫系统产生抗体，从这两方面考虑都不利于机体。因此，给雏鸡接种疫苗应避开母源抗体的高峰期，通过免疫监测，选择在母源抗体免疫临界值进行免疫接种。以新城疫为例,在7日龄之前雏鸡对新城疫病毒具有坚强的免疫力,之后母源抗体量急剧衰减,一般于7～10日龄首次接种新城疫疫苗。

5. 免疫接种反应

疫苗和疫苗佐剂都属于异物,除刺激机体免疫系统产生保护性免疫应答外,或多或少会引起机体的病理反应,动物精神状态变差,出现局部或全身反应,反应强度随疫苗质量、接种剂量、接种途径以及机体状况不同而异。因此,在接种后1周内要注意密切观察动物的反应,疫苗反应的具体表现和持续时间应参照疫苗说明书,若反应较重或发生反应的动物数量超过正常比例,应查找原因,及时处理。

(1)正常反应。正常反应是指由于生物制品本身的特性引起的比较轻微的反应,其性质与反应强度随生物制品而异。如产蛋鸡在接种疫苗后出现产蛋量减少,属正常反应。有些活疫苗,接种后实际是一次轻度感染,会发生局部或全身反应。正常反应一般维持数小时或1～2 d可自行消失。

(2)严重反应。严重反应是指反应较重或发生反应的动物数量超过正常比例。发生严重反应的原因可能是由某批生物制品质量较差,或使用方法不当,或个别动物对某种生物制品严重过敏引起。这种反应通过严格控制生物制品质量和遵照使用说明书可以减少到最低程度。

(3)并发症。并发症主要包括超敏感(血清病、过敏性休克、变态反应等)、扩散为全身感染和诱发潜伏感染(新城疫疫苗气雾免疫时可能诱发慢性呼吸道疾病等)。

(二)紧急免疫接种

紧急免疫接种是指在发生传染病时为了迅速控制和扑灭疫病的流行,而对疫区和受威胁区内尚未发病的动物进行的应急性免疫接种。

从理论上讲,紧急免疫接种使用免疫血清较为安全有效,但血清用量大、价格高、免疫期短,且在大批动物接种时往往供不应求,因此在实践中很少使用。多年来的实践证明,在疫区内使用某些疫(菌)苗进行紧急免疫接种是切实可行的,如在发生新城疫和鸭瘟等一些急性传染病时,已广泛使用疫苗做紧急接种,取得了较好的效果。

在疫区应用疫苗进行紧急接种时,必须对所有受到传染威胁的动物逐头进行详细观察和检查,仅能对正常无病的动物使用疫苗进行紧急免疫接种。对患病动物及可能已受感染的处于潜伏期的动物,必须在严格消毒的情况下立即隔离,不能再接种疫苗,如对这部分动物接种疫苗,不但不能获得保护,反而会促使其发病或加重病情。因此,在紧急接种后一段时间内动物群中发病数有增多的可能,如果是急性传染病,一般潜伏期较短,而接种疫苗后又很快产生抵抗力,最终能使发病率下降,使流行平息。由此可见,只有使用疫苗产生免疫力的时间比潜伏期短,才能使紧急免疫接种产生良好的效果。

在受威胁区进行紧急免疫接种,其目的是建立"免疫带"以包围疫区,就地扑灭疫情。免疫带大小视疫区及受威胁区传染病的性质而定。某些流行性强大的传染病如禽流感等,其免疫带在周围10 km以上。建立免疫带这一措施必须与疫区的封锁、隔离、消毒等综合性措施相配合,才能取得较好的效果。

(三)药物预防

药物预防是针对那些还没有疫苗的传染病,或有疫苗但因免疫性能差或毒性强其使用受到限制的传染病,或危害大、发病时难以控制的传染病,在其发病季节前或发病年龄前,在动物饲料或饮水中加入抗该种病原微生物的药物进行集体预防,即所谓的保健添加剂。常用的药物有抗生素、磺胺类药物、喹诺酮类等。长期使用某种药物,容易产生耐药性菌株,因此除交叉使用外,还需要经常做药物敏感实验,选择高度敏感性的药物,按预防量使用,拌料时要均匀。

五、消灭传播媒介

(一)杀虫

虻、蚊、蝇、蜱等节肢动物是传染病的重要传播媒介,消灭它们可预防和控制虫媒传染病。

1. 物理杀虫法

包括机械拍打捕捉,喷灯火焰烧杀(墙壁缝隙),沸水或蒸汽热杀灭(物品上的虫卵)。

2. 药物杀虫法

主要是应用化学杀虫剂灭虫,根据杀虫剂对节肢动物的毒杀作用可分为以下几种。

(1)胃毒药剂:敌百虫。

(2)接触毒药剂:除虫菊。

(3)熏蒸毒药剂:敌敌畏。

(4)内吸毒药剂:倍硫磷。

3. 生物杀虫法

生物杀虫法是用节肢动物的天敌或病菌及雄虫绝育技术等方法杀虫。如养柳条鱼灭蚊,柳条鱼一天能吃200～300只蚊子的幼虫——孑孓;利用病原微生物感染节肢动物使其死亡;利用辐射使雄虫绝育;使用过量激素,抑制节肢动物的变态和蜕皮;改变它们滋生繁殖的环境等。

(二)灭鼠

养殖场鼠类较多,不仅偷吃饲料,咬死咬伤动物,其粪便还污染饲料,也是许多人兽共患病的传播媒介和传染源。鼠类可以传播的疾病有炭疽、布鲁氏菌病、结核病、土拉杆菌病、李氏杆菌病、钩端螺旋体病、伪狂犬病、猪丹毒、巴氏杆菌病和立克次体病等。因此,灭鼠对保护人畜健康和保障养殖业健康具有重大意义。

根据生态学特点,从养殖场建筑和卫生措施方面控制鼠类,如在搬运时有洒落的饲料,应及时清理干净;饲料仓库平时要关闭严实,院内不种植有草籽的植物。鼠类活动频繁时可利用器械灭鼠、药物灭鼠和生物灭鼠。

1. 器械灭鼠

利用各种工具以不同方式捕杀鼠类,如关、夹、粘、压、扣、套、翻、堵、挖、灌等。此类方法可就地取材,简便易行。

2. 药物灭鼠

最好选用慢性致死药,如敌鼠钠盐或溴敌隆,老鼠服药后1周内慢慢出血致死。鼠药剂型有粉剂和液体制剂,将浸有鼠药的粮食颗粒或食物诱饵放到老鼠经常出没的地方,随时观察鼠药的减少情况，因敌鼠钠盐和溴敌隆属慢性致死药，在投放鼠药的附近不容易发现鼠尸，发现鼠尸后及时将其投入尸坑内掩埋处理。注意：在处理药剂后必须立即洗手，一旦发生人、畜误食，及时服用维生素 K 解毒。

3. 生物灭鼠

草原地区时有鼠害发生，为了防止鼠类传播病原体给放牧动物和破坏草原植被，可利用鼠类的天敌灭鼠，如鹰、猫头鹰和狐狸等。

六、检疫

(一)检疫的概念和意义

检疫是运用兽医科学的各种诊断方法，对动物及其产品进行某些规定疫病的检查，并采取相应的措施防止疫病的发生和传播。

检疫是一项重要的防疫措施，不仅发生疫情的地区要进行检疫，而且在没有发生疫情时也要进行经常性的检疫。检疫的目的是加强兽医监督工作，防止动物疫病传入或传出，保护畜牧业生产的发展，保障公共卫生安全和人体健康，维护对外贸易的信誉。

(二)检疫的范围

按照被检疫的实体可分为动物、动物产品和运载工具。

1. 动物

动物是指人工饲养的动物，家禽包括鸡、鸭、鹅、鸽子、野生的鹌鹑、鸬鹚等。

2. 动物产品

动物产品是指未经任何加工处理的动物产品，包括生肉、生皮、原毛、绒、脏器、脂、血液、精液、卵、胚胎、蛋等。

3. 运载工具

运载工具包括运输动物及其产品的车、船、飞机、包装材料、铺垫材料、饲养工具和饲料等。

(三)检疫的对象

动物疫病种类很多，但并不是所有的疫病都要列入检疫对象。检疫对象主要是我国尚未发生而国外常发生的动物疫病、烈性传染病、危害较大或目前防制有困难的疫病、人兽共患的动物疫病、国家规定及公布的检疫对象。除此之外，两国签订的有关协定和贸易合同中规定的某些疫病，以及各地根据实际情况补充规定的某些疫病均可列入检疫对象。

1. 群体检查

群体检查的目的主要在于掌握鸡群的基本状况。在进入禽舍后，可以轻轻地敲击铁桶等物品使其发出突然的响声，此时如全群精神状况良好，则所有鸡会停止采食、饮水和走动，凝视片刻，而病鸡则对声响毫无反应，闭目昏睡。看看无反应或反应迟钝的病鸡占多少比例，可以粗略地了解疾病的严重程度。也可以拿一条小棍子，在禽舍内边走边慢慢驱赶鸡，健康的鸡在你靠近之前早已走得远远的，而病鸡则行动笨拙或根本无反应。也可以在早晨添加饲料和饮水时观察禽群的状况，健康的禽群在添加饲料时都拥挤到食槽边争食饲料，而病禽对饲料毫无兴趣，呆立不动或啄食一下，停很久再啄。在了解禽群大体状况后，还要对禽群做进一步仔细地观察，看看是否有以下异常情况。

(1)鸡群的营养和发育状况、体质强弱、大小、均匀度；鸡冠鲜红还是紫蓝、苍白，冠上是否长有水疱、痘痂或冠癣；羽毛的颜色、光泽、丰满、整洁程度，是否有过多的羽毛断折或脱落，是否有局部或全身的脱毛或无毛，肛门附近羽毛是否有污物等。

(2)有无神经功能不正常的病禽，如全身震颤、头颈扭曲、盲目运动、转圈运动、高度兴奋、不停走动、麻痹瘫痪、呆立昏睡、卧地不起等。

(3)眼、鼻是否有分泌物，分泌物是浆液性、黏液性还是脓性；是否有眼结膜水肿，上下眼睑粘连，脸面肿胀；有无咳嗽、异常呼吸音、张口伸颈呼吸和怪叫声，浅频呼吸，深稀呼吸，临终呼吸；口角有无黏液、血液或过多饲料黏着。

(4)食料量和饮水量如何，嗉囊是否异常饱胀；排粪动作过频或困难，粪便呈圆条状，稀软成堆，或呈水样；粪便中是否有饲料颗粒、黏液、血液等。

2. 个体检查

(1)体温检查。体温变化是家禽发病的标志之一，可通过用手触摸禽体或用体温计来检查。正常鸡体温 40～42 ℃、鸭 41～43 ℃、鹅 40～41 ℃。

(2)冠髯检查。鸡正常情况下，冠和肉髯鲜红色，湿润有光泽，用手触诊有温热感觉。

(3)鼻腔检查。检查禽类鼻腔时用左手固定家禽的头部，先看两鼻腔周围是否清洁，然后用右手拇指和食指挤压两鼻孔，观察鼻孔有无鼻液或异物。健康家禽鼻孔无鼻液。值得注意的是，凡伴有鼻液的呼吸道疾病一般可发生不同程度的眶下窦炎，表现眶下窦肿胀。

(4)眼部检查。正常情况下鸡的两眼有神，特别是两眼圆睁，瞳孔对光线刺激敏感，结膜潮红，角膜白色。在检查眼部时应注意观察角膜颜色、有无出血和水肿、角膜完整性和透明度、瞳孔情况和眼内分泌物情况。

(5)面部检查。正常情况下，家禽脸部红润，有光泽，特别是产蛋鸡更明显，脸部检查注意脸部颜色，是否出现肿胀和脸部皮屑的情况。

(6)口腔检查。用左手固定头部，右手大拇指向下扳开下喙，并按压舌头，然后左手中指从下腭间隙后方将喉头向上轻压，然后观察口腔。正常情况下，家禽口腔内湿润有少量液体，有温热感。口腔检查时注意上腭裂、舌、口腔黏膜、食管、喉头、气管等的变化。

(7)嗉囊检查。嗉囊位于食管颈端和胸端交接处，在锁骨前形成一个膨大的盲囊，呈球形，弹性很强。鸡、火鸡的嗉囊比较发达。常用视诊和触诊的方法检查嗉囊。

(8)皮肤及羽毛检查。正常情况下，成年家禽羽毛整齐光滑、发亮、排列匀称，刚出壳雏禽有纤细的绒毛，皮肤因品种、颜色不同而有差异。

(9)胸部检查。正常情况下，成年家禽胸部平直，胸部肌肉附着良好，肉鸡胸肌发达，蛋禽胸部肌肉适中，肋骨隆起。在临床检查中注意胸骨平直情况、两侧肌肉发育情况以及是否出现囊肿等。

(10)腹部检查。正常情况下，家禽腹部大小适中，相对比较丰满，特别是产蛋鸡、肉鸡用手触诊腹部，温暖、柔软而有弹性。在腹部两侧后下方可触及肝脏后缘；腹部下方可触及较硬的肌胃。对鸭、鹅的腹部检查需要用手触摸，可感到肌胃在手掌内滚动，按压有韧性。在临床过程中应注意观察腹部的大小、弹性、波动感等。

七、疫情报告

准确的疫情报告可使兽医防疫主管部门掌握疫情，制订控制和消灭疫情的对策和措施。从事动物疫病监测、检测、检疫检验、研究、诊疗及动物饲养、屠宰、经营、隔离、运输等活动的单位或个人是疫情报告责任人。疫情报告责任人发现动物染疫或者疑似染疫的，应当立即向所在地农业农村主管部门或动物疫病预防控制机构报告；其他单位和个人发现动物染疫或者疑似染疫的，应及时报告。任何单位和个人不得瞒报、谎报、迟报和漏报动物疫情，不得授意他人瞒报、谎报、迟报动物疫情，不得阻碍他人报告动物疫情。当地动物疫病预防控制机构在接到报告后，应迅速将发病动物的种类、发病时间、地点、发病数、死亡数、症状、病理变化、初步诊断结果及防疫措施情况，详细向上级部门报告。上级部门接到报告后，除及时派人到现场协助诊断和紧急处理外，应根据具体情况逐级上报。特别是怀疑为高致病性禽流感等重要传染病时，应以最快的方式上报，并通知邻近有关单位和部门注意做好预防工作。

在兽医人员尚未到场或尚未做出诊断之前，应对患病动物进行隔离，派专人管理；对患病动物停留过的地方和污染的环境、用具等进行消毒；动物尸体应保留完整，未经兽医检查同意，不得随便宰杀；宰杀后的皮、肉、内脏未经兽医检验，不准食用。

(一)疫情报告的种类

根据对养殖业生产和人体健康的危害程度，《动物防疫法》规定的疫病分为以下三类，即为要上报的疫病。

1. 一类疫病

一类动物疫病是指对人、动物构成特别严重危害，可能造成重大经济损失和社会影响，需要采取紧急、严厉的强制预防、控制等措施的疫病，共 11 种。

口蹄疫、猪水疱病、非洲猪瘟、尼帕病毒性脑炎、非洲马瘟、牛海绵状脑病、牛瘟、牛传染性胸膜肺炎、痒病、小反刍兽疫、高致病性禽流感。

2. 二类疫病

二类动物疫病是指对人、动物构成严重危害，可能造成较大经济损失和社会影响，需要采取严格预防、控制等措施的疫病，共 37 种。

多种动物共患病(7 种)：狂犬病、布鲁氏菌病、炭疽、蓝舌病、日本脑炎、棘球蚴病、日本血吸虫病。

牛病(3 种)：牛结节性皮肤病、牛传染性鼻气管炎(传染性脓疱外阴阴道炎)、牛结核病。

绵羊和山羊病(2 种)：绵羊痘和山羊痘、山羊传染性胸膜肺炎。

马病(2 种)：马传染性贫血、马鼻疽。

猪病(3 种)：猪瘟、猪繁殖与呼吸综合征、猪流行性腹泻。

禽病(3 种)：新城疫、鸭瘟、小鹅瘟。

兔病(1 种)：兔出血症。

蜜蜂病(2 种)：美洲蜜蜂幼虫腐臭病、欧洲蜜蜂幼虫腐臭病。

鱼类病(11 种)：鲤春病毒血症、草鱼出血病、传染性脾肾坏死病、锦鲤疱疹病毒病、刺激隐核虫病、淡水鱼细菌性败血症、病毒性神经坏死病、传染性造血器官坏死病、流行性溃疡综合征、鲫造血器官坏死病、鲤浮肿病。

甲壳类病(3 种):白斑综合征、十足目虹彩病毒病、虾肝肠胞虫病。

3. 三类疫病

三类动物疫病是指常见多发,对人、动物构成危害,可能造成一定程度的经济损失和社会影响,需要及时预防、控制的疫病,共 126 种。

多种动物共患病(25 种):伪狂犬病、轮状病毒感染、产气荚膜梭菌病、大肠埃希菌病、巴氏杆菌病、沙门菌病、李氏杆菌病、链球菌病、溶血性曼氏杆菌病、副结核病、类鼻疽、支原体病、衣原体病、附红细胞体病、Q 热、钩端螺旋体病、东毕吸虫病、华支睾吸虫病、囊尾蚴病、片形吸虫病、旋毛虫病、血矛线虫病、弓形虫病、伊氏锥虫病、隐孢子虫病。

牛病(10 种):牛病毒性腹泻、牛恶性卡他热、地方流行性牛白血病、牛流行热、牛冠状病毒感染、牛赤羽病、牛生殖道弯曲杆菌病、毛滴虫病、牛梨形虫病、牛无浆体病。

绵羊和山羊病(7 种):山羊关节炎/脑炎、梅迪-维斯纳病、绵羊肺腺瘤病、羊传染性脓疱皮炎、干酪性淋巴结炎、羊梨形虫病、羊无浆体病。

马病(8 种):马流行性淋巴管炎、马流感、马腺疫、马鼻肺炎、马病毒性动脉炎、马传染性子宫炎、马媾疫、马梨形虫病。

猪病(13 种):猪细小病毒感染、猪丹毒、猪传染性胸膜肺炎、猪波氏菌病、猪圆环病毒病、格拉瑟病、猪传染性胃肠炎、猪流感、猪丁型冠状病毒感染、猪塞内卡病毒感染、仔猪红痢、猪痢疾、猪增生性肠病。

禽病(21 种):禽传染性喉气管炎、禽传染性支气管炎、禽白血病、传染性法氏囊病、马立克病、禽痘、鸭病毒性肝炎、鸭浆膜炎、鸡球虫病、低致病性禽流感、禽网状内皮组织增殖病、鸡病毒性关节炎、禽传染性脑脊髓炎、鸡传染性鼻炎、禽坦布苏病毒感染、禽腺病毒感染、鸡传染性贫血、禽偏肺病毒感染、鸡红螨病、鸡坏死性肠炎、鸭呼肠孤病毒感染。

兔病(2 种):兔波氏菌病、兔球虫病。

蚕、蜂病(8 种):蚕多角体病、蚕白僵病、蚕微粒子病、蜂螨病、瓦螨病、亮热厉螨病、蜜蜂孢子虫病、白垩病。

犬猫等动物病(10 种):水貂阿留申病、水貂病毒性肠炎、犬瘟热、犬细小病毒病、犬传染性肝炎、猫泛白细胞减少症、猫嵌杯病毒感染、猫传染性腹膜炎、犬巴贝斯虫病、利什曼原虫病。

鱼类病(11 种):真鲷虹彩病毒病、传染性胰脏坏死病、牙鲆弹状病毒病、鱼爱德华氏菌病、链球菌病、细菌性肾病、杀鲑气单胞菌病、小瓜虫病、黏孢子虫病、三代虫病、指环虫病。

甲壳类病(5 种):黄头病、桃拉综合征、传染性皮下和造血组织坏死病、急性肝胰腺坏死病、河蟹螺原体病。

贝类病(3 种):鲍疱疹病毒病、奥尔森派琴虫病、牡蛎疱疹病毒病。

两栖与爬行类病(3 种):两栖类蛙虹彩病毒病、鳖腮腺炎病、蛙脑膜炎败血症。

(二)疫情报告的方式

动物疫情报告实行快报、月报和年报制度。

1. 快报

有下列情形之一的实行快报,县级以上动物疫病预防控制机构应当在 4 h 之内,通过动物防疫网络逐级报至中国动物疫病预防控制中心，同时报告同级人民政府兽医主管部门；中国动物疫病预防控制中心应当立即报至农业农村部(图 1-2)。发生人兽共患传染病疫情时，县级以上人民政府农业农村主管部门与本级人民政府卫生健康、野生动物保护等主管部门应当及时相互通报。

(1)发生一类或疑似一类动物疫病。

(2)二类、三类或者其他动物疫病呈暴发流行。

(3)发生国家已经宣布消灭的动物疫病。

(4)国内新发现的动物疫病，包括外来动物疫病。

(5)发生原因不明，急性发病、大量动物死亡并有扩散趋势的情况。

快报后实行周报，对疫情和处置情况进行后续报告，必要时实行日报，直至排除疫情或解除封锁，完成最终报告。

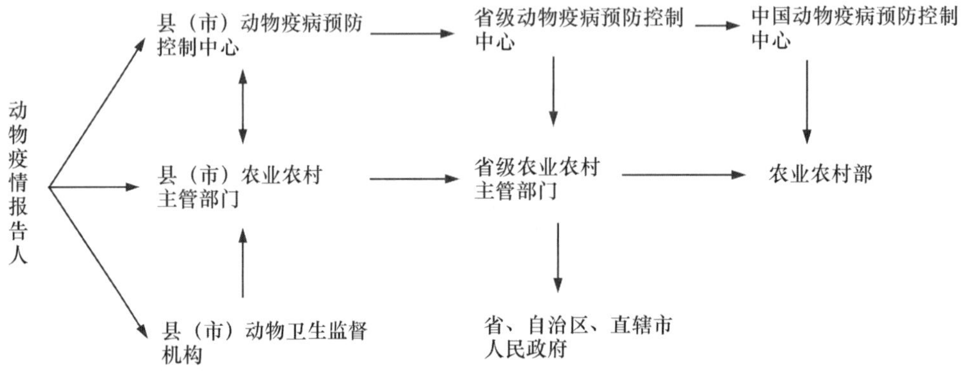

图 1-2 疫情报告流程图

属于重大动物疫情的，应当按照《重大动物疫情应急条例》规定的方式报告。县(市)级动物疫病预防控制中心接到疫情报告后，应当在 2 h 内将疫情逐级报省、自治区、直辖市动物疫病预防控制中心，并同时报所在地人民政府农业农村主管部门，农业农村主管部门应当及时通报同级卫生健康、野生动物保护等主管部门。省、自治区、直辖市动物疫病预防控制中心应当在接到报告后 1 h 内，向省、自治区、直辖市人民政府农业农村主管部门和中国动物疫病预防控制中心报告。省、自治区、直辖市人民政府农业农村主管部门应当在接到报告后 1 h 内报同级人民政府和农业农村部。省、自治区、直辖市人民政府和农业农村部应当在 4 h 内向国务院报告。从县(市)级动物疫病预防控制中心接到疫情报告开始，到国务院接到疫情报告的时间不超过 8 h。

重大动物疫情信息包括病名、发病动物种类、疫点名称、疫点经纬度、是否为新疫点、疫点类别、养殖规模、始现症状时间、诊断时间、临床症状、剖检病变、诊断方法、诊断结果、诊断机构、疫情来源、易感动物数、发病数、病死数、扑杀/销毁数、紧急免疫数、控制措施、处置结果、疫点地址等内容。

2. 月报

省级动物疫病预防控制中心应当于每月 10 日前将本省上月各类动物疫情，通过动物防疫网络报至中国动物疫病预防控制中心，必要时实行旬报；中国动物疫病预防控制中心于每月 15 日前将汇总分析结果报农业农村部。

3. 年报

县级动物疫病预防控制中心于每年 1 月 10 日前将上年度本行政区域内的动物疫情逐级报至省级动物疫病预防控制中心，省级动物疫病预防控制中心汇总后于 1 月 20 日前报至中国动物疫病预防控制中心，中国动物疫病预防控制中心将汇总分析结果于 2 月底前报农业农村部。

年度疫情基本信息应包括年度疫病发生县数、县次数、疫点数、发病动物数量、疫点易感动物存栏数、发病率、病死动物数、病死率等情况；年度疫病监测信息包括病原学监测和血清学监测（免疫抗体和非免疫抗体监测）情况。

八、疫病诊断方法

及时而正确的诊断是防疫工作的重要环节，它关系到能否有效地组织防制措施，减少经济损失。诊断动物疫病的方法很多，但并不是每一种疫病和每一次诊断都需要全面去做。由于疫病的特点各有不同，应根据具体情况而定，有时仅需要其中的一两种方法就可以做出诊断。如不能立即确诊，应将采取病料尽快送至有关单位检验。在未得出诊断结果前，应根据初步诊断，采取相应的紧急措施，防止疫病蔓延。现将各种诊断方法介绍如下。

（一）临床诊断

临床诊断是最基本的诊断方法。它是通过感官以及借助一些诊疗器械（如体温表）对患病动物进行检查，有时也包括血、粪、尿的常规检验。对于某些具有特征性临床症状的病例（如神经型马立克病、雏鸡白痢）经过临床检查，一般不难做出诊断。

临床诊断具有一定的局限性，一是对发病初期尚未出现特征症状的病例和非典型病例单凭临床诊断往往很难确诊；二是许多疫病有相似之处，仅凭临床诊断也很难确诊。在很多情况下，临床诊断只能提出可疑疫病的大致范围，必须结合其他诊断方法才能做出确诊。

在进行临床诊断时，应注意对整个发病动物群体所表现的综合症状加以分析判断，不能单凭个别或少数病例的症状轻易下结论，以免误诊。

（二）流行病学诊断

流行病学诊断是在流行病学调查（即疫情调查）的基础上进行的。疫情调查可在临床诊断过程中进行，应按照已经阐述过的流行病学调查的内容和方法进行，最终做出诊断。流行病学诊断往往是临床诊断的辅助手段。

（三）病理学诊断

病理学诊断是应用病理解剖学的方法，对死于传染病的动物尸体进行解剖检查，根据其病理变化诊断。一般情况下，死于传染病的动物尸体，大多有一定的病理变化，如新城疫、禽霍乱、内脏型马立克病等都有特征性的病理变化，可作为诊断的重要依据之一。病理剖检时，应先观察尸体外表情况，如营养状况、皮毛、可视黏膜变化等。对于最急性死亡和早期屠宰的病例，有时特征性的病变尚未出现，所以在病理剖检时应多检查几例，并且选择症状较典型的病例进行剖检。剖检的时间越早越好，最好在病死后或扑杀后立即检查，以不超过 6 h 为宜。有些疫病除肉眼检查外，还需要做病理组织学检查，如内脏型马立克病。

(四)微生物学诊断

微生物学诊断是指应用兽医微生物学的方法检查传染病的病原微生物,又称病原学诊断,是诊断家禽传染病的重要方法之一,微生物学检测程序如图 1-3 所示。

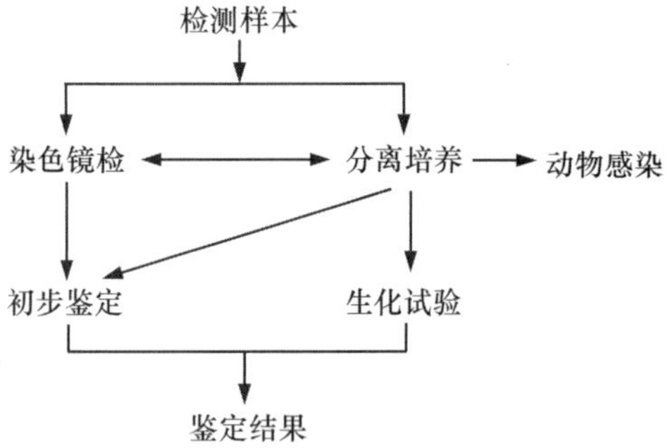

图 1-3 微生物学检测程序

1. 采集病料

正确采集病料是微生物学诊断的重要环节,为了提高诊断的时效性和准确性,采集病料时必须把握以下原则。

(1)时间性。采集的病料力求新鲜,能进行活体采集的病料尽量进行活体采集,如血液、血清。动物死亡后,随着时间的延长,尸体腐败,组织器官的病变会发生一定程度的改变,病原体种类也可能增加,有碍于病原体的检查。因此内脏病料的采集,须于动物死亡后立即进行,一般不超过 6 h,也可直接将濒死期动物致死后采集病料。采集的病料要尽快检查,不能立即检查时,应在病料中加入适当的保存液,使病料尽量保持新鲜或接近新鲜状态。

(2)针对性。采集的病料种类过多,检查工作量增大,延长诊断的时间。在实际工作中,应结合流行病学特点、临床症状和病理变化,怀疑是某种传染病,应根据该病的特点和需采取的检查方法,采集相关的病料。当提不出怀疑对象时,则应全面采集病料。

(3)无菌性和生物安全性。为了防止环境中的微生物污染病料而干扰检查,采集病料时必须坚持无菌操作。同时,还应注意个人防护和防止病原扩散。

2. 涂片、染色、镜检

通常用有显著病变的不同组织器官的不同部位涂抹数片,进行染色镜检。此法对于某些具有特征性形态的病原微生物可以迅速做出诊断,如巴氏杆菌等,但对大多数传染病来说,只能为进一步检查提供依据或参考。

3. 分离培养和鉴定

用人工培养的方法将病原体从病料中分离出来,细菌、真菌、螺旋体等可选择适当的人工培养基,病毒可选用禽胚以及各种动物或组织培养等方法分离培养。将分离得到的病原体应用形态学、培养特性及免疫学试验等方法做出鉴定。

4. 动物接种试验

通常选择对某种传染病病原体最敏感的实验动物进行人工感染试验。将病料用适当的方法对实验动物进行人工接种,然后根据对不同动物的致病力、临床症状和病理变化特点来辅助诊断。当实验动物死亡或经一定时间致死后，剖检观察体内变化，并采取病料进行涂片检查和分离鉴定。

一般选用的实验小动物有家兔、小鼠、豚鼠、仓鼠、家禽和鸽子等。在实验小动物对该种病原体无感受性时，可以选用易感性的大动物进行试验，但费用较高，而且需要严格的隔离条件和消毒措施，因此只有在非常必要和条件许可时方能进行。

动物接种试验应注意两方面问题：一方面，从病料中分离出微生物，虽然是确诊的重要依据，但也应注意动物的“健康带菌”现象，其分离结果还需要与临床症状、流行病学特点和病理变化等结合起来进行综合分析；另一方面，有时即使没有发现病原体，也不能完全否定该种传染病的诊断。

（五）免疫学诊断

免疫学诊断是指用免疫学的方法诊断疫病，是疫病诊断和检疫中常用的方法，包括血清学试验和变态反应诊断两类。

1. 血清学试验

血清学试验是利用体外条件下的抗原和抗体特异性结合的免疫学反应，可以用已知的抗原来测定被检动物血清中的特异性抗体，也可以用已知的抗体（免疫血清）来测定被检材料中的抗原。血清学试验方法有中和试验（毒素抗毒素中和试验、病毒中和试验等）、凝集试验（直接凝集试验、间接凝集试验、SPA 协同凝集试验等）、沉淀试验（环状沉淀试验、琼脂扩散沉淀试验和免疫电泳等）、溶细胞试验（溶菌试验、溶血试验等）、补体结合试验以及免疫荧光试验、免疫酶技术、放射免疫测定、单克隆抗体和核酸探针技术等。

2. 变态反应诊断

动物患某些传染病（主要是慢性传染病）时，可对该病病原体或其产物的再次进入产生强烈反应。能引起变态反应的物质（病原体、病原体产物或抽提物）称为变应原，如结核菌素等，采用一定的方法将其注入患病动物时，可引起局部或全身反应。

（六）分子生物学诊断

分子生物学诊断又称基因诊断，是对不同病原的特异性核酸序列和结构进行测定，主要技术有聚合酶链反应技术、核酸分子杂交技术、基因测序、DNA 分子克隆技术以及生物芯片技术等。

1. 聚合酶链反应技术

聚合酶链反应技术简称 PCR 技术，是一种利用 DNA 变性和复性原理在体外进行特定的 DNA 片段高效扩增的技术，可检出微量靶序列（甚至少到 1 个拷贝）。在模板 DNA、引物和四种脱氧核糖核苷酸存在的条件下依赖于 DNA 聚合酶的酶促合成反应（图 1-4）。仅需用极少量模板，在一对引物介导下，数小时内可扩增至 100 万～200 万份拷贝。现有几种重要的 PCR 衍生技术，如逆转录 PCR 技术（RT-PCR）、原位 PCR 技术、竞争逆转录 PCR、多重 PCR、锚定 PCR、荧光定量 PCR 等。

2. 核酸分子杂交技术

核酸分子杂交技术是利用互补的核苷酸序列通过碱基配对形成稳定的杂合双链 DNA 或

RNA 分子的技术，杂交过程是高度特异性的，可以根据所使用的探针已知序列进行特异性的靶序列检测。由于核酸分子杂交的高度特异性及检测方法的灵敏性，它已成为分子生物学中最常用的基本技术，被广泛应用于基因克隆的筛选，酶切图谱的制作，基因序列的定量和定性分析及基因突变的检测等。其基本原理是具有一定同源性的两条核酸单链在一定的条件下（适宜的温室度及离子强度等）可按碱基互补原成双链。杂交的双方是待测核酸序列及探针（probe），待测核酸序列可以是克隆的基因片段，也可以是未克隆化的基因组 DNA 和细胞总 RNA。核酸探针是指用放射性核素、生物素或其他活性物质标记的，能与特定的核酸序列发生特异性互补的已知 DNA 或 RNA 片段。根据其来源和性质可分为 cDNA 探针、基因组探针、寡核苷酸探针、RNA 探针等。分为固相杂交、斑点杂交（dot hybridization）、印迹杂交（Southern blot）、Northern 印迹杂交等。具有灵敏度高、特异性强的特点，广泛用于 DNA 和 RNA 的定性、定量检测，检测特异 DNA 序列的拷贝数，特定 DNA，DNA 区域的限制性内切酶图谱，判定基因的缺失、插入、重排现象，特异基因克隆的筛选，核酸序列的初步分析等。

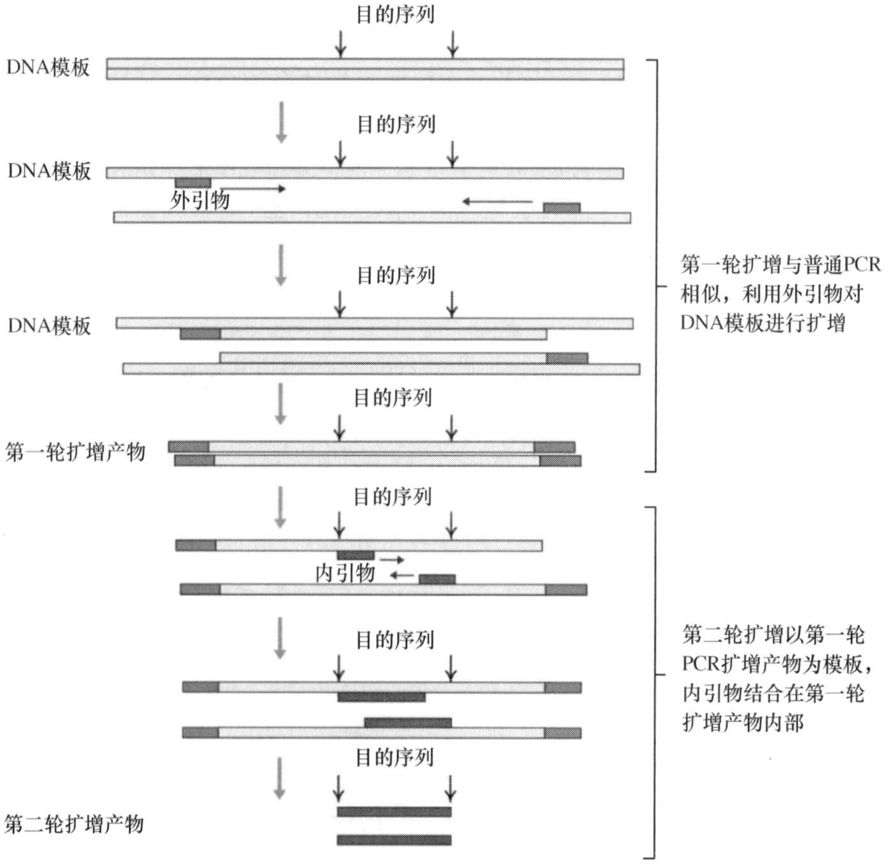

图 1-4 PCR 反应基本原理

3. 基因测序

DNA 的碱基序列决定着基因的特性，DNA 序列分析是分子生物学重要的基本技术。无论从基因库中筛选的基因或经 PCR 法扩增的基因，最终均需进行核酸序列分析，可以了解基因的精细结构，获得其限制性内切酶图谱，分析基因的突变及对功能的影响，帮助人工合成基因、设计引物，以及研究肿瘤的分子发病机制等。测序是在高分辨率变性聚丙烯酰胺凝胶电泳技术的基础上建立起来的。

4. 生物芯片技术

基因芯片是将许多特定的DNA片段有规律地紧密排列固定于单位面积的支持物上，然后与待测的荧光标记样品进行杂交，用荧光检测系统等对芯片进行扫描，计算机系统对每一位点的荧光信号做出检测、比较和分析，从而迅速得出定性和定量的结果。该技术在同一时间内分析大量的基因，实现基因信息的大规模检测。

蛋白质芯片是将高度密集排列的蛋白质分子作为探针点阵固定在固相支持物上，当与待测蛋白样品反应时，可捕获样品中的靶蛋白，再经检测系统对靶蛋白进行定性和定量分析。蛋白质芯片技术具有快速和高通量等特点，可以对整个基因组水平的上千种蛋白质同时进行分析，在疾病诊断和新药开发的筛选上有很大的应用潜力。

九、隔离与封锁

(一)隔离

在发生传染病时，将患病动物和可疑感染动物进行隔离是防制传染病的重要措施之一。其目的是控制传染源，便于管理和消毒，阻断流行过程，防止健康动物继续受到传染，以便将疫情控制在最小范围内，并就地消灭。因此，在发生传染病时，应首先查明疫病的蔓延程度，逐头检查临床症状，必要时进行实验室检查，同时要注意检查工作不能造成病原体的散播。根据检查结果，将全部受检动物分为患病动物群、可疑感染动物群和假定健康动物群三类，以便区别处理。

1. 患病动物群

患病动物群包括有典型症状或类似症状，或经其他特殊检查呈阳性的动物。它们是主要的传染源，应选择不易散播病原体、便于消毒处理的场所进行隔离。如果患病动物数量较多，可集中隔离在原来的圈舍内，应特别注意严格消毒，加强卫生和护理工作，须有专人看管和及时进行治疗。没有治疗价值的动物，由兽医人员根据国家有关规定进行无害化处理。隔离场所禁止闲杂人员和动物接近或出入，工作人员出入时应遵守消毒制度。隔离区内的饲料、物品、粪便等，未经彻底消毒处理，不得运出。

2. 可疑感染动物群

可疑感染动物群是指未发现任何症状，但与患病动物及其污染环境有过明显接触的动物，如同群、同圈、同牧、使用共同的水源、用具等。这类动物有可能处在潜伏期，并有排菌(毒)的危险，应在消毒后另选地方将其隔离、看管，限制其活动，仔细观察。隔离观察时间的长短，可根据该病最长潜伏期而定，在一个最长潜伏期内出现症状的按患病动物处理，未出现症状的应立即进行药物预防或紧急免疫接种。

3. 假定健康动物群

假定健康动物群是指无任何症状，也未与上述两类动物明显接触，是疫区内的易感动物。对这类动物应采取保护措施，严格与患病动物和可疑感染动物分开饲养管理，加强防疫消毒，立即进行紧急免疫接种和药物预防。必要时可根据实际情况分散饲养或转移至偏僻牧地。

(二)封锁

1. 封锁的概念和目的

当发生某些一类传染病或重大动物传染病时,把疫源地封闭起来,防止病原体向安全区散播,防止健康动物误入疫区而被传染,以达到保护其他地区动物的安全和人类的健康,把疫病迅速控制在封锁区之内,并集中力量就地扑灭。

2. 封锁的对象和程序

根据《中华人民共和国动物防疫法》的规定,当确诊为高致病性禽流感等一类动物疫病,或当地新发现的动物疫病,或二、三类动物疫病呈暴发性流行时,当地县级以上兽医主管部门应立即派人到现场,划定疫点、疫区和受威胁区,调查疫源,及时报请同级人民政府发布封锁令,对疫区实行封锁。疫区范围涉及两个以上行政区域的,由上一级兽医主管部门报请同级人民政府对疫区实行封锁;或者由各有关行政区域的上一级人民政府共同对疫区实行封锁;必要时,上级人民政府可以责成下级人民政府对疫区实行封锁。

3. 执行封锁的原则和封锁区的划分

实施封锁时应执行"早、快、严、小"的原则,即执行封锁应在流行早期,行动要果断迅速,封锁要严密,范围要小。封锁区的划分,必须根据该病的流行特点,疫病流行的具体情况和当地的具体条件进行充分研究,确定疫点、疫区和受威胁区。

4. 封锁区内外应采取的措施

(1)封锁线应采取的措施。在封锁区的边缘设立明显标志,指明绕道路线,设置监督岗哨,禁止易感动物通过封锁线。在必要的交通路口设立检疫消毒站,对必须通过的车辆、人员和非易感动物进行消毒。动物卫生监督机构应当派人在检查站执行监督检查任务。

(2)疫点应采取的措施。要严禁闲杂人员、动物、车辆出入,禁止动物产品及可能污染的物品运出。在特殊情况下人员必须出入时,需经有关兽医人员许可,经严格消毒后出入。对病死动物及其同群动物,县级以上动物疫病预防控制中心有权采取扑杀、销毁或无害化处理等措施。疫点出入口必须有消毒设施,疫点内用具、圈舍、场地必须进行严格消毒,疫点内的动物粪便、垫草、受污染的草料必须在兽医人员监督指导下进行无害化处理。同时做好杀虫和灭鼠工作。

(3)疫区应采取的措施。停止集市贸易和疫区内动物及其产品的采购。禁止运出污染的饲料。未污染的动物产品必须运出疫区时,需经县级以上兽医主管部门批准,在兽医防疫人员的监督指导下,经外包装消毒后运出。非疫点的易感动物,必须进行检疫或紧急接种疫苗。发生人兽共患传染病时,卫生健康主管部门应当组织对疫区内易感人群进行监测,并采取相应的预防、控制措施。

(4)受威胁区采取的措施。对易感动物及时进行免疫接种,以建立免疫带,易感动物不许进入疫区,不饮由疫区流过来的水,禁止从疫区购买动物、草料和动物产品。注意:对于从解除封锁不久的地区引进的动物应进行隔离观察,对处于受威胁区内的屠宰场、加工厂、动物产品仓库等进行兽医卫生监督。

(5)解除封锁。在疫区内的最后一个病例消除后,经过该病最长潜伏期以上的检测、观察,再未出现新的病例时,经终末消毒,由县级以上动物疫病预防控制中心检查合格后,经原发布封锁令的政府发布解除封锁令,并通报毗邻地区和有关部门。

十、治疗和淘汰

(一)治疗

对患病动物进行治疗，一方面是挽救患病动物，减少经济损失；另一方面是消除传染源。

1. 治疗的原则

(1)隔离治疗。必须在隔离的条件下进行，以防止散播病原体，引起其他动物的感染。

(2)早期治疗。治疗必须及早进行，以防病情加重，病程延长，医疗费用增加或导致死亡。

(3)对症治疗和对因治疗相结合。对症治疗为了减缓或消除某些严重的症状，调节和恢复动物体的生理机能所采取的治疗方法，如使用退热、止咳、止泻、调节电解质平衡等药物消除或减轻相应的症状。对因治疗是针对引起该种传染病的病原微生物所采取的治疗方法，如使用抗菌药物治疗细菌性传染病。只有对症治疗和对因治疗相结合，才能缩短病程，达到尽快消除传染源和控制传染病的目的。

(4)加强护理。对患病动物护理的好坏，直接关系到治疗效果。因此，要加强护理，改善饲养条件，做到防寒防暑，通风良好，保持鸡舍干净和安静，随时消毒；给予优质的饲料，饮水要充足。

2. 治疗的方法

(1)特异性疗法。针对某种传染病使用其免疫血清、康复血清、卵黄抗体等特异性生物制品进行的治疗，称为特异性疗法，如使用传染性法氏囊病高免血清治疗传染性法氏囊病。使用抗体血清治疗时，要注意防止发生血清病。一般高度免疫血清很少生产，因此在兽医实践中不如抗菌药物应用广泛。

(2)抗生素疗法。抗生素为细菌性急性传染病的主要治疗药物，但要注意合理地应用抗生素，不可滥用。不合理地应用或滥用抗生素往往引起各种不良后果，一方面可能使敏感病原体对药物产生耐药性，另一方面可能对机体引起不良反应，甚至引起中毒。在使用抗生素时要注意掌握各抗生素的适应证，考虑抗生素的用量、疗程、给药途径、不良反应、经济价值等问题。另外，抗生素的联合应用要结合临床经验控制使用。

(3)化学疗法。常用的化学药物有磺胺类药物、抗菌增效剂、喹诺酮类药物等，抗病毒感染的药物在兽医临床上应用还很少。

(4)中兽医疗法。某些传染病可选用中药或中药提取产物治疗，或应用中兽医技术治疗。中西兽医结合治疗时会进一步提高疗效。

(二)淘汰

为了及时消除传染源，同时考虑经济价值，对患病动物或可疑动物所进行的扑杀处理，一般采用不放血的办法扑杀。淘汰的原则如下。

1. 新发的传染病

某地发生了危害大的、过去从未发生过的新传染病时，其患病动物予以淘汰处理。

2. 严重威胁人畜健康的疫病

动物感染禽流感等严重威胁人畜健康的疫病时，予以淘汰处理。

3. 无法治愈的疫病

某些传染病无有效疗法或患病动物的病情发展到无法治愈时，予以淘汰处理。

4. 医疗费用过高的疫病

患病动物疗程长，治疗费用超过了患病动物本身的价值时，予以淘汰处理。

十一、尸体处理

发生家禽传染病后，除对疫点和疫区要进行随时消毒外，还要对死亡于传染病的动物尸体进行合理地、及时地处理。这些动物尸体内含有大量的病原体，是一种特别危险的"传染源"，如不及时做无害化处理，会污染环境，引起新的疫情。因此，合理而及时地处理动物尸体，在防制家禽传染病和维护公共卫生方面具有重要意义。合理处理尸体的方法有下列四种。

1. 深埋

将动物尸体投入尸坑掩埋，方法简单易行，但不是彻底的处理方法。挖掘尸坑应选择远离住宅、道路、水源等干燥、平坦之地，覆盖土层不少于 1.5 m，特殊情况下，表面设置明显标记，提醒施工人员，避免造成病原散播。

2. 腐败

将尸体投入深 6～9 m 的专用腐败坑井中，使其慢慢发酵分解。坑壁用不透水的材料砌成，上有井盖和锁，由专人管理。此法较掩埋法方便合理，尸体发酵分解达到消毒的目的。

3. 焚烧

此种方法最为彻底，适用于特别危险的传染病尸体处理。禁止地面焚烧，应在焚尸炉中进行。

4. 化制

将某些传染病的动物尸体放在特设的加工厂中加工处理，既进行了消毒，又保留了许多有利用价值的部分，如工业用油脂、骨粉和肉粉等。

知识拓展

1. 几种重要的 PCR 衍生技术

(1)逆转录 PCR(RT-PCR)。逆转录 PCR 是将 RNA 的逆转录反应和 PCR 反应联合应用的一项技术，先以 RNA 为模板，在逆转录酶的作用下合成 cDNA，再以 cDNA 为模板，通过 PCR 反应扩增目的基因。

(2)多重 PCR。在同一 PCR 体系中加入 2 对以上引物，同时扩增出多个核酸片段的 PCR 反应，主要用于多种病原微生物的同时检测或鉴定。

(3)原位 PCR。原位 PCR 就是在组织细胞里进行 PCR 反应，然后用特异性探针进行原位杂交，即可检出待测 DNA 或 RNA 是否在该组织或细胞中存在。它结合了具有细胞定位能力的原位杂交和高度特异敏感的 PCR 技术的优点，在分子和细胞水平上检测特定的基因组序列、转基因及外源基因，对研究疾病的发病机理和临床过程及病理的转归有重大的实用价值，在分子生物学、细胞学、分子病理学及临床诊断领域里具有巨大的应用前景。

(4)荧光定量 PCR。荧光定量 PCR 是一种在 PCR 反应体系中加入荧光基团,利用荧光信号的积累,对整个 PCR 进程进行检测,最后通过标准曲线对未知模板进行定量分析的 PCR 技术。荧光定量 PCR 具有重复性好、特异性强、灵敏度高、定量精准、操作简便和自动化程度高等一系列优点,在基础生物学研究、食品检测、环境检测、医学诊断等领域有广泛应用。

(5)非探针类 PCR。在 PCR 反应体系中加入能与双链 DNA 结合的荧光染料,以此实现对 PCR 反应过程中产物量的全程监测,最常用的染料为 SYBR Green。SYBR Green Ⅰ法是一种结合于所有 dsDNA 双螺旋小沟区域的具有绿色激发波长的染料,在游离状态下,SYBR Green Ⅰ发出微弱的荧光,一旦与双链 DNA 结合后,荧光大大增强(图 1-5)。因此,SYBR Green Ⅰ的荧光信号强度代表了双链 DNA 分子(即 PCR 产物)的数量,可以根据荧光信号检测出 PCR 反应体系存在的双链 DNA 数量。

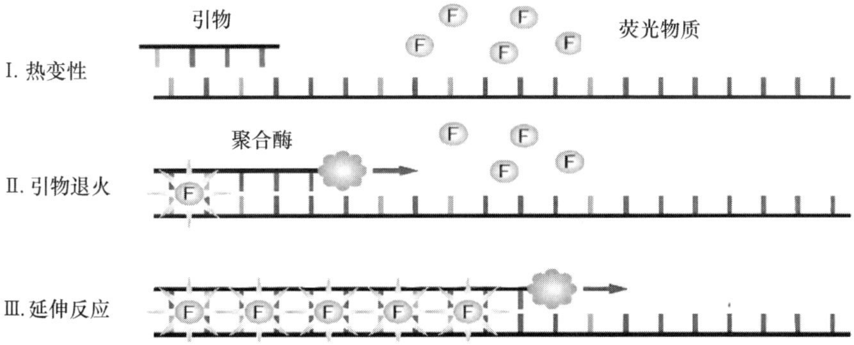

图 1-5　荧光染料法 PCR 基本原理图

(6)探针类 PCR。在 PCR 反应过程中使用探针来产生荧光信号,探针除能产生荧光信号用于监测 PCR 进程外,还能与模板 DNA 待扩增结合,大大提高 PCR 的特异性。将标记有荧光素的 Taqman 探针与模板 DNA 混合后,完成高温变性,低温复性,适温延伸的热循环,并遵守聚合酶链反应规律,与模板 DNA 互补配对的 Taqman 探针被切断,荧光素游离于反应体系中(图 1-6)。在特定光激发下发出荧光,随着循环次数的增加,被扩增的目的基因片段呈指数规律增长,通过实时检测与之对应的随扩增而变化荧光信号强度,求得 Ct 值,同时利用数个已知模板浓度的标准品作对照,即可得出待测标本目的基因的拷贝数。

2. 核酸分子杂交技术

(1)固相杂交。固相杂交是将变性的 DNA 固定于固体基质(硝酸纤维素膜或尼龙滤膜)上,再与探针进行杂交,故也称为膜上印迹杂交。

(2)斑点杂交。斑点杂交是先将被测的 DNA 或 RNA 变性后固定在滤膜上然后加入过量的标记好的 DNA 或 RNA 探针进行杂交。该法的特点是操作简单,事先不用限制性内切酶消化或凝胶电泳分离核酸样品,可在同一张膜上同时进行多个样品的检测;根据斑点杂交的结果,可以推算出杂交阳性的拷贝数。该法的缺点是不能鉴定所测基因的相对分子质量,而且特异性较差,有一定比例的假阳性。

(3)Southern 印迹杂交。凝胶电离经限制性内切酶消化的 DNA 片段,将凝胶上的 DNA 变性并在原位将单链 DNA 片段转移至硝基纤维素膜或其他固相支持物上,经干烤固定,再与

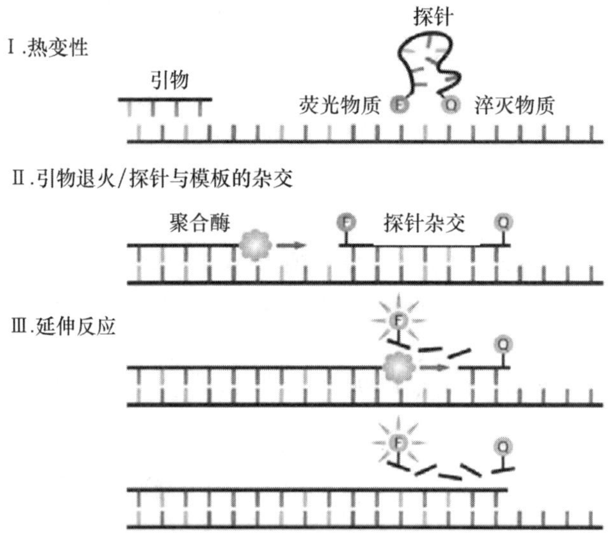

图 1-6 荧光探针法 PCR 基本原理图

相对应结构的已标记的探针进行杂交反应，用放射性自显影或酶反应显色，检测特定大小分子的含量。可进行克隆基因的酶切图谱分析、基因组基因的定性及定量分析、基因突变分析及限制性长度多态性分析(RFLP)等。

(4)Northern 印迹杂交。由 Southern 印迹杂交法演变而来，其被测样品是 RNA。经甲醛或聚乙二醛变性及电泳分离后，转移到固相支持物上，进行杂交反应，以鉴定其中特定 mRNA 分子的量与大小。该法是研究基因表达常用的方法，可推算出癌基因的表达程度。

3. DNA 分子克隆技术

DNA 分子克隆技术又称基因克隆技术，在体外将 DNA 分子片段与载体 DNA 片段连接，转入细胞获得大量拷贝的过程。载体(vector)在细胞内自我复制，并带动重组的分子片段共同增殖，从而产生大量的 DNA 分子片段。主要目的是获得某一基因或 NDA 片段的大量拷贝，有了这些与亲本分子完全相同的分子克隆，就可以深入分析基因的结构与功能，随着引入的 DNA 片段不同，有两种 DNA 库：一种是基因组文库(genomic library)，另一种是 cDNA 文库。其基本步骤包括：制备目的基因，将目的基因与载体用限制性内切酶切割和连接，制成 DNA 重组，导入宿主细胞，筛选和鉴定，扩增和表达。

课程思政元素

1. 传染病动物的尸体，是一种特殊的传染源，随意丢弃，就会造成环境的污染，会给传染病的传播留下隐患，对环境和公共卫生安全造成潜在危害，必须经过深埋、焚烧、化制、腐败等无害化方式处理，保障环境的安全。必须深刻认识到，兽医是生态环境安全的捍卫者。

2. 2004 年在日本、韩国、越南、老挝、泰国、巴基斯坦、印度尼西亚、巴基斯坦等国发生禽流感。2004 年，我国湖北、湖南出现疑似禽流感，广西发生高致病性禽流感(H5N1)，随后安徽、上海、广东出现疑似禽流感。2005—2006 年在青海、新疆、深圳等地发生禽流感。2013 年，我国发生 H7N9 型禽流感，家禽业受到巨大冲击，直接经济损失 37 亿元，活鸡及鸡产品超过 130 亿元，合计超过 167 亿元。做好禽流感的防控，对于保障养鸡业的健康发展，提高经济效益具有十分重要的作用，兽医是畜牧业的守护神，疫病防控工作，需要高度的责任心，爱岗敬业。

实训一　消　毒

一、实训内容

提供常用消毒剂，通过配制适宜浓度的消毒剂，对鸡舍、笼具、运动场或粪便等消毒对象实施消毒。

二、实训目标

(1)掌握消毒剂配制方法。

(2)掌握喷洒消毒、熏蒸消毒的操作方法。

三、材料准备

(1)消毒器械：喷雾器、高压喷枪、火焰喷灯、清扫及洗刷等工具。

(2)配制用具：天平或秤、量杯或带刻度的搪瓷缸、盆、桶、搅拌棒和电炉等。

(3)消毒药品：来苏尔、二氯异氰尿酸钠、三氯异氰尿酸、新洁尔灭、粗制烧碱、高锰酸钾、百毒杀、过氧乙酸溶液等。

(4)其他材料：工作服、高筒靴、口罩、毛巾和肥皂等。

四、方法步骤

(一)消毒器械的使用

1. 喷雾器的使用

喷洒消毒时要用到喷雾器，喷雾器有小型的背负式喷雾器和大型的机动喷雾器。背负式喷雾器有手动加压喷雾器(图 1-7)和机动喷雾器，适用于小面积环境消毒和带鸡消毒。机动喷雾器有电动喷雾器(图 1-8、图 1-9)和柴油机动力喷雾器，适用于鸡舍外环境消毒和空舍消毒等。

图 1-7　手动加压喷雾器

图 1-8　电动喷雾器

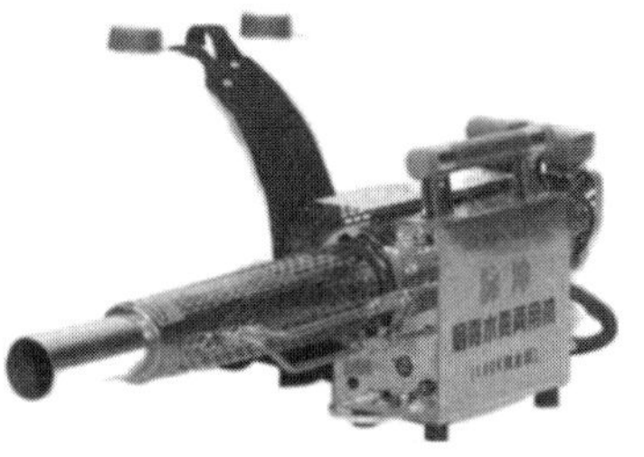

图 1-9　高压弥雾机

固体消毒剂有残渣或溶解不全时，易堵塞喷嘴，因此不能直接在喷雾器的容器内配制消毒液，而是在其他容器内配制好后，经喷雾器的过滤网罩装入喷雾器的容器内。压杆式喷雾器的容器内药液不能装得太满，否则不易打气，易造成塑料桶身的胀裂；压杆有阻力时停止打气。配制消毒剂的水温不宜过高，否则易使喷雾器的塑料桶身变形，而且喷雾时不顺畅。使用完毕，将剩余药液倒出，用清水冲洗干净，倒置，打开一些关节，等晾干后再装起来。

2. 火焰喷灯的使用

根据燃料不同有酒精喷灯和汽油喷灯，适用于金属用具和炭疽芽孢污染的地面的消毒。在使用火焰喷灯时要防止引起火灾。

（二）常用消毒剂的配制

消毒前要根据消毒剂的原有浓度、现使用浓度和用量计算出需原消毒剂和水的用量，利用天平、秤、量筒或带刻度的搪瓷缸等进行称量，混匀，经过滤装入喷雾器的容器内。

配制5%来苏尔溶液1 000 mL：取来苏尔50 mL加入水950 mL，混合均匀即可，以此类推。

配制20%漂白粉乳剂及澄清液：按1 000 mL水加漂白粉200 g（含有效氯25%）的混悬液，即为20%漂白粉乳剂；20%漂白粉乳剂静置后上清液即为澄清液，使用时稀释成所需浓度。

配制4%甲醛溶液：100 mL市售商品40%甲醛溶液加900 mL水，以此类推；2%甲醛溶液：按5 mL市售商品40%甲醛溶液加95 mL水的比例配制。

配制4%粗烧碱溶液：称取粗烧碱40 g，加1 000 mL水搅匀即成。

0.1%二氯异氰尿酸钠溶液：取1份二氯异氰尿酸钠，加入1 000份水，溶解后混合均匀即可。

百毒杀：按1∶600倍稀释，取1份百毒杀，加入600份水，混合均匀即可。

【注意事项】浓度尽量准确，水温以40～60 ℃为宜，配制所用的容器避免使用铁、铅等金属容器。

（三）不同消毒对象的消毒

1. 空舍消毒

（1）机械性清除。为了避免病原微生物随尘埃到处飞扬，扫前洒上清水或消毒剂，清除粪便、剩料、垃圾、墙上的蜘蛛网等一切污物按粪便消毒法处理。或者使用高压水枪，自上而下冲洗顶棚、墙壁、地面、床架、笼具和辅助设备等，待晾干后再喷洒消毒剂。

（2）喷洒消毒剂。消毒剂用量为800～1 000 mL/m^2，具体用量根据气温高低和舍内面积而定。喷洒顺序一般从门一侧墙壁开始自上而下，包括窗户和门，再喷天花板，最后喷洒地面。喷过的墙壁要有水珠往下流，地面似刚下过雨。喷洒完毕后的剩余消毒剂全部洒地。

（3）熏蒸消毒。可在喷洒消毒的基础上加用熏蒸消毒，也可在清扫后直接进行熏蒸消毒。熏蒸消毒所用消毒剂有甲醛溶液、苍-艾中药制剂和三氯异氰尿酸粉等。最常使用的是

38%～40%的甲醛溶液。每立方米空间的用量为甲醛25 mL、高锰酸钾25 g、水12～15 mL。熏蒸消毒实施前应先检查圈舍是否密闭，若门窗无玻璃或不全者，装上玻璃，有较大缝隙者，加以密封。根据舍内空间容积，计算出消毒剂的用量，准备好消毒剂和一定数量的盛放容器。先将水倒入容器内，然后加入甲醛，最后加入高锰酸钾，人立即离开。将门窗密闭12～24 h以上，然后打开门窗，通风换气，散尽余气后，方可使用。如不急用，最好密闭2周。舍内的温度、湿度越高，甲醛的消毒效果越好。一般要求室温不得低于15 ℃，相对湿度不得低于60%，以60%～80%为宜。

过氧乙酸熏蒸消毒方法：能够密闭的空间应先将空间密封，将浓度为15%，用量为每立方米7 mL的过氧乙酸溶液(1 g/m^3)，放入瓷或玻璃器皿(可以用于加热的)中，用酒精炉或燃气炉加热蒸发，熏蒸消毒120 min。无法密闭的空间，可按每10 m^{2}放置1个塑料容器，倒入适量的过氧乙酸消毒剂，让其自然挥发，来达到消毒的目的。因为过氧乙酸消毒剂对皮肤黏膜有刺激性，对金属及其他物品有腐蚀性。所以在熏蒸消毒前，要对室内含有金属的医疗设备进行保护，采用0.5% ～ 1.0% (5 000～10 000 mg/L)过氧乙酸水溶液(1 g/m^3)稀释后熏蒸消毒。消毒剂用量、消毒时间、操作方法和注意事项等应按照产品的使用说明。消毒前应关闭门窗，消毒完毕，打开门窗彻底通风。在熏蒸的场所内，空气中的易被氧化的物体要做好防护工作，作业人员准备好眼睛的防护工作，在熏蒸的过程当中，非作业人员禁止入内，在消毒完成后通风1～2 h方可。

2. 地面、土壤的消毒

患病鸡的粪、鼻液等常含有病原微生物，可污染地面、土壤，因此应对地面和土壤进行消毒，以防传染病继续传播和蔓延。消毒土壤表面可用3%漂白粉溶液、4%甲醛或10%氢氧化钠溶液。

3. 粪便的消毒

(1)焚烧法。此种方法是消灭一切病原微生物最有效的方法，故用于最危险的传染病患病动物粪便的消毒。焚烧采用专用的焚烧炉，也可以在地上挖一个壕沟，深75 cm、宽75～100 cm，在距沟底40～50 cm处加一层铁梁(要比较密些，否则粪便容易落下)，在铁梁下面放置木材等燃料，在铁梁上放置欲消毒的粪便。如果粪便太湿，可混合一些干草，以便迅速烧毁。此方法的缺点是需要消耗很多燃料，故此法除非必要很少应用。

(2)生物热消毒法。这是一种最常用的粪便消毒法。应用这种方法，能使非芽孢病原微生物污染的粪便变为无害，且不丧失肥料的应用价值。粪便的生物热消毒法通常有两种，一为发酵池法，二为堆积发酵法。

①发酵池法：此法适用于饲养大量动物的养殖场，多用于稀薄粪便的发酵。在距养殖场200～250 m以外无居民、河流、水井的地方挖筑2个或2个以上的发酵池(池的数量与大小决定于每天运出的粪便数量)。池可筑成方形或圆形，池的边缘与池底用砖砌后再抹以水泥，使其不渗水。如果土质干固、地下水位低，可以不必用砖和水泥。使用时先在池底倒一层干粪，然后将每天清出的粪便、垫草等倒入池内，自然发酵，经过1～3个月可用作肥料。

②堆积发酵法：此法适用于干固粪便的处理。在距养殖场100～200 m以外的地方设一堆粪场。堆粪的方法如下：在地面挖一浅沟，深约20 cm，宽1.5～2 cm，长度不限，随粪便多少而

定。先将非传染性的粪便或秸秆等堆至 25 cm 厚，其上堆放欲消毒的粪便、垫草等，高达 1～1.5 m，如此堆放 3 周至 3 个月后，可用作肥料。当粪便较稀时，应加些杂草，太干时倒入稀粪或加水，使其不稀不干，以促其迅速发酵。高温堆肥过程中产生的高温（50～70 ℃）使病原菌及寄生虫卵死亡，达到无害化处理的目的，从而获得优质肥料。

（3）干燥处理。干燥处理畜禽粪便的方法较多，常用的有微波干燥、笼舍内干燥、大棚发酵干燥、发酵罐干燥等方式。目前，干燥处理方式在我国还处于探索阶段，较少采用。其主要问题是投入的设施成本较高，能耗大，而且干燥处理过程中会产生大量的臭气。

（4）生物处理法。粪便中添加高活性生物制剂及高效生物酶制剂，在酶和材料的作用下，微生物活性会增强数倍，使生物的有机物分解能力增强，有效地降解粪肥的体量，同时使污水中含的生物菌量增多，臭味也大大降低，粪便经过发酵加工成有机肥，所含的活性有益菌种可有效帮助植物抵抗病虫害，也可作为树木生长的基肥。

4. 污水的消毒

动物医院、牧场、隔离室以及屠宰场，经常有病原体污染的污水排出，如果这种污水不经处理任意外流，很容易使疫病散播出去，给邻近的养殖场和居民造成很大的威胁，因此对污水的处理非常重要。

污水的处理方法有沉淀法、过滤法、化学药品处理法等，比较实用的是化学药品处理法。方法是先将污水处理池的出水管用一木闸门关闭，将污水引入污水池后，加入化学药品（如漂白粉或生石灰）进行消毒，消毒剂的用量视污水量而定（一般 1 L 污水用 2～5 g 漂白粉）。处理后的污水符合 GB 18596—2001 标准，可作冲洗辅助用水或排放，但不得排入敏感水域和有特殊功能的水域。

（四）消毒效果的检查

1. 房舍机械性清除效果检查

检查地板、墙壁以及房舍内所有设备的清洁程度。

2. 消毒剂选择正确性的检查

了解消毒工作记录表、消毒剂的种类、消毒剂的浓度、清毒剂的温度及其用量。检查消毒剂浓度时，可以从剩余未用完的消毒液中取样品进行化学检查（如测定含甲醛、活性氯的百分数）。

检查含氯制剂的消毒效果时，可用碘淀粉法。即取玻璃瓶 2 个，第一个瓶内盛 3%碘化钾和 2%淀粉糊的混合液（加等量的 6%碘化钾和 4%淀粉糊即成 3%碘化钾和 2%淀粉糊的混合液，淀粉糊最好用可溶性淀粉配制）。第二个瓶内盛装 3%次亚硫酸盐。在已装溶液的瓶上贴好标签，并保存于暗处。用棉签蘸取碘化钾和淀粉糊的混合液，接触消毒过的物体表面，此时，在被检对象的表面（即与棉球接触过的地方）以及棉球头呈现出一种特殊的蓝棕色，着色的强度取决于游离氯的含量及被消毒物体表面的性质。再用另一根棉签浸取次亚硫酸盐溶液，擦拭第一根棉签或其接触的物体表面，则蓝棕色随即消失。此种检查应于消毒之后的 48 h 内进行。

3. 消毒对象的细菌学检查

从消毒后的地面、墙壁、墙角以及用具上采样，用小刀在上述各部位划出 10 cm×10 cm 的正方形数块，每个正方形都用灭菌的湿棉签（干棉签的重量为 0.25～0.33 g）擦拭 1～2 min，将棉签置于中和剂(30 mL)中,蘸上中和剂后压出,蘸上、再压出,如此反复进行数次后,再放入中和剂内 5～10 min,取出,用镊子将棉签拧干,然后把它移入盛有灭菌水(30 mL)的容器内。

当以漂白粉作为消毒剂时,用 30 mL 的次亚硫酸盐中和;碱性溶液用 0.01%醋酸 30 mL 中和;甲醛用氢氧化铵(1%～2%)作为中和剂;用来苏尔以及其他药剂消毒时,没有适当的中和剂,可在灭菌水中洗涤 2 次,洗涤时间为 5～10 min。

将洗涤后的样品分别接种普通琼脂培养基、麦康凯琼脂培养基和远藤氏培养基,置 37 ℃温箱,培养 24 h 后观察结果,若无肠道杆菌菌落存在,说明消毒效果良好。

4. 粪便生物热消毒效果的检查

(1)测温法。粪便生物发酵后,内部温度达到 70 ℃以上,经 48 h 可杀灭粪便中的所有病原微生物。

(2)细菌学方法。利用细菌学方法测定粪便中的微生物数量及大肠埃希菌价。其方法是采取粪样,进行微生物学检验。样品应当在粪便发热(温度为 60～70 ℃)时采取,因为粪便冷却后,渗入下部的微生物(如随雨水渗入的微生物),会重新散布到粪便内,而改变微生物的数量和成分。为了对照比较,还应测定粪便在消毒前的微生物数和大肠埃希菌价。

(五)注意事项

消毒操作过程中应注意以下事项。

(1)生石灰遇水产生高温,在搪瓷桶、盆或铁锅中配制为宜。

(2)对有腐蚀性的消毒剂,如氢氧化钠,在配制时应戴长臂乳胶手套操作,严禁用手直接接触,以免灼伤。

(3)对配制好的有腐蚀性的消毒液,应选择在塑料或搪瓷桶、盆中储存备用。严禁储存于金属容器中,避免损坏容器。

(4)大多数消毒液不易久存,应现配现用。

(5)在实训前,指导教师要充分做好准备并落实场地和各种用品,操作前应进行示教和安全教育。

(6)严防工作人员感染和病原体散播。

(7)实训结束后,做好器械消毒及用品的维护和保养。

五、考核评价

消毒实训的考核评价见表 1-2。

表 1-2　消毒实训的考核评价

评估项目	序号	具体内容	评分标准	得分
材料准备	1	消毒器械准备齐全	3	
	2	配置消毒液的器具齐全	3	
	3	消毒剂	4	
	4	个人防护用品齐全	3	
	5	其他用品	2	

续表 1-2

评估项目	序号	具体内容	评分标准	得分
消毒操作	1	测量消毒区域	10	
	2	正确计算消毒剂用量	10	
	3	配制适宜浓度的消毒液	15	
	4	消毒前的机械性清理	5	
	5	喷洒消毒或熏蒸消毒操作方法正确	20	
	6	注意事项清楚	10	
消毒结束	1	消毒用具和器皿清理、物归原处，整齐摆放	5	
	2	个人防护用品处置得当	5	
	3	填写消毒记录表	5	
总　分			100	
总评				
备注	得分对应：≥90 为优秀、80～90 为良好、60～79 为一般、≤59 为不合格			

实训二　鸡免疫接种

一、实训内容

提供免疫器械和疫苗，给实训动物免疫接种，或到养殖场进行免疫接种。

二、实训目标

(1)掌握疫苗常规检查方法。
(2)家禽常用免疫接种方法。
(3)正确处理免疫接种后异常反应的家禽。

三、材料准备

(1)免疫器械：注射器(一次性注射器、金属注射器、连续注射器)、注射针头、刺种针、滴瓶或滴管、气雾免疫发生器、镊子等。

(2)消毒用品：70%酒精、5%碘酊、新洁尔灭和脱脂棉。

(3)疫苗和稀释液：鸡常用弱毒疫苗或灭活疫苗以及相应的稀释液。

(4)其他用品：体温计、脸盆、肥皂、毛巾、工作服、帽、胶靴、登记表、手套、冰袋等。

四、方法步骤

(一)生物制品的使用(主要以疫苗为例说明)

1. 购买

所购疫苗最好是信誉好、质量好、服务好的厂家生产的疫苗。购买时必须当面检查,凡无瓶签,或过期,或无详细使用说明书,或瓶塞松动,或瓶子有裂纹,或瓶内疫苗性状与说明书上所叙述的不符,均不能购买。

2. 运输

运输前须妥善包装,防止碰破流失。运输途中避免高温和日光直射,应在低温条件下运送。大量运输时使用冷藏车,少量时装入盛有冰袋的广口保温瓶内运送。但对灭活苗和免疫血清在寒冷季节要防止冻结。

3. 保存

购买的疫苗应尽快使用。距使用时间较短的(1～2 d),置于 2～15 ℃阴暗、干燥的环境,如地窖、冰箱冷藏室;量少者也可保存于盛有冰块的广口冷藏瓶中。需要较长时间保存的,活苗置冰箱冷冻室(－25～－15 ℃)冻结保存,个别疫苗如马立克病细胞结合性疫苗需在液氮中保存(－196 ℃)。灭活苗和免疫血清保存于冰箱冷藏室(2～8 ℃)即可。

4. 用前检查

免疫接种前,仍须对疫苗进行仔细检查,检查项目同购买时的检查项目(表 1-3)。凡无瓶签、过期、瓶塞松动、瓶身有裂纹、色泽异常或有霉菌生长者均不能使用。

表 1-3　疫苗质量检查记录

日期	疫苗名称	保存方式	疫苗信息			疫苗质量			核对是否合格
		保存是否符合要求	标签是否清晰	疫苗资质文件是否齐全	是否在有效期内	外包装是否完整	疫苗瓶是否完整	疫苗物理性状是否正常	
		□是□否	□是□否	□是□否	□是□否	□是□否	□是□否	□是□否	□是□否

(二)免疫接种前的准备

1. 根据动物免疫程序和免疫计划,确定接种日期,准备足够的疫苗、免疫器械和消毒用品等,安排及组织接种人员和动物保定人员。

2. 免疫接种前,对动物进行临床观察(表 1-4),必要时进行体温检查。凡体质过于瘦弱者、体温升高者或疑似患病动物均不宜接种疫苗,对这些动物在等到条件适宜时及时补种。

(1)鸡群外观。精神状态良好,反应灵敏,叫声清脆。应无精神萎靡、呆立、蜷缩趴卧、缩脖炸毛、呼噜咳嗽、怪叫等表现,鸡在笼舍中应均匀分布,无明显扎堆或张口呼吸的情况。羽毛色泽明亮、干净顺滑,无羽毛逆立杂乱、沾染粪便等情况。

(2)鸡群粪便情况。健康鸡群粪便应软硬适中,呈条状或柱状,上面有少量白色尿酸盐,或从盲肠排出茶褐色较黏的粪便。鸡群中应无粪便稀薄如水，黄绿色稀粪，混有血液、黏液、灰白色假膜等颜色异常情况。

(3)鸡群采食饮水量。鸡群采食量及饮水量在免疫前 3 d 正常且无明显波动。

(4)鸡群生长发育。健康鸡群生长发育良好，鸡群大小均匀，体重大小符合该品种要求，应无鸡群生长缓慢均匀度差等情况。

(5)鸡群产蛋情况。产蛋性能应与日龄匹配，产蛋率及蛋品质无明显异常变化。

(6)其他。鸡群无病症表现，死淘正常。

表 1-4　鸡群健康状况评估

评估项目	是否正常	备注
精神是否正常	□是□否	
粪便是否正常	□是□否	
采食量、饮水量是否正常	□是□否	
生长发育是否正常	□是□否	
呼吸是否正常	□是□否	
产蛋率是否正常	□是□否	
死淘是否正常	□是□否	

3. 将免疫器械用高压蒸汽灭菌器灭菌 20～30 min，或煮沸消毒 30 min，冷却后用无菌纱布包裹备用。

4. 免疫接种前，对饲养员及相关人员进行免疫接种知识的培训，明确免疫接种的重要性，注意对免疫接种后动物的管理与观察。

(三)免疫接种的途径和方法

1. 注射法

(1)冻干疫苗的稀释。灭活苗不需稀释即可使用，冻干苗必须经稀释后才能使用。不同种疫苗使用的稀释液、稀释倍数和稀释方法都有明确规定，必须严格地按生产厂家的使用说明书进行。准备好稀释瓶和稀释液后，拉开疫苗瓶铝盖，将已抽取稀释液的注射器针头轻轻刺入疫苗瓶胶塞中心，稀释液自动吸入疫苗瓶内。用拇指和食指捏住疫苗瓶上下两端，轻轻颠倒 5～6 次混匀，避免产生气泡。分别打开疫苗瓶和稀释液瓶的胶塞，使用连接器一端接入疫苗瓶，一手持疫苗瓶另一手持稀释液瓶，同时倾斜 45°，将连接器另一端接入稀释液瓶，颠倒 5～6 次以反复洗涤疫苗瓶。疫苗瓶在上，稀释液瓶在下，垂直放置，使稀释好的疫苗液完全流入稀释液瓶中。从稀释液瓶上拆下疫苗瓶和连接器，在稀释液瓶上安装好滴头(图 1-10、图 1-11)。稀释疫苗用的器械必须是无菌的，否则，不但影响疫苗的效果，而且会造成人为的污染和感染。

(2)注射途径和方法。

①皮下注射法。注射部位：家禽在颈部皮下或胸部皮下。注射方法：左手拇指与食指捏取皮肤成皱褶，右手持注射针管在皱褶底部稍倾斜快速刺入皮肤与肌肉间，缓缓推药。注射完毕，将针拔出，立即以药棉揉擦，使药液散开。

②肌内注射法。注射部位：家禽多在胸部肌内注射。注射方法：左手固定注射部位，右手

拿注射器，针头垂直刺入肌肉内，然后左手固定注射器，右手将针芯回抽一下，如无回血，将药液慢慢注入。若发现有回血，应变更位置。

图 1-10 马立克病疫苗免疫注射

马立克病疫苗免疫接种视频

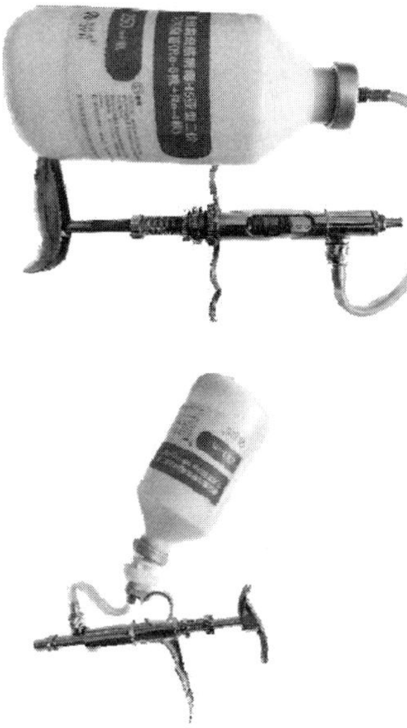

图 1-11 连续注射器

2. 饮水免疫法

饮水免疫法是一种群体免疫法，将可供口服的疫苗混于水中，动物通过饮水而获得免疫，适用于鸡群的免疫。按鸡总羽数和每 100 羽鸡不同周龄每天的饮水量，准确计算所需总饮水量；将疫苗以 2～3 倍的量，溶入盛有饮水的容器内，混匀后，供鸡饮用。免疫前应限制饮水，夏季一般 4 h，冬季一般 6 h，以保证疫苗稀释后在 1～2 h 内能全部饮完。

(1)免疫前准备。

①物品清单：疫苗、免易宝(蓝色、20 L/片)、塑料水桶、保温箱、冰袋、温度计、无粉乳胶手套、医用口罩、垃圾桶等。

②清洗饮水器具和水线等免疫用具，检查加药器运行状态。

③根据环境、天气、鸡群情况控水，炎热季节雏鸡控水时间为 30 min，成鸡可不控水，采用早晨开灯后饮水免疫；凉爽的季节控水时间至 60～120 min。

④疫苗领用：按说明书用量计算本次免疫所需疫苗数量，按需领用，检查核对疫苗种类、厂家、批次、有效期和物理性状等，填写《免疫信息实时记录表》。

⑤计算鸡群免疫用水量，并按量准备免疫用水。鸡群免疫用水量可根据免疫前 2～3 d 鸡群饮用水总量来计算，免疫用水量参照鸡群全天饮水量的 1/4～1/3 即可。

(2)免疫操作。

①在水箱免疫用水中加入免易宝作用 5 min，用塑料水桶提取半桶免疫用水。

②在水桶液面下打开疫苗瓶胶塞，待免疫用水涌入疫苗瓶，将没的瓶掌至液面上，将疫苗液倾倒入免疫用水中。重复操作 3 次以反复洗涤疫苗瓶。

③将塑料水桶中的疫苗液加入水箱中，搅拌均匀，打开水箱阀门使疫苗液流入水线。

④打开水线末端水阀，待有蓝色疫苗液流出时，关闭水线末端水阀。

⑤调整水线压力和高度保证鸡群均匀饮水。

⑥免疫完成后开启直饮水。

⑦严格控制免疫时间，填写《免疫信息实时记录表》。

(3)注意事项

①饮水免疫前后 48 h 禁用一切消毒剂和洗洁剂。

②饮水器具应放在阴凉处，炎热天气应早晨免疫。

③禁止使用金属容器。保证饮用水的质量，使用清洁、不含氯和金属离子的水。

3. 刺种法

用于刺种的疫苗为鸡痘活疫苗，免疫器械为刺种针(图 1-12)，刺种部位为鸡翅膀内侧翅翼膜无血管处，用刺种针或蘸笔尖蘸取疫苗刺入皮下，20～30 日龄雏鸡刺 1 针，30 日龄以上刺 2 针。

图 1-12 刺种针

(1)物品清单：疫苗、稀释液、刺种针或刺种器、刺种杯、保温箱、冰块、温度计、10 mL 注射器、无粉乳胶手套、医用口罩、垃圾桶、损伤性废物容器等。

(2)免疫操作。

①疫苗领用及稀释：按说明书用量计算本次免疫所需疫苗及稀释液数量，按需领用，检查核对疫苗种类、厂家、批次、有效期和物理性状等，填写《免疫信息实时记录表》。

②拉开稀释液瓶铝盖，将注射器针头从胶塞中心刺入抽取稀释液。使用单针刺种器进行免疫操作时，抽取稀释液 2 mL；使用双针刺种器进行免疫操作时，抽取稀释液 5 mL；使用刺种针进行免疫操作时，抽取稀释液 6～8 mL。

③拉开疫苗瓶铝盖，将已抽取稀释液的注射器针头刺入疫苗瓶胶塞中心，稀释液自动吸入疫苗瓶内。

④用拇指和食指捏住疫苗瓶上下两端，轻轻颠倒 5～6 次混匀，避免产生气泡。

⑤将注射器针头从疫苗胶塞的中心刺入，缓慢抽取瓶中疫苗液，再沿疫苗瓶内壁缓慢注入疫苗瓶中，如此重复 2 次，以反复洗涤疫苗瓶。缓慢抽取疫苗瓶中疫苗液，拔出注射器。

(3)刺种器免疫接种。

①拧开刺种器顶端螺帽，将注射器内疫苗液缓慢注入刺种器玻璃管后，装回顶端螺帽并拧紧。

②轻轻展开鸡翅并固定，用刺种器顶端顶住鸡翅内侧翼膜三角区皮肤，推动手柄使刺种针垂直刺穿翼膜三角区皮肤。

③松开手柄，刺种针自动弹回，完成免疫接种。把鸡放至指定位置。

(4)刺种针免疫接种。

①注射器内疫苗液缓慢注入刺种杯内，将刺种针充分插入疫苗液中，针槽充满疫苗液后，

将针轻靠接种杯内壁，除去附在针上的多余疫苗液(图 1-13)。

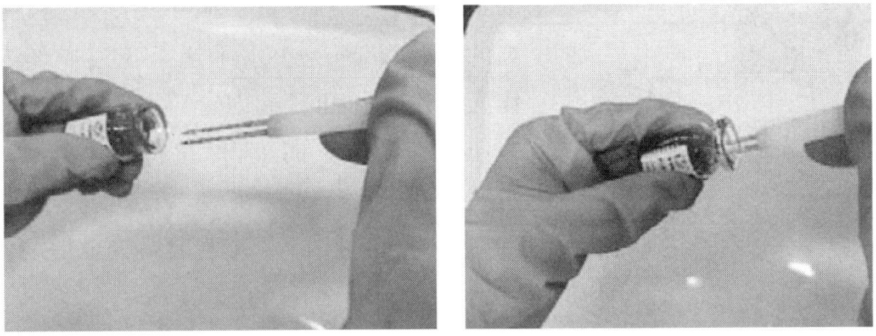

图 1-13　蘸取疫苗

②轻轻展开鸡翅并固定，用刺种针从鸡翅内侧垂直刺穿翼膜三角区皮肤后拔出刺种针(图 1-14)，完成免疫接种。把鸡放至指定位置。

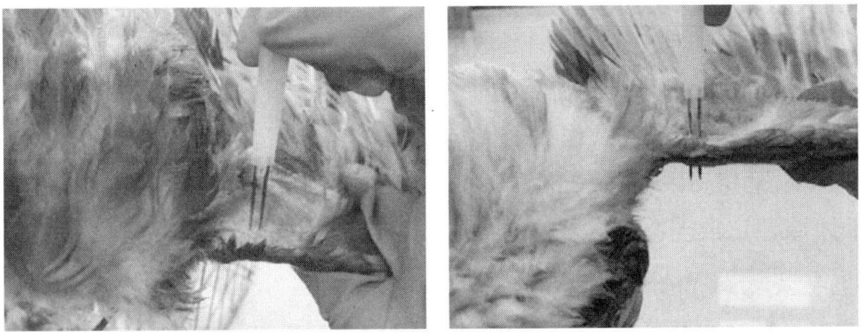

图 1-14　刺种免疫接种

(5)注意事项。

①疫苗稀释时间越短越好，一般不超过 3 min，同时要注意操作时避光、避风。

②疫苗应勤配少配，严格控制使用时间，一般不超过 60 min。

③暂未稀释的疫苗应放回冰箱或带有冰袋的保温箱中，注意接种过程中疫苗温度，以免影响免疫效果。

④抓鸡时应轻拿轻放。刺种器或刺种针禁止接触鸡羽毛，刺种时应小心拨开鸡羽毛，注意不要伤及鸡只肌肉、关节、血管、神经和骨头。

⑤每接种一瓶疫苗需更换刺种针以保证针头锋利，若在刺种过程中翼静脉被刺穿或针头污染，应立即更换刺种针。

4. 滴鼻免疫接种

滴鼻免疫接种主要用于雏鸡和育成鸡的疫苗接种，如新城疫克隆苗的免疫接种。使用标准滴管或滴瓶，将稀释好的疫苗液滴入鸡的鼻孔或/和眼睛达到免疫，每滴的量为 0.03～0.04 mL。滴管和滴瓶的滴头不能紧挨着眼皮或鼻孔，要保持一定距离，以防因污染而传播疫病。

滴瓶滴口向上，用拇指、食指、中指捏住滴瓶中间，轻轻挤压瓶身，排出瓶内部分气体，倒立滴瓶同时松开挤压的瓶身，使滴口垂直向下，排气以疫苗液不自然滴出为准。低日龄鸡可单人操作，一只手握鸡，用食指和拇指固定鸡头，食指需堵住一侧鼻孔并使另一侧鼻孔向上，保持待滴鼻孔面水平，自滴头距离鼻孔 1～2 cm 的高度，将 1 滴疫苗液垂直滴入鼻孔内，待疫苗液吸

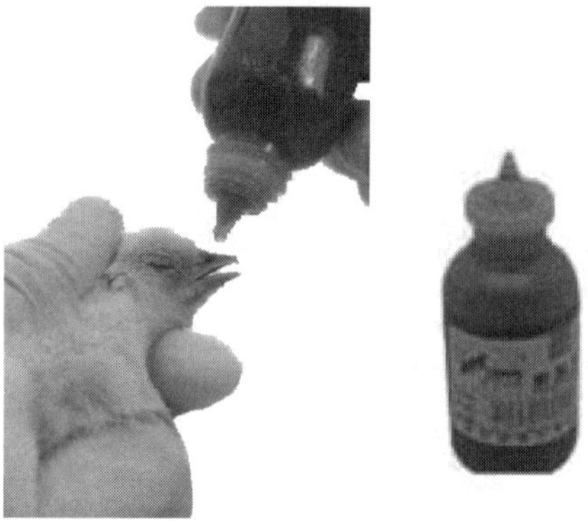

图 1-15 滴鼻免疫接种

入，才能把鸡放至指定位置(图 1-15)。高日龄鸡需要助手保定。助手一只手握住鸡的两腿，另一只手握住鸡的两翅根，将鸡头水平递至免疫操作人员。免疫操作人员用食指和拇指固定鸡头，食指需堵住一侧鼻孔并使另一侧鼻孔向上，保持待滴鼻孔面水平，自滴头距离鼻孔 1～2 cm 的高度，将 1 滴疫苗液垂直滴入鼻孔内，待疫苗液吸入，助手把鸡放至指定位置。

5. 点眼免疫接种

滴瓶滴口向上，用拇指、食指、中指捏住滴瓶中间，轻轻挤压瓶身，排出瓶内部分气体，倒立滴瓶同时松开挤压的瓶身使滴口垂直向下，排气以疫苗液不自然滴出为准。低日龄鸡可单人操作，一只手握鸡，用食指和拇指固定鸡头，保持待滴眼睛面水平，自滴头距离鸡眼 1～2 cm 的高度，将 1 滴疫苗液垂直滴入眼睛内，待鸡眨眼或停留 3 s 以上，才能把鸡放至指定位置(图 1-16)。高日龄鸡需要助手保定。助手一只手握住鸡的两腿，另一只手握住鸡的两翅根，使鸡头水平，递给免疫操作人员。免疫操作人员用食指和拇指固定住鸡头，保持待滴眼睛面水平，自滴头距离鸡眼 1～2 cm 的高度，将 1 滴疫苗液垂直滴入眼睛内，待鸡眨眼或停留 3 s 以上，助手才能把鸡放至指定位置。

6. 气雾免疫法

气雾免疫法是一种群体免疫法，用压缩空气通过气雾免疫发生器(图 1-17)将稀释疫苗喷射出去，使疫苗形成直径 1～10 μm 的雾化粒子，均匀地浮游在空气之中，通过呼吸道吸入，以达到免疫目的。气雾免疫法最适合于鸡群的免疫。

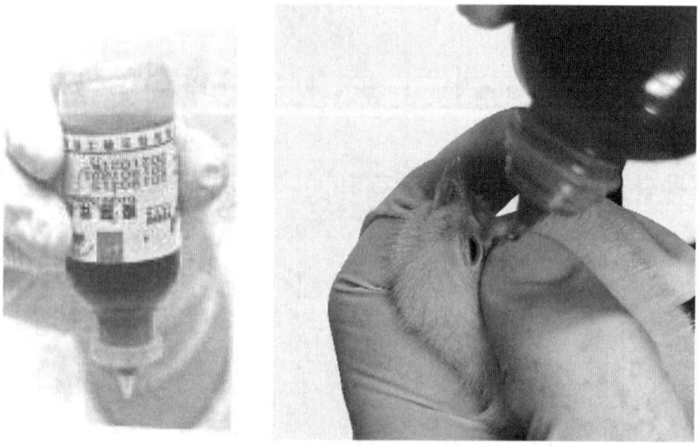

图 1-16 点眼免疫接种

图 1-17 气雾免疫发生器

将稀释好的疫苗装入气雾免疫发生器的容器内，调节气雾发生器喷头的调节旋钮，将雾粒大小调至所需范围内。关闭门窗和通风设备，接通电源，打开气雾免疫发生器的电源开关；喷头距离动物头上方 30～50 cm，往返 2～3 遍喷完疫苗；20 min 后再开启门窗。为了达到较好的免疫效果和防止惊群，气雾免疫宜在傍晚或清晨进行，环境温度应保持在 15～20 ℃，相对湿度应保持在 70%以上。操作人员要注意个人防护，戴上大而厚的口罩，如出现症状，应及时就医。

以下介绍箱体式喷雾机免疫接种。

(1)适用范围:适用于孵化场雏鸡1日龄喷雾免疫。适用于喷雾免疫的活疫苗,如新城疫活疫苗、禽传染性支气管炎活疫苗、新城疫-传染性支气管炎二联活疫苗等。

(2)物品清单:箱体式喷雾机、空气压缩机、疫苗、稀释液、免易宝(红色,20 L/片)、量筒、10 mL 注射器、无粉乳胶手套、医用口罩、75%酒精等。

(3)疫苗领用及稀释。

①按说明书用量计算本次免疫所需疫苗、稀释液数量、免易宝数量,按需领用,检查核对疫苗种类、厂家、批次、有效期和物理性状等,填写《免疫信息实时记录表》。

②量筒内加入计算好的稀释液,并加入免易宝作用 5 min。

③拉开稀释液瓶铝盖,将注射器针头从胶塞中心刺入抽取 3~5 mL 稀释液。

④拉开疫苗铝盖,将已抽取稀释液的注射器针头刺入疫苗瓶胶塞中心,稀释液自动吸入疫苗瓶内。

⑤用拇指和食指捏住疫苗瓶上下两端,轻轻颠倒 5~6 次混匀,避免产生气泡。

⑥将稀释好的疫苗液倒入盛有稀释液的量筒内,用注射器吸取稀释液冲洗疫苗瓶 3 次。

⑦将量筒内稀释好的疫苗倒入喷雾机疫苗桶内。

(4)喷雾免疫接种。

①双手水平搬运雏鸡盒推送到喷雾机箱体内。

②向里推动雏鸡盒,果断触发触点开关。

③停留 3 min 后水平拉出。

④双手水平端出雏鸡盒,平铺于 20~40 lx 光照下 5 min,再上下摞起,置于光线较暗处 30 min 后转运。

(5)注意事项。

①孵化场配苗需要配备专属的工作间或工作台。

②接种大厅环境质量控制指标:室温 25~28 ℃,相对湿度 60%,空气清洁。

③盒内雏鸡不能出现倾斜聚堆的现象。

④疫苗稀释后尽快使用,保证在 60 min 内用完。

⑤疫苗稀释使用蒸馏水或纯净水。

⑥喷雾后雏鸡盒在箱体内停留 3 s。

⑦检查每个喷头喷雾情况,防止堵塞或喷雾不均匀。

⑧每次使用前应检查剂量是否一致和准确。

⑨操作人员做好安全防护,穿戴工作服、胶靴、护目镜、医用口罩。

7. 涂肛免疫接种

适合于禽传染性喉气管炎活疫苗的免疫。按照疫苗使用说明,疫苗稀释后,涂擦于鸡泄殖腔,应激反应小,每只鸡都能获得准确的疫苗量,达到快速免疫。

(1)涂肛免疫接种方法。

①助手一只手从鸡头向尾部的方向抓住鸡的两翅根部,另一只手握住鸡的尾部轻轻上提,暴露肛门,递给免疫操作人员。

②用蘸取好疫苗液的接种刷从肛门外部慢慢插入泄殖腔,深度为 1~2 cm,并顺时针旋转

2圈再逆时针旋转2圈后拔出。

③把鸡放至指定位置。

(2)注意事项。

①疫苗稀释时间越短越好，一般不超过3 min，同时要注意操作时避光、避风。

②疫苗应少配勤配，严格控制使用时间，一般不超过60 min。

③暂未稀释的疫苗应放回冰箱或带有冰袋的保温箱中，注意接种过程中疫苗温度，以免影响免疫效果。

④抓鸡时应轻拿轻放。避免将疫苗液粘到皮肤、羽毛等部位或落到地面上，以免造成环境污染。

五、考核评价

要求选择的接种途径适当，操作方法步骤正确，剂量准确，同时要注意以下事项。

(1)接种人员需穿工作服及胶鞋，必要时戴口罩。工作前后均应洗手消毒，工作中禁止吸烟和吃食物，注意个人安全。

(2)接种时严格执行消毒及无菌操作。稀释疫苗时，用酒精棉球消毒瓶塞；在瓶塞上固定一个消毒的针头专供吸取药液，吸液后不拔出，用酒精棉包好，以便再次吸取。给动物注射用过的针头不能吸液，以免污染疫苗。注射器、针头、镊子均应高压灭菌或煮沸消毒。注射时最好每注射一头动物更换一个针头，在针头不足时可每吸液一次更换一个针头，但每注射一头后，应用酒精棉球将针头拭净消毒后再用。注射部位皮肤用5%的碘酊消毒，皮内注射及皮肤刺种用70%酒精消毒，被毛较长的剪毛后再消毒。

(3)疫苗使用前，必须充分振荡，使其混合均匀后才能使用。已经打开瓶塞或稀释过的疫苗，必须当天用完，未用完的处理后弃去。

(4)针筒排气溢出的药液，应吸集于酒精棉球上，并将其收集于专用的瓶内。用过的酒精棉球、碘酊棉球和吸入注射器内未用完的药液都放入专用瓶内，集中烧毁。

(5)点眼和滴鼻免疫接种考核评价见表1-5。

表1-5 点眼和滴鼻免疫接种考核评价

评估项目	序号	具体内容	评分标准	得分
免疫准备	1	入场(舍)着装及其他防护良好	3	
	2	入场(舍)按场区规定消毒	3	
	3	免疫用具准备齐全并消毒	7	
	4	检查核对疫苗种类、厂家、批次、有效期和物理性状	3	
	5	疫苗稀释前不能打开疫苗胶塞	4	
	6	3 min内稀释好疫苗	4	
	7	避光、避风操作	3	
	8	未使用疫苗放回冰箱或保温箱	3	

续表 1-5

评估项目	序号	具体内容	评分标准	得分
免疫操作	1	疫苗稀释后不超过 60 min 使用完	9	
	2	滴瓶排空	8	
	3	滴瓶垂直，滴头距离鸡眼或鼻孔高度 1～2 cm 免疫操作	6	
	4	停留 3 s 或等待眨眼吸收	6	
	5	检查蓝舌率 100%	12	
	6	免疫后鸡无死亡	6	
	7	疫苗用量准确，误差≤5%	8	
免疫结束	1	免疫用具和器皿回收、清点、消毒	6	
	2	填写《免疫信息实时记录表》	5	
	3	按场区规定离场(舍)	4	
总　　分			100	
总评				
备注	1. 得分对应：≥95 分为优秀、80～94 分为良好、60～79 分为一般、≤59 分为不合格。 2. 蓝舌率：5 点取样，随机抽取 50 只鸡，观察舌尖蓝色，计算占比。			

实训三　病料的采取、包装和送检

一、实训内容

提供动病死鸡或濒死期鸡，选择适当的器械进行解剖检查，并采取常见病料，对病料进行合理的包装。

二、实训目标

(1)掌握病料采取的基本要求。

(2)能正确采取常规检测的病料。

(3)熟悉病料的保存方法。

三、材料准备

(1)解剖和采集用具：手术刀、外科剪、镊子、注射器、采血针头、解剖台或解剖盘。

(2)盛放和包装器具：试管、平皿、小瓶、载玻片、棉签、线绳、火柴棍和广口瓶。

(3)消毒用品和保存液：煮沸消毒器或高压灭菌器、酒精灯、酒精棉球、2%来苏尔、0.1%新洁尔灭或其他消毒剂、保存液。

四、方法步骤

(一)病料的采集

1. 采集的原则

(1)适时采集。病料新鲜,内脏病料最好在死后立即采取,以不超过 6 h 为宜。细菌学检测材料最好在治疗用药前采取。

(2)适宜采集。采取的病料必须有代表性。需要采集的病料的种类,应根据传染病的种类、特性,相应地采取其相关病料。在无法估计是某种传染病时,应进行全面采取。当然是有病变的脏器组织,但心(血)、肺、脾、肺、肾等,不论有无肉眼可见病变,一般均应采取。

(3)安全采集。无菌操作,预防人兽共患病感染,采集病料须坚持无菌操作。所用刀、剪、镊子、注射器、针头等可煮沸消毒 30 min。盛放病料的试管、平皿、小瓶等玻璃器皿经高压灭菌或干热灭菌,或于 0.5%～1%碳酸氢钠水中煮沸 30 min。载玻片在 1%～2%碳酸氢钠水中煮沸 10～15 min,水洗后用清洁纱布擦干,将其保存于酒精与乙醚等份液中备用。软木塞和橡皮塞于 0.5%石炭酸水溶液中煮沸 10～15 min。每采取一种病料,使用一套器械,如果无此条件,每采集一种病料,用酒精棉球擦拭消毒。不同动物的病料、同一动物的不同病料分别置于灭菌容器中,不可将多种病料或多头动物的病料混放在同一容器内。

翅下静脉采血视频

(4)解剖前检查。采取病料前须做尸体外观的检查,如营养状况、被毛状况、可视黏膜、天然孔等。适量采集:2～3 cm^2 大小的面积;满足检测要求。

(5)按序采集。从腹腔到胸腔器官、从实质器官到中空器官。同解剖检查的顺序,即先胸腔,后腹腔;先实质器官,后管状器官。

针对禽类,未死亡病禽需要致死剖检,可选择颈部放血、硬腭后方放血或颅颈脱位致死。在检查外观后,将死鸡于消毒液中浸湿后放入托盘或解剖台上,将腹壁和大腿内侧的皮肤切开,髋关节脱臼,两大腿向外展开,仰卧固定鸡体。横切胸骨末端后方皮肤,与两侧大腿的竖切口连接,剥离皮肤,充分暴露整个胸腹及颈部的皮下组织和肌肉。用酒精棉球沿切口方向擦拭消毒鸡体;用酒精棉球擦拭、火焰消毒剪刀(两面)和镊子,剪断肋骨和胸肌,夹住胸骨用力向上向前翻拉,暴露胸腹腔,再行采集病料。

针对哺乳动物,用消毒液或清水打湿胸、腹被毛;从腹后部切开,沿腹中线由后向前一直到脖子下,先打开皮肤层,再打开皮下层,暴露胸腹腔,再行采集病料。

2. 常见病料的采集

(1)血液。生前从静脉采血,每 9 mL 血液加 1 mL 3.8%的枸橼酸钠抗凝剂,可先在试管或小瓶内加入适量的抗凝剂,再接入血液。动物死亡后可从心脏抽取血液,先用烧红的铁片或刀片烙烫心肌表面,或用镊子夹持点燃的酒精棉球灼烧心肌表面,然后用灭菌的注射器吸入适量抗凝剂,自烙烫处刺入吸出血液,盛于灭菌试管或小瓶中。

抗凝血:采血前,预先在真空采血管或其他容器内按每 10 mL 血液加入 0.1%肝素 1 mL

或 EDTA 20 mg。采集的血液立即与抗凝剂充分混合，防止凝固，但要轻轻混匀以免溶血。采集的血液经密封后贴上标签立即冷藏送实验室。必要时，可在血液中按每毫升加入青霉素和链霉素各 500～1 000 IU，以抑制血源性或采血过程中细菌污染。

非抗凝血：不加抗凝剂的血液，等血液凝固后析出血清一般用作血清学检测试验。血清分离方法：血液在室温下倾斜放置 2～4 h(防止曝晒)，待血液凝固自然析出血清，或用无菌剥离针剥离血凝块，将试管放在装有 25～37 ℃温水的杯内或 37 ℃温箱内 1 h，待大部分血清析出，取出血清，必要时经 1 500～2 000 r/min ，离心 5 min，分离血清。将血清移到另外的小塑料管中，盖紧盖子，封口，贴标签，4 ℃冷藏。需长期保存时，将血清置于－20 ℃冷冻。

(2)血清。以无菌操作采取血液 2～3 mL，置于灭菌的试管中，待血液凝固析出血清后，以灭菌滴管吸出血清置于另一灭菌试管内。如供血清学检查时，可于每 9 mL 血清中加入 1 mL 5%石炭酸溶液。

(3)脓汁及渗出液。用注射器或吸管抽取，置于灭菌试管中。若为开口病灶或鼻腔等，可用无菌棉签浸蘸后放在试管中。

(4)胆汁。采取方法同心血烧烙采取法。

(5)内脏。采取肺、肝、脾、肾等有病变的部位，分别置于灭菌试管或平皿或小瓶中。

(6)肠道。用线扎紧一段肠道(长 7～10 cm)两端，然后将两端切断，置于灭菌器皿中。也可用烧烙法采取肠管黏膜或其内容物。

病料的采集视频

(7)皮肤。取病健交界处的皮肤一块，保存于 30%甘油缓冲溶液、10%饱和盐水溶液或 4%甲醛溶液中。

(8)脑、脊髓、管骨。可将脑、脊髓浸入 50%甘油盐水中，或将整个头割下，或将整个管骨包入浸过 0.1%升汞溶液的纱布或油布中，装箱送检。

(9)家禽咽喉拭子和泄殖腔拭子采集方法。取无菌棉签，插入鸡喉头或泄殖腔内转动 3 圈，取出，插入离心管中(事先加入 1 mL 含青霉素、链霉素各 3 000 IU pH 7.2 PBS)，剪去露出部分，盖紧瓶盖，做好标记。

(10)羽毛采集方法。拔取受检鸡含羽髓丰满的翅羽或身上其他部位大羽，将含的羽根部分按编号分别剪下收集于小试管内，于每管内滴加蒸馏水 2～3 滴(羽髓丰满时可不加)，用玻璃棒将羽根挤压于试管底，使羽髓浸出液流至管口，用滴管将其吸出。

(11)抹片。液体病料做涂片，组织病料做触片，每份病料制片不少于 2 张。制成后的涂片经自然干燥后，每两张抹片以涂片相对，两边垫以火柴棍或厚纸片，重叠后用线缠住，用纸包好。每张抹片应注明号码，并附说明。

也可以将整个尸体包入不透水的塑料薄膜、油布或数层油纸中，装入箱内送检。

(二)病料的保存

采集的病料应尽量使其保持新鲜状态，以免病料送达实验室时已失去原来状态，影响正确诊断。

1. 低温保存

距离检查时间较短的，可暂保存于低温环境，如阴暗的角落、冰箱冷藏室等。

2. 加入保存剂保存

距离检查时间较长的，为了防止病料腐败或病原体失活，可按照病原体种类和检查的目的不同加入适当的保存液。病毒检验材料一般用灭菌的 50％甘油缓冲盐水；细菌检验材料一般用 30％甘油缓冲盐水；血清材料可在每毫升中加入 3％～5％石炭酸溶液 1～2 滴；病理组织材料用 4％甲醛液和 95％酒精。

(三)病料的包装和送检

1. 填写送检单

送检病料时应附动物病理材料送检单(表 1-6)，一式三份，其中一份留为存根，两份寄往检验室，待检查完毕后，退回一份。

表 1-6　动物病理材料送检单　　　　第　　号

送检单位		地　址	
病畜禽种类		发病日期	年　月　日　时
死亡时间		送检时间	年　月　日　时
取材时间		取材人	
疫病流行简况			
主要临床症状			
主要剖检变化			
曾经何种治疗			
病料序号名称		病料处理方法	
送检目的			

2. 病料的包装和送检

液体病料(黏液、渗出液及胆汁等)最好收集在不易碎裂的灭菌瓶内，封口后用棉花、纸包裹，装入较大的容器内，再装盒运送。用棉签蘸取的鼻液及脓汁等物，可置于灭菌试管内，剪除多余的棉签，严密加塞，用蜡密封管口，再装盒寄送。盛装组织或脏器的玻璃容器，包装时力求细致而结实，最好用双重容器或广口热水瓶。将盛材料的器皿和塞，用蜡封口后，置于容器中，内容器中需垫以棉花或废纸。气温较高时须加冰块，但应避免病料与冰块直接接触，以免冻结。外容器内垫以废纸、木屑、石灰粉等，装入内容器后封好，外容器上需注明上下方向，最好以箭头注明，并写明“病理材料”“小心玻璃” 等标记。当怀疑为危险传染病的病料时，应将盛病料的器皿置于金属匣内，将金属匣焊封、加印后装入木盒运送。

病料装于容器内至送到检验单位的时间应越短越好。运送途中应避免病料接触高温及日光，以免材料腐败或病原微生物死亡。检验单位检验后提供报告单，见表 1-7。

表 1-7　动物病理材料检验报告单　　　　第　　号

检验单位		材料收到日期	
检验人		结果通知日期	
检验名称	微生物学检验	血清学检查	病理组织学检查
检验结果			
诊断和处理意见		检验负责人签章	

五、考核评价

能按照采集病料的原则采集病料，方法正确，操作熟练。鸡病理剖检考核评价见表 1-8。

表 1-8 鸡病理剖检考核评价

评分要点		分值	得分	备注
1. 解剖与采样操作规范性(84)	将鸡放血致死，处死的鸡置于消毒液中浸湿后放入平皿	5		
	将腹壁和大腿内侧的皮肤切开	2		
	髋关节脱臼，两大腿向外展开，仰卧固定鸡体	1		
	横切胸骨末端后方皮肤，与两侧大腿的竖切口连接	1		
	剥离皮肤，充分暴露整个胸腹及颈部的皮下组织和肌肉	2		
	用酒精棉球沿切口方向擦拭消毒鸡体	2		
	酒精棉球擦拭、火焰消毒剪刀(两面)和镊子	2		
	剪断肋骨和乌喙骨，夹住胸骨向上向前翻拉，暴露体腔	2		
	酒精棉球擦拭、火焰消毒剪刀(两面)和镊子	2		
	采集肝脏(不带胆囊的一叶)，无杂质(毛、其他组织)	4		
	采集的肝脏正确放入平皿中	1		
	酒精棉球擦拭、火焰消毒剪刀(两面)和镊子	1		
	采集脾脏，无杂质(毛、其他组织)	4		
	采集的脾脏正确放入平皿中	1		
	酒精棉球擦拭、火焰消毒剪刀(两面)和镊子	2		
	采集肾脏(单侧、2/3 以上)，无杂质(毛、其他组织)	4		
	采集的肾脏正确放入平皿中	1		
	酒精棉球擦拭、火焰消毒剪刀(两面)和镊子	2		
	采集心脏(完整，不带大血管)，无杂质(毛、其他组织)	4		
	采集的心脏正确放入平皿中	1		
	酒精棉球擦拭、火焰消毒剪刀(两面)和镊子	2		
	采集肺脏(单侧、2/3 以上)，无杂质(毛、其他组织)	4		
	采集的肺脏正确放入平皿中	1		
	酒精棉球擦拭、火焰消毒剪刀(两面)和镊子	2		
	从口腔下剪，剪开颈部皮肤肌肉，使喉头暴露	2		
	酒精棉球擦拭、火焰消毒剪刀(两面)和镊子	2		
	采集喉头气管，无杂质(毛、其他组织)	4		
	采集的喉头气管正确放入平皿中	1		
	酒精棉球擦拭、火焰消毒剪刀(两面)和镊子	2		
	剪开头部皮肤，打开头骨	4		
	酒精棉球擦拭、火焰消毒剪刀(两面)和镊子	2		
	采集脑(1/3 以上)，无杂质(毛、其他组织)	4		
	采集的脑正确放入平皿中	1		
	依次按肝、脾、肾、心、肺、喉头气管、脑顺序采集	4		
	操作结束后，规范处置废弃物，鸡尸体装袋	5		
2. 规范填写病理剖检记录表，正确描述所观察到的现象		16		
得分				

执业兽医资格考试真题精选

1. 向无规定动物疫病区运输相关易感动物、动物产品，需要经过两次检疫，实施单位是(　　)【2011】

A. 输出地县级动物卫生监督机构、输入地省级动物卫生监督机构

B. 输出地市级动物卫生监督机构、输入地省级动物卫生监督机构

C. 输出地省级动物卫生监督机构、输入地省级动物卫生监督机构

D. 输出地县级动物卫生监督机构、输入地县级动物卫生监督机构

E. 输出地县级动物卫生监督机构、输入地市级动物卫生监督机构

2. 关于假兽药的判定标准下列哪项是不正确的(　　)【2011】

A. 不标明或更改或超过有效期的　　B. 以非兽药冒充兽药的

C. 以他种兽药冒充此种兽药的　　D. 兽药所含成分的种类不符国家标准

E. 兽药所含成分的名称不符国家标准

3. 国家强制免疫用生物制品依法实行政府采购，由下列哪个部门负责分发(　　)【2011】

A. 国务院兽医主管部门　　B. 省级兽医主管部门

C. 市级兽医主管部门　　D. 县级兽医主管部门

E. 乡镇级兽医站

4. 一般情况下指定疫苗的免疫程序时都要考虑母源抗体，根据母源抗体水平确定最佳的首免日龄。在给鸡指定新城疫疫苗时，最佳的首免日龄是在母源抗体效价在(　　)【2011】

A. 2^1　　B. 2^3　　C. 2^5　　D. 2^7　　E. 2^9

5. 不属于《中华人民共和国动物防疫法》规定管理的动物疫病是(　　)【2012】

A. 马立克病　　B. 禽白血病

C. 肉鸡腹水综合征　　D. 产蛋下降综合征

E. 低致病性禽流感

6. 目前国务院兽医主管部门确定实施强制免疫的动物疫病病种不包括(　　)【2012】

A. 口蹄疫　　B. 猪瘟

C. 奶牛结核病　　D. 高致病性猪蓝耳病

E. 高致病性禽流感

7. 分离鸡病毒性关节炎病毒，应采集病鸡的样品是(　　)【2012】

A. 脑组织　　B. 法氏囊

C. 肝脏　　D. 肺脏

E. 肠内容物

8. 颁发《动物防疫条件合格证》的主体是(　　)【2013】

A. 工商行政管理部门　　B. 环境保护主管部门

C. 兽医主管部门　　D. 动物卫生监督机构

E. 动物疫病预防控制机构

9. 取得《动物防疫条件合格证》的饲养场，必须重新申请办理《动物防疫条件合格证》的是(　　)【2013】

A. 变更地址　　B. 变更布局

C. 变更单位名称　　D. 变更单位负责人

E. 变更设备和制度

10. 某 1 000 只鸡群，1 周内发病 100 只，病死 10 只，其病死率为（　　）【2013】

A. 1%　　B. 10%　　C. 11%　　D. 20%　　E. 30%

11. 下列关于执业兽医表述不正确的是（　　）【2016】

A. 执业兽医应当定期参加兽医专业知识的教育培训

B. 执业兽医包括执业兽医师和执业助理兽医师

C. 从事宠物美容的人员属于执业兽医

D. 国家鼓励成立兽医行业协会

E. 保障执业兽医的合法权益是《执业兽医管理办法》的立法目的之一

12. 适用于鸡舍带鸡喷雾消毒的过氧乙酸浓度是（　　）【2017】

A. 0.3%　　B. 3%　　C. 5%　　D. 10%　　E. 20%

13. 雏鸡群，2 周龄，精神萎靡，羽毛松乱，不愿走动，排糊状粪便，肛门周围污染粪便、发炎、疼痛，发出尖叫声，因呼吸困难及心力衰竭死亡。进行带鸡消毒时应当选择的消毒剂是（　　）【2019】

A. 0.3%甲醛溶液　　B. 0.3%漂白粉液

C. 0.3%氢氧化钠溶液　　D. 0.3%高锰酸钾溶液

E. 0.3%次氯酸溶液

14. PCR 鉴定的病毒成分是（　　）【2020】

A. 磷脂　　B. 核酸　　C. 固醇　　D. 蛋白质　　E. 多糖

15. 可用 HA-HI 试验检测的病毒是（　　）【2020】

A. 鸭瘟病毒　　B. 鸡贫血病毒

C. 传染性法氏囊病病毒　　D. 马立克病病毒

E. 减蛋综合征病毒

项目一执业兽医资格考试真题精选参考答案

项目二
家禽病毒性传染病

学习目标

知识目标

通过学习，掌握新城疫、禽流感、马立克病、传染性法氏囊病、传染性支气管炎、传染性喉气管炎、鸡毒支原体感染、鸡传染性鼻炎、鸡葡萄球菌病和产蛋下降综合征等的流行病学特点、症状、病理变化、诊断要点以及防制措施。

能力目标

学会禽流感、鸡新城疫抗体水平测定方法；主要病毒病实验室诊断方法；了解实验室检测新技术新方法。

思政目标

通过病毒性传染病防控知识的学习，深刻认识到病毒性传染病危害巨大，防控难度大，注重培养责任意识和风险意识，勇于担当，科学防控。

学习内容

任务一　禽流感

禽流感(avian influenza，AI)是禽流行性感冒的简称，俗称“真性鸡瘟”或“欧洲鸡瘟”，是由A型禽流感病毒引起的禽类的一种急性传染病。AI为世界动物卫生组织(WOAH)规定的A类传染病，我国列为一类动物疫病。

【病原】

禽流感病毒(avian influenza virus，AIV)属于正黏病毒科正黏病毒属，RNA病毒，根据病毒核蛋白(NP)和基质蛋白(MP)的抗原性不同分为A、B、C三型，A型在禽类和哺乳动物中存在，B型和C型主要是人类的病原。

典型的病毒粒子呈球形，直径80～120 nm，平均100 nm，禽流感病毒具有囊膜，在囊膜表面有许多放射状排列的纤突，这种表面纤突分为两类，一类呈棒状即血凝素(HA)，另一类呈蘑菇状即神经氨酸酶(NA),根据H与N的不同,可将AIV区分为不同的亚型,HA可以与RBC表面受体结合而发生RBC凝集现象,H有H1～H16,N有N1～N10 ,由不同的H和N组合成了不同的亚型毒株。禽流感病毒还可以根据致病性分为高致病性禽流感病毒(HPAIV)、低致病性禽流感病毒(LPAIV)、无致病性禽流感病毒(NPAIV),AIV不稳定,易发生抗原变异H5(Re-4、Re-5、Re-6、Re-7、Re-8、Re-9、Re-10、Re-11、Re-14),目前已分离到的AIV有上千株的亚型。

AIV对外界环境的抵抗力不强,对高温、紫外线、各种消毒剂敏感,存在于有机物(如粪便、鼻液、泪水、唾液、尸体)中的病毒能存活很长时间,如粪便、鼻液中的病毒其传染性在4 ℃可保持30～35 d,20 ℃保持7 d,病毒在污染的水源中,在低温条件下可长期存活;流感病毒与其他有囊膜的病毒一样,对乙醚、氯仿、丙酮等有机溶剂敏感;流感病毒对热也比较敏感,56 ℃存活30 min ,60 ℃存活10 min,65～70 ℃加热数分钟即可灭活。

【流行病学】

1. 易感动物

火鸡、鸡、鸭、珍珠鸡、家鹅、鹌鹑、雉鸡、鸽子、鹧鸪、鹦鹉以及野生的禽类,流行病学调查带毒鸟类达88种。研究发现,家鸭和野鸭的流感病毒感染均为无症状型,肠道感染普遍,但对鸭并不造成损害。

2. 传染源

病禽和带毒禽类是重要传染源。主要从呼吸道、结膜和粪便中排出病毒。

3. 感染途径

消化道、呼吸道、眼结膜及伤口感染。

【症状】

1. 高致病性禽流感

潜伏期短,数小时至数天,最长21 d。发病急、发病率、死亡率高,疫情持续时间短。常无明显症状而突然死亡。病程稍长时,体温升高,达43 ℃以上,精神高度沉郁,食欲废绝,羽毛松乱,有咳嗽、啰音,呼吸困难,尖叫声,鸡冠、肉髯、眼睑水肿,头部肿胀,鸡冠、肉髯发绀,呈紫黑色,结膜炎,眼、鼻腔有较多浆液性、黏液性或脓性分泌物;病鸡腿部鳞片有红色或紫黑色出血;病鸡下痢、排黄绿色稀便;产蛋鸡产蛋率由80%～90%下降到20%以下,甚至停产,并且软皮蛋、薄壳蛋、畸形蛋增多,有的病鸡可见神经症状,共济失调,不能走路和站立。

2. 亚急性或低毒力型禽流感

多见于致病力较弱的H9N2等血清型引起的禽流感,潜伏期较长,发病比较缓和,发病率和死亡率较低,疫情持续时间长。主要引起产蛋鸡发病,青年鸡和雏鸡发病较少,发病后病鸡采食量明显减少,饮水增加,精神不振、沉郁,羽毛松乱,反应迟钝,鼻腔分泌物增多,鼻窦肿胀,眼结膜发红,流泪,头部肿胀,变大,鸡冠、肉髯淤血,腿部可见出血斑。呼吸道症状较轻,有的病鸡表现咳嗽、有呼吸啰音,有的呼吸困难,张口伸颈,病鸡腹泻,排水样稀粪,带有未消化的饲料,有的排黄色或绿色稀粪。产蛋鸡群有的出现呼吸道症状后表现产蛋下降,有的先出现产蛋下降后表现呼吸道症状,产蛋下降的幅度和持续时间各鸡群不完全相同,一般产蛋下降20%～35%,甚至60%,同时软壳蛋、沙皮蛋、畸形蛋增多,一般7～10 d后下降到最低点,在此水平持续 2 周左右后缓慢恢复。

【病理变化】

由高致病性病毒引起的病变，肌肉组织严重出血；鸡冠和肉髯变化明显，产生水肿、发绀、淤斑，常伴发眼眶周围水肿。有时脚趾肿胀，变紫。鼻窦内充满黏液，或眶下窦内有黏液或干酪样物，喉头、气管黏膜充血、出血，在黏膜表面有黏液，肺淤血，气囊膜增厚内有纤维素性或干酪样物。消化道病变比较明显，口腔有黏液，嗉囊有液体，腺胃乳头出血，有脓性分泌物，肌胃角质膜出血，小肠黏膜红肿，有不同程度的出血点或出血斑，盲肠扁桃体肿大出血，直肠黏膜出血。卵泡充血、出血，呈紫色或紫黑色，有的卵泡变形破裂，形成卵黄性腹膜炎，卵巢、输卵管充血、出血，管腔内有黄白色黏性或脓性分泌物，或纤维素性干酪样物，公鸡睾丸肿大出血。肝脏肿大出血，有的可见灰黄色坏死点，冠状沟及心外膜出血，有的肾脏肿大，有尿酸盐沉积。见图 2-1 至图 2-3。

图 2-1　肌肉出血

图 2-2　鳞片下出血

图 2-3　肌胃溃疡

【诊断】

1. 初步诊断

根据流行情况，症状及全身出血性病变即可做出初步诊断。

禽群发病率、死亡率超出正常范围，且符合下述标准之一的，判定为可疑病例。

(1)临床诊断指标：

①脚鳞出血。

②冠髯发绀，头部和面部水肿。

③产蛋突然下降，软壳蛋、畸形蛋增多。

④出现神经症状。

符合上述条件之一的，判定为符合临床诊断标准。

(2)剖检病变标准：

①消化道、呼吸道黏膜广泛充血、出血。

②心冠及腹部脂肪出血。

③卵泡充血、出血，可见卵黄性腹膜炎。

④腺胃肌胃交界处可见带状出血。

符合上述条件之一的，判定为符合剖检病变标准。

2. 疑似病例

对临床可疑病例，经市(地)、县级动物疫病预防控制机构实验室检测为 H5 或 H7 亚型禽流感病毒核酸阳性的，判定为疑似病例。

3. 确诊病例

对疑似病例，省级动物疫病预防控制机构经 RT-PCR 或实时荧光定量 RT-PCR 方法复核阳性，且测序证实含有高致病性禽流感病毒分子特征的病毒核酸或病毒分离鉴定为高致病性禽流感病毒的，可判定为确诊病例。

高致病性禽流感诊断程序见图 2-4。

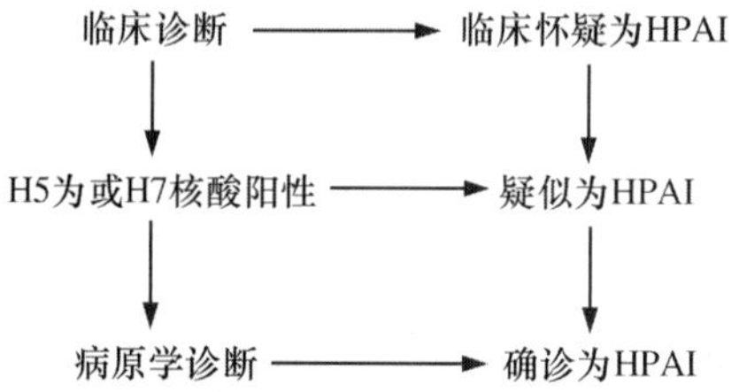

图 2-4 高致病性禽流感诊断程序

【防制】

1. 预防措施

(1)坚决贯彻以预防为主的防制策略。高致病性禽流感属于一类疫病，传播速度快，发病率高，死亡率高，目前还没有有效的治疗药物，根据流行特点，制订科学的防控措施严加防范。

(2)加强国家海关进口禽类和国内流通领域的检疫。预防和控制禽流感最重要的是严防 HPAI 从国外传入，我国同世界各地的贸易日益扩大，家禽和鸟类的进口日益增多，所以守好国门至关重要。对国内各大种禽场定期进行血清学检测，以及家禽流通领域的检疫和监测，了解流行动态。

(3)严格执行生物安全措施，制订和贯彻好卫生防疫制度。

①避免家禽与野生鸟类的接触，严防野鸟从门窗进入鸡舍。尤其避免与水禽如鸭、鹅等的接触。

②养鸡场要远离水禽、野鸟栖息的河道、湖泊。

③养鸡场周围不饲养鸭、鹅等家禽，场内不饲养犬、猫等宠物。

④有完善的消毒设施，对进出车辆严格消毒，定期对鸡舍和养鸡环境进行消毒，加强带鸡消毒。

⑤定期杀灭有害昆虫。

⑥坚持自繁自养和全进全出的饲养方式。

⑦加强饲养管理，提高鸡的抵抗力。

2. 免疫接种

高致病性禽流感病毒三价灭活疫苗（H5N6H5-Re13 株＋H5N8H5-Re14 株＋H7N9H7Re4 株或 H5N2rHN5801 株＋rGD59 株＋H7N9rHN7903 株）胸部肌内注射或颈部皮下注射。2～5 周龄鸡，每只 0.3 mL；5 周龄以上鸡，每只 0.5 mL；2～5 周龄鸭和鹅，每只 0.5 mL；5 周龄以上鸭和 5～15 周龄鹅，每只 1.0 mL；15 周龄以上鹅，每只 1.5 mL。参考免疫程序如下。

生产蛋鸡和肉种鸡：雏鸡在 2 周龄首次免疫，接种剂量 0.3 mL；5 周龄时加强免疫，接种剂量 0.5 mL；120 日龄左右再加强免疫，接种剂量 0.5 mL；以后间隔 5 个月加强免疫 1 次，接种剂量 0.5 mL。

8 周龄出栏肉仔鸡：雏鸡在 10 日龄免疫，接种剂量 0.5 mL。

100 日龄出栏肉仔鸡：雏鸡在 2 周龄首次免疫，接种剂量为 0.3 mL；5 周龄时加强免疫，接种剂量 0.5 mL。

火鸡、鸭和鹅：在 2 周龄首次免疫，接种剂量为 0.5 mL；5 周龄时加强免疫，接种剂量 1 mL；以后间隔 5 个月加强免疫 1 次，接种剂量 1 mL。

3. 发生禽流感后的措施

(1)判定疫区。早期诊断，划定疫区实行封锁。以疫点为中心，半径 3～5 km 范围内的区域，疫区周边外延 5～30 km 范围内的区域为受威胁区。

(2)严格消毒。对养禽场、禽舍、鸡的排泄物、分泌物及其污染的场所、用具等及时进行紧急防疫消毒。用 0.3%二氧化氯或 0.3%过氧乙酸等溶液对病禽舍进行喷雾消毒。彻底将禽舍内的污物、鸡粪、垫料、剩料等各种污物清理干净，并做无害化处理。可移动的设备和用具搬出鸡舍，集中堆放到指定的地点清洗、消毒。封锁期间，疫区道口消毒站对出入人员、运输工具及有关物品进行消毒。运输工具必须进行全面消毒。工作人员的消毒：参加疫病防控工作的各类人员应进行消毒，其中包括穿戴的工作服、帽、手套、胶靴及器械等，消毒方法可采用浸泡、喷洒、洗涤等；工作人员的手及皮肤裸露部位应清洗、消毒。消毒所产生的污水应进行无害化处理。

(3)尸体处理方法。扑杀疫区内所有被 HPAIV 感染的禽，扑杀采取不放血方法——窒息、扭颈等。①深埋：深埋点应在感染的饲养场内或附近，远离居民区、水源、泄洪区和交通要道，不得用于农业生产，并应避开公众视野，且清楚标示。坑的覆盖土层厚度应不小于 1.5 m，坑底铺垫生石灰。坑的位置和类型应有利于防洪和避免动物扒刨。禽类尸体置于坑中后，上撒生石灰，厚度不小于 2 cm，再用土覆盖至与周围持平。填土不要太实，以免尸腐产气造成气泡冒出和液体渗漏。污染的饲料、排泄物和杂物等物品，也应喷洒消毒剂后与尸体共同深埋。②焚烧：无法采取深埋方法处理时，采用焚烧处理。焚烧时应符合环保要求。疫区附近有大型焚尸炉的，可采用焚化的方法。处理的尸体和污染物量小的，可以挖不小于 2 m 深的坑，浇油焚烧。

(4)紧急免疫接种。高致病性禽流感受威胁区内的所有健康未接种禽流感疫苗的鸡、鸭和鹅等禽类应当进行禽流感疫苗的紧急免疫接种。接种剂量鸡 0.5 mL，鸭、鹅等禽类 1 mL。

(5)免疫效力的评价：鸡群(30 只/群)在疫苗接种前、后(免疫后 2 周)分别静脉采血 3 mL，分离血清，按《高致病性禽流感诊断技术》(GB/T 18936—2020)中血凝抑制试验(HI)检测鸡血清 HI 的抗体水平。当鸡 HI 抗体平均水平小于 4 log 2 时，判定为免疫效力低下，应当进行疫苗接种；HI 抗体水平大于或者等于 4 log 2 时，判定为免疫效力良好。火鸡、鸭、鹅等禽类接种禽流感疫苗免疫效力评价缺乏足够的血清学依据。

发生 LPAI 的控制措施：可疑 LPAI 时，也要上报有关主管部门，采取与 HPAI 相似的控制措施，严禁将病鸡或可疑病鸡上市流通销售。

加强饲养管理，冬春季节注意通风换气，防寒保暖，饲料中添加免疫增强剂。做好病禽及病死禽的处理，密切注意和监测本病的流行动态。

任务二 新城疫

新城疫(newcastle disease，ND)是由新城疫病毒引起鸡的一种急性、高度接触性传染病，常呈败血症经过。主要临床特征是呼吸困难、下痢、神经机能紊乱；主要病变特征是黏膜和浆膜出血。

本病于 1926 年首次发生于印度尼西亚，同年在英国新城流行，经 Doyle 氏证明，其病原是一种病毒，为了与当时欧洲流行的鸡瘟相区别，命名为新城疫。

【病原】

新城疫病毒(NDV)属于副黏病毒科腮腺炎病毒属，病毒粒子近似球形，直径为 120～300 nm，有囊膜，在囊膜的外层呈放射状排列的突起物称为纤突，具有刺激宿主产生抑制红细胞凝集的抗体和病毒中和抗体的抗原成分。

1. 分类

新城疫病毒的毒力随宿主的不同和外界条件的变化，会出现明显的差异，据此把新城疫病毒分为三类：速发型毒株、中发型毒株和缓发型毒株。速发型毒株无论通过什么途径感染鸡，均能使鸡严重发病和死亡；中发型毒株只有经脑内接种才能使鸡严重发病和死亡，其他途径感染只引起轻微症状，很少死亡；缓发型毒株无论感染途径如何，都只能引起轻微症状或不出现症状。

2. 血凝特性

新城疫病毒能吸附于禽类(鸡、鸭、鹅)、人和某些哺乳动物的红细胞表面，并使红细胞发生凝集，这种特性与病毒囊膜上纤突所含的血凝素有关。在本病慢性病鸡和康复鸡以及人工免疫鸡的血清中含有血凝抑制抗体，能特异性地抑制病毒凝集红细胞的作用。据此原理，在生产实践中运用血凝试验和血凝抑制试验诊断或监测新城疫。

3. 分布

本病毒存在于病鸡的所有组织器官、体液、分泌物和排泄物中，以脑、肺、脾含毒量最高，骨髓含毒时间最长。

4. 培养特性

新城疫病毒能在鸡胚中增殖复制，以尿囊腔途径接种于 9～11 日龄鸡胚，强毒株可在 30～60 h 导致鸡胚死亡，弱毒株经 3～6 d 致鸡胚死亡。死亡的鸡胚，以尿囊液含毒量最高，胚胎全身出血，以头部、足趾和翅膀出血尤为明显。当鸡胚含有母源抗体时，弱毒株不能致死全部鸡胚，胚液的血凝滴度较低，这可能是受抗体影响使病毒复制发生障碍。所以用于分离新城疫病毒的鸡胚，最好来自 SPF 鸡群或未接种新城疫疫苗的鸡群。

5. 抵抗力

新城疫病毒对乙醚、氯仿敏感。在阳光直射下经 30 min 死亡，在 60 ℃下经 30 min 失去活力。耐低温，真空冻干病毒在 30 ℃条件下可保存 30 d，在冷冻的尸体中可存活 6 个月以上。对 pH 稳定，pH 3～10 不被破坏。常用的消毒剂有 2％氢氧化钠、5％漂白粉和 70％酒精等。

【流行病学】

1. 易感动物

鸡、野鸡、火鸡和珠鸡都有易感性，以鸡最易感。各种年龄的鸡均可感染，以雏鸡最为常见。在自然条件下，水禽（如鸭、鹅、鸬鹚）不感染，但是从它们体内能分离到病毒。从许多野鸟及一些观赏鸟（如八哥、孔雀、鸽子、鹦鹉）体内也能分离到新城疫病毒。如果一个鸡场在养鸡的同时又养鸭、鹅，或饲养管理人员在家中饲养观赏鸟类，都有可能将新城疫病毒传给鸡群，导致鸡群发病。此时，这些水禽和观赏鸟类属于健康病原携带者。人偶尔感染，表现为结膜炎或类似流感症状。

2. 传染源

主要是病鸡和带毒鸡。病鸡在出现症状前 24 h，口、鼻分泌物和粪便内均含有病毒。痊愈鸡多数在症状消失后 5～7 d 停止排毒，慢性病鸡带毒和排毒的时间更长。保留这种慢性病鸡，是造成本病继续流行的原因。

3. 传播方式和感染途径

主要经呼吸道和消化道传播感染，创伤及交配也可引起传播感染；另外，也可经蛋垂直传播。

4. 流行特点

污染的环境和带毒的鸡群及非法买卖病死鸡是造成本病流行的常见原因。新城疫一年四季均可发生，易感鸡群一旦感染速发性嗜内脏型新城疫病毒，可迅速传播并呈毁灭性流行，发病率和病死率达 90％以上。但近些年来，由于免疫程序不佳，或有其他疾病存在抑制新城疫抗体的产生，以及新城疫病毒的毒力增强，常引起免疫鸡群发生新城疫，症状和病变均不明显，发病率和病死率都比较低，呈现所谓的非典型新城疫。

【临床症状】

新城疫的潜伏期一般为 3～5 d。根据症状和病变是否典型，以及发病率和病死率的高低分为典型新城疫和非典型新城疫。根据临床表现不同，临床致病型分为以下几种类型。①嗜内脏速发型：以消化道出血性病变为主要特征，死亡率高。②嗜神经速发型：以呼吸道和神经症状为主要特征，死亡率高。③中发型：以呼吸道和神经症状为主要特征，死亡率低。④缓发型:以轻度或亚临床性呼吸道感染为主要特征。⑤无症状肠道型:以亚临床性肠道感染为主要特征。

1. 典型新城疫

根据临床表现和病程长短分为最急性型、急性型、亚急性型和慢性型。

(1)最急性型。突然发病,常无特征症状而迅速死亡。多见于流行初期和雏鸡。

(2)急性型。病初体温升高至43～44 ℃,精神萎靡,不愿走动,羽毛松乱,两翅下垂,垂头缩颈,眼半开或全闭,昏睡状,采食减少或不吃,饮水增加,嗉囊内充满液体,倒提时常有大量酸臭液体从口流出。鸡冠、肉髯呈暗红色或暗紫色。产蛋鸡产蛋量下降,并且出现蛋壳颜色变淡,产软壳蛋和畸形蛋等。随着病程的发展,出现比较典型的症状,病鸡流黏性鼻液,咳嗽,呼吸困难,常伸颈,张口呼吸,并发出“咯咯”的喘鸣声或尖叫声。口角流有大量黏液,为了排除黏液,病鸡常摇头或做吞咽动作。下痢,排黄白色或黄绿色稀粪,有时混有少量血液,后期排蛋清样排泄物。有的病鸡还出现神经症状,如翅、腿麻痹,头颈震颤等。最后体温下降,昏迷死亡,病程2～5 d,1月龄内的小鸡病程较短,症状不明显,但病死率很高。

(3)亚急性型和慢性型。初期症状与急性型相似,不久减轻,但同时出现神经症状,病鸡翅、腿麻痹,表现两翅下垂,站立不稳,头颈向后或向一侧扭转,常伏地旋转,反复发作,最终瘫痪,一般经10～20 d死亡。此型多见于流行后期的成年鸡,病死率较低。个别病鸡可以耐过康复,有的康复鸡在受到惊扰刺激或抢食时,突然后仰倒地,全身抽搐,伏地旋转,数分钟后又恢复正常。

2. 非典型新城疫

近年来,免疫鸡群常发生非典型新城疫,由于鸡群免疫力较弱,当有强毒感染时,仍可发生新城疫,发病率和病死率均较低。主要表现为呼吸系统和神经系统的症状,病鸡精神委顿,呼吸困难,有啰音,瘫痪,部分鸡出现扭颈症状。产蛋鸡产蛋率下降20%～30%,蛋的品质降低。

新城疫神经症状彩图

【病理变化】

本病的主要病变是全身黏膜和浆膜出血,淋巴系统肿胀、出血和坏死,尤其以消化道和呼吸道最为明显。见图2-5至图2-8。

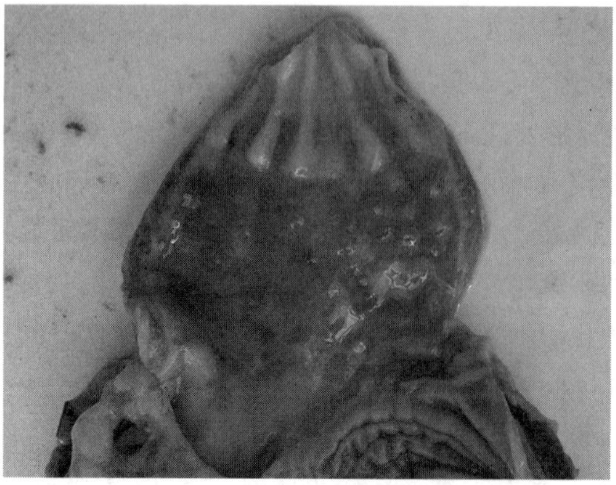

图 2-5 新城疫腺胃出血

图 2-6 新城疫神经症状

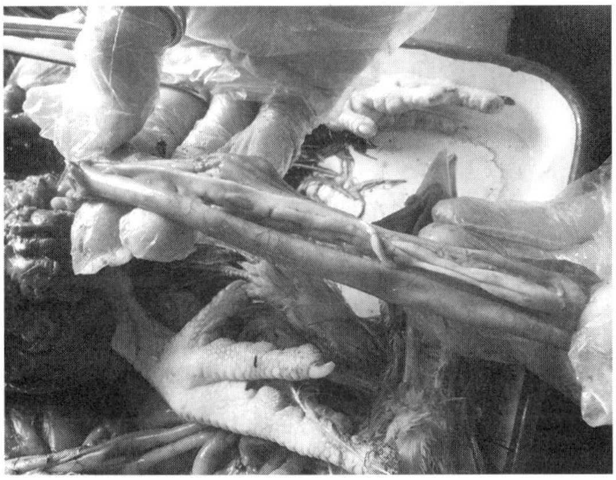

图 2-7　新城疫小肠出血

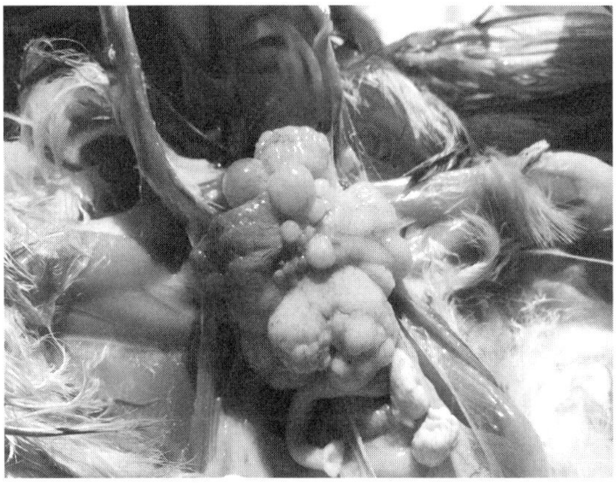

图 2-8　新城疫卵泡变性坏死

腺胃黏膜水肿，乳头或乳头间有明显的出血点或溃疡，有时肌胃角质层下也可见到出血。十二指肠、盲肠和直肠黏膜有大小不等的出血斑(点)，或肠黏膜上有纤维素性坏死性病变，有的形成假膜，假膜脱落后形成溃疡。盲肠扁桃体肿大、出血或坏死。喉头、气管出血，肺淤血、水肿。心冠脂肪有时可见针尖大的出血点。产蛋母鸡的卵泡和输卵管显著充血，卵泡膜极易破裂以致卵黄流入腹腔引起卵黄性腹膜炎。脑膜充血或出血，而脑实质无明显眼观变化，仅于组织学检查时见明显的非化脓性脑炎病变。

免疫鸡群发生非典型新城疫时，其病变不典型，仅见黏膜卡他性炎症。喉头和气管黏膜充血；腺胃乳头出血少见，即使出血其出血点也比较少；直肠黏膜和盲肠扁桃体多见出血。

【诊断要点】

1. 初步诊断

典型新城疫根据流行病学、症状和特征性病理变化，可做出初步诊断。但是对于缺乏典型症状和病变的病例，必须进行实验室诊断。病毒分离和鉴定是诊断新城疫最可靠的方法。

(1)临床症状。当病鸡出现下列之一或全部临床症状时，可作为初步诊断的依据之一。

①发病急、病死率高。

②体温升高、精神沉郁、呼吸困难、食欲下降。

③粪便稀薄，呈黄绿色或黄白色。

④发病后期出现扭颈、翅膀麻痹、瘫痪等神经症状。

⑤免疫禽群出现产蛋下降，蛋壳质量变差，产畸形蛋或异色蛋。

(2)剖检变化。当病鸡出现下列之一或全部剖检变化时，可作为初步诊断的依据之一。

①全身黏膜和浆膜出血，以呼吸道和消化道最为严重，气管环状出血。

②腺胃黏膜水肿，乳头和乳头间有出血点。

③盲肠扁桃体肿大、出血、坏死。

④十二指肠和直肠黏膜出血，泄殖腔黏膜出血，有的可见纤维素性坏死病变。

⑤脑膜充血和出血。

⑥鼻窦、喉头、气管黏膜充血，偶有出血，肺可见淤血和水肿。

2. 实验室诊断

(1)病毒的分离。无菌采取发病初期病死鸡的脾脏或脑组织，或采取发病中、后期病鸡的脑或骨髓做病料，如果鸡尸已腐败，最好从骨髓分离。将病料用微量匀浆器研成乳剂，按 1∶4 或 1∶9 加入灭菌的生理盐水制成悬浮液，离心后取上清液，按每毫升加入青霉素 1 000 U、链霉素 2 000 U；置 37 ℃温箱中作用 30～60 min，或置 4 ℃冰箱中作用 4～8 h。吸取上清液 0.1～0.2 mL，经尿囊腔接种 9～11 日龄 SPF 鸡胚，置 37 ℃温箱中继续孵化。若为强毒株，则在接种后 30～60 h 可致死鸡胚；若为弱毒株，则在接种后 3～6 d 鸡胚死亡。收获死亡鸡胚的尿囊液做病毒鉴定。

(2)病毒的鉴定。将上述收获的尿囊液做血凝试验(HA)，如果具有血凝特性，再用抗新城疫病毒的血清做血凝抑制试验(HI)，如果血凝特性能被特异性抗体所抑制，证明所分离的病毒为新城疫病毒。所分离的新城疫病毒是强毒株、中毒株还是弱毒株，还需进行毒力测定，主要依据鸡胚平均死亡时间(MDT)、1 日龄雏鸡脑内接种致病指数(ICPI)和 6 周龄鸡静脉注射致病指数(IVPI)来判定。

3. 鉴别诊断

新城疫应注意与禽霍乱、传染性支气管炎和禽流感相区别。

(1)禽霍乱可侵害各种家禽，鸭最易感，呈急性败血症经过，病程短，病死率高，无神经症状，肝脏有灰白色坏死灶。慢性病例可见肉髯肿胀和关节炎。用心血涂片和肝组织触片，染色镜检可见两极着色的巴氏杆菌，用抗生素治疗有效。而新城疫有神经症状，腺胃乳头出血，消化道黏膜出血、溃疡，盲肠扁桃体肿胀出血和坏死，肝脏无坏死灶。

(2)传染性支气管炎主要侵害雏鸡，无神经症状，消化道无明显病变，支气管内有纤维素性栓子。成年鸡表现为产蛋率下降。用病毒接种鸡胚，胚胎发育受阻，成为侏儒胚。

(3)高致病性禽流感的潜伏期和病程都比较短，嗉囊内无大量液体。皮下呈黄色胶样浸润，黏膜、浆膜和脂肪出血比新城疫更为明显和广泛，但确切鉴别诊断必须依靠病毒分离鉴定和血清学试验。低致病性禽流感在有新城疫强毒株感染流行的鸡群中发生时，往往具有协同致病作用，损失严重，在诊断时应特别注意这种情况。

【防制】

1. 预防措施

(1)严格执行卫生防疫制度。工作人员不准在自家饲养水禽或其他观赏鸟类，派专人巡视和驱赶飞入场区的鸟类；谢绝参观访问；不从疫区引进种蛋和鸡苗；实行“全进全出”的饲养模式；加强消毒工作。

(2)接种疫苗是防制新城疫的重要措施之一。疫苗分为活苗和灭活苗两大类：活苗有新城疫活疫苗(CS2 株)和弱毒苗(Ⅳ系和克隆苗)；灭活苗主要是油乳剂灭活苗。CS2 株苗产生免疫快，免疫力强，免疫期长，多用于小规模鸡场，特别是新城疫严重污染区和受威胁区，对控制本病的发生和蔓延有较好的作用。一般采取注射方法，适用于 2 月龄以上的鸡或经 2 次弱毒疫苗免疫后的鸡。Ⅳ系苗和克隆苗接种途径较多，接种后产生免疫也较快，但免疫期较短。Ⅳ系苗适用于小鸡，供大群鸡的饮水免疫或气雾免疫用，也可用于滴鼻。克隆苗的特点是成本低，同时能减少对雏鸡的应激反应；该苗既可对雏鸡、成年鸡滴鼻或饮水免疫，也可对成年鸡进行肌内注射免疫，而且又完全可以以饮水免疫代替滴鼻和肌内注射免疫，保护率确实；该苗对蛋鸡产蛋率影响很小，所以最适合于产蛋鸡。油乳剂灭活苗的特点是安全，产生免疫力较慢，但产生免疫力强，免疫期长，接种方法仅限于注射。用灭活苗和活苗联合进行免疫，是目前有效控制新城疫发生的方法。

新城疫疫苗除以上单苗外，还有许多联合苗，在实际中要根据当地新城疫和其他鸡病的流行情况、鸡场规模大小、饲养方式、不同饲养阶段以及可行的免疫方法来选择应用。

免疫程序：免疫母鸡可将抗体通过卵黄传给雏鸡，雏鸡在 3 日龄时抗体滴度最高，以后逐渐下降。具有高母源抗体的雏鸡接种疫苗，对疫苗有干扰作用，所以最好在 1 周龄时进行首免。对于无监测条件的小规模鸡场和养鸡专业户可参照以下免疫程序免疫(仅供参考)。

蛋鸡和种鸡：7～10 日龄，用克隆苗滴鼻或点眼；25～30 日龄，用Ⅳ系苗饮水免疫；60 日龄，注射 CS2 株苗；90 日龄，注射油乳剂灭活苗。

肉鸡：只需上述程序中的前 2 次免疫即可。

免疫监测：HI 效价不低于 1∶32(25 或 5 log2)，判定为个体免疫合格。个体免疫抗体合格数量占免疫群体总数不低于 70%，判定为群体免疫合格。

2. 发生新城疫的处理措施

鸡群一旦发生新城疫，应采取紧急措施，防止疫情的扩大。快报疫情，经取材确诊后划区封锁；在疫点内，扑杀病鸡和同群鸡，尸体做焚烧或深埋处理，对环境进行彻底消毒；在疫区内，暂时停止鸡及其产品的交易，对其他未发病鸡场的鸡群紧急接种疫苗。

任务三 禽 痘

禽痘是由禽痘病毒引起家禽的一种急性、热性、接触性传染病。特征是在皮肤和黏膜上发生丘疹和水疱。我国将禽痘列为三类动物疫病。各品种各年龄的鸡均易感，以雏鸡最易感。

【病原】

禽痘病毒属于痘病毒科，核酸为双股 DNA。病毒呈砖形或卵圆形，长 250～350 nm，宽 200～250 nm。禽痘病毒的结构比较复杂，中央为 DNA 芯髓，其两旁有两个侧体，外包裹着具有特征管状结构的脂蛋白衣壳。病毒在细胞浆内复制，可形成包涵体。虽然各种动物的痘病毒在形态、结构上相似，但对宿主的感染性严格专一，一般不发生互相传染。

禽痘病毒对热抵抗力不强，55 ℃经 20 min 或 37 ℃经 24 h，失去感染力。对冷及干燥抵抗力强，在干燥的痂皮中病毒能存活几个月，冻干可保存 3 年。直射日光和紫外线可迅速灭活病毒。0.5%甲醛、3%石炭酸或 0.01%碘溶液等，在数分钟内使病毒失去感染力。

【临床症状】

禽痘的潜伏期 4～10 d，临床分型有以下三型。

1. 皮肤型

此型常在无毛或少毛部位，主要是头部(冠、髯、喙角、眼皮、耳球)的皮肤上发生小结节(图 2-9)，呈灰白色或灰黄色，逐渐增大至豌豆大，凹凸不平，干而硬，内含黄脂状糊块；结节数目多时，相互融合形成大块的厚痂，影响视力，或影响呼吸，或影响采食。幼龄鸡精神委顿，食欲减退，体重减轻。产蛋鸡产蛋减少或停止。

2. 黏膜型(白喉型)

此型多发于幼龄鸡。病初呈鼻炎症状，流黏液性鼻液，后转为脓性。眼睑肿胀，结膜蓄脓或有纤维素性分泌物，严重者导致失明。2～3 d 后，在口腔和咽喉黏膜发生痘疹，初为圆形黄色斑点或结节，逐渐扩大，融合形成纤维素性坏死性假膜，凹凸不平，且有裂隙，不易剥落，强行剥落后，留下出血的创面（图 2-10）。如假膜延伸至喉部时，引起呼吸困难，甚至窒息死亡。

3. 混合型

此型兼有皮肤型和黏膜型症状。

火鸡痘与鸡痘的症状相似，产蛋量减少，种蛋的受精率降低。病程 2～3 周。

鸽痘一般发生在腿、脚、眼睑或喙的基部，个别还发生黏膜型。

图 2-9 皮肤型禽痘

图 2-10 黏膜型禽痘

【诊断要点】

皮肤型鸡痘根据临床症状即可确诊，对于单纯的黏膜型鸡痘易与鸡传染性鼻炎混淆，应结合群体中的其他病型诊断。必要时，采取痘痂或假膜制成 1∶(5～10) 的悬液，在鸡冠或肉髯划痕接种，5～7 d 出现典型的皮肤痘疹。也可进行包涵体检查或用血清学方法诊断。

【防制】

平时加强饲养管理，定期预防接种。我国普遍使用鸡痘鹌鹑化弱毒苗，经稀释后，在翅膀内侧三角区避开血管刺种。20～30 日龄雏鸡刺种 1 针，30 日龄以上鸡刺种 2 针。

发病时，应立即隔离病鸡，淘汰处理。如需治疗，对皮肤痘痂，用镊子小心剥离，创面涂以碘甘油；口腔假膜，用镊子除去后用 0.1%高锰酸钾冲洗，涂上碘甘油或撒上冰硼散，也可用等量青黛、硼砂、冰片共研为末，每次取 0.1～0.15 g 吹入咽喉部；为防止继发感染，可在饲料中添加 0.08%～0.1%土霉素和维生素 A，治疗效果较好。对其他鸡进行紧急免疫接种。尸体做深埋或焚烧处理，禽舍和用具应进行严格消毒。

任务四 马立克病

马立克病（mareks disease, MD）是由马立克病病毒主要引起鸡的一种淋巴组织增生性传染病。其特征是在受害的组织器官（外周神经、性腺、虹膜、内脏器官、肌肉和皮肤）中发生单核细胞浸润。

马立克病在世界养鸡业发达国家和地区都有发生，其危害随着养鸡业的集约化程度提升而增大，受害鸡群的损失从1%至30%不等，个别鸡群可达50%以上。自20世纪70年代广泛使用火鸡疱疹病毒(HVT)疫苗以来，该病的损失明显降低，但疫苗免疫失败常有发生，从一些HVT疫苗免疫失败的鸡群分离到毒力极强的马立克病病毒。由于马立克病破坏法氏囊、胸腺和脾脏等免疫器官，引起严重的免疫抑制，影响各种疫苗的免疫效果。

【病原】

马立克病病毒(MDV)属疱疹病毒科疱疹病毒甲亚科，双股DNA。MDV分三个血清型：血清1型，对鸡致病致瘤，主要毒株有超强毒(Md5等)、强毒(JW、GA、京1等)；血清2型，对鸡无致病性，主要毒株有SB/1和301B/1等；血清3型，对鸡无致病性，但可使鸡有良好的抵抗力，是一株火鸡疱疹病毒株(HVT-FC126株)。病毒粒子根据有无囊膜分为裸体病毒粒子和囊膜病毒粒子。裸体病毒无囊膜，粒子直径为85～100 nm，是严格的细胞结合病毒。当细胞破裂死亡时，病毒也随之失去传染性，与细胞共存亡，该种病毒粒子主要见于肿瘤病变中。囊膜病毒外有厚囊膜，粒子直径为130～170 nm，是完全病毒，可脱离细胞存活一段时间，而且对外界环境的抵抗力很强。在鸡舍尘埃中能较长时间存活，室温条件下存活4周以上，温度较低时，存活时间更长，常用消毒剂可使病毒失活。囊膜病毒粒子主要见于羽毛囊上皮细胞中，在传播该病方面起极重要的作用。

【流行病学】

1. 易感性

主要感染鸡，其次为火鸡、野鸡、鹌鹑，其他动物不感染。不同品种或品系的鸡均可感染，其中伊莎褐、罗曼、海赛克斯等蛋鸡品种易感。年龄小的鸡比年龄大的鸡易感，在出雏室和育雏室发生的早期感染可导致很高的发病率和死亡率。年龄较大的鸡感染时，病毒可在体内复制，并随脱落的羽毛囊皮屑排出体外，但大多不表现症状。母鸡比公鸡易感。

2. 传染源

病鸡和带毒鸡是主要的传染源。皮肤型病鸡羽毛囊上皮细胞中的囊膜病毒，随着脱毛和掉皮屑散播于鸡舍环境中，随尘埃漂浮，保持传染性数月或更长。很多外表健康的鸡可长期持续带毒和排毒，一般条件下MDV在鸡群中广泛传播，于性成熟时几乎全部感染。

3. 感染途径

主要经呼吸道感染。

【临床症状】

根据侵害的部位不同分为神经型、内脏型、眼型和皮肤型，有时混合发生。

1. 神经型

主要见于3～4月龄的鸡。主要侵害外周神经，最常侵害的是坐骨神经，病鸡呈现一只脚或两只脚不完全麻痹，出现步态不稳；至完全麻痹时，不能行走，蹲伏于地上，呈现特征性的"劈叉姿势"，即一只脚向前伸，一只脚向后伸。如果臂神经受害，发生翅下垂；颈部神经受害，发生头下垂；迷走神经受害，出现失声、嗉囊扩张和呼吸困难；腹神经受害，有拉稀症状。

2. 内脏型

常见于50～70日龄的鸡，死亡率高。此型最常见，危害也最大。病鸡表现精神委顿，羽毛松乱，采食减少或不食，鸡冠、肉髯苍白或萎缩，逐渐消瘦，有时下痢，体质极度虚弱，突然死亡。

3. 眼型

发生于一眼或两眼，虹膜的正常色素消失，呈同心环状或斑点状以至弥漫性的灰白色，瞳孔缩小，边缘不整齐，严重时瞳孔只留下一个针尖大的小孔，视力减退或丧失，故又称“灰眼病”“白眼病”。

4. 皮肤型

皮肤表面羽毛囊出现小结节或瘤状物，常见于大腿部、背部和颈部等生长粗大羽毛的部位。

肝脏肿瘤和脾脏肿大彩图

【病理变化】

受害的外周神经，如坐骨神经丛、腹腔神经丛、前肠系膜神经丛、臂神经丛等粗大，比正常粗 2～3 倍以上，黄白色或灰白色，横纹消失。病变常只侵害一侧，所以病变轻微时，可与对侧神经比较，有助于诊断。

内脏器官最常被侵害的是卵巢，其次为肾、脾、肝、心、肺、胰、肠系膜、腺胃和肠道，肌肉和皮肤也可受害。在上述器官和组织中可见大小不等的肿瘤块，呈灰白色，质地坚硬而致密；有时肿瘤呈弥散性，使整个器官变得很大(图 2-11)。法氏囊萎缩，偶尔见弥漫性肿大。除法氏囊外，内脏的眼观变化很难与禽白血病等其他肿瘤病相区别。

图 2-11　肝脏肿瘤和脾脏肿大

【诊断要点】

对于神经型马立克病(图 2-12)，根据特征性麻痹症状和病变即可确诊。对于内脏型马立克病(图 2-13)要与鸡淋巴性白血病鉴别，其鉴别要点见表 2-1。为了确诊，可拔取病鸡的粗大羽毛，分离羽髓，用琼扩试验检查其中的病毒抗原；或采取慢性病鸡的血液，分离血清，检查其中的抗体。

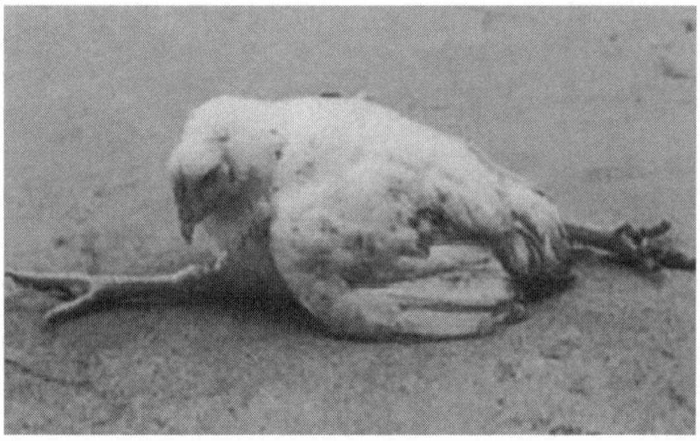

图 2-12　神经型马立克病

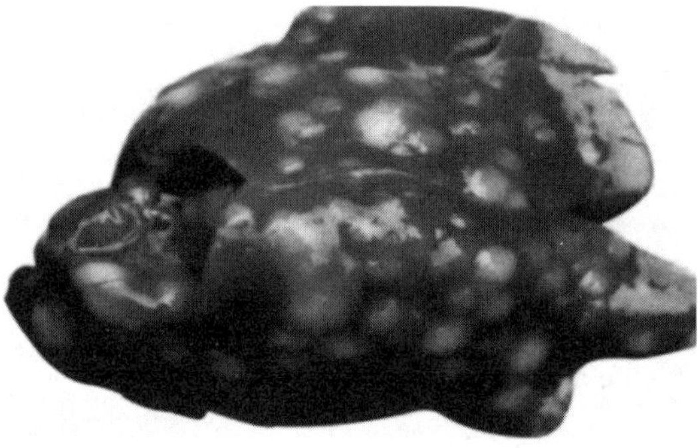

图 2-13　内脏型马立克病

表 2-1　鸡马立克病与鸡淋巴性白血病的鉴别

鉴别项目	病名	
	鸡马立克病	鸡淋巴性白血病
病原	疱疹病毒(DNA)	禽白血病-肉瘤病毒(RNA)
发病年龄	4 周龄以上	16 周龄以上
麻痹或不全麻痹	经常出现	无
虹膜浑浊	经常出现	极少
周围神经粗大	经常出现	无
皮肤肌肉肿瘤	可能出现	无
浸润细胞类型	成熟和未成熟淋巴样细胞	主要为淋巴母细胞
法氏囊	常见萎缩	常可形成肿瘤

【防制】

1. 严格消毒育雏室

育雏阶段是养鸡业的关键阶段，也是发病和死亡的高峰期，针对育雏室要严格消毒。在进雏前 2 周，彻底清扫，冲洗地面，刷洗笼具和饮水器具，晾干后喷洒消毒液，再结合甲醛熏蒸消毒。熏蒸后，打开门窗通风换气，等余气彻底散尽后才能进雏。如时间仓促，可在喷洒消毒的基础上结合紫外线灯照射消毒 1～2 h。进雏后每天清扫地面 1～2 次，并喷洒消毒剂，10 日龄后参照带鸡消毒方法。

2. 加强检疫工作

对种鸡群进行琼脂扩散试验检疫，并淘汰阳性鸡，以净化种鸡群。

3. 免疫接种

疫苗接种是防制马立克病的关键，于雏鸡出壳后 24 h 以内接种疫苗。

(1)马立克病Ⅰ型(CVI988/Rispens)活疫苗，液氮保存(－196 ℃)，使用时从液氮中取出疫苗，放入 27 ℃水中快速解冻，用无菌注射器将疫苗慢慢注入专用稀释液，通过旋转或倒转使疫苗充分混匀，颈部皮下注射 0.2 mL，14 d 后产生免疫力，免疫期可维持 12 个月。

(2)马立克病多价苗。皮下注射 0.2 mL，1 周后产生免疫力，免疫期 18 个月。

任务五　禽白血病

禽白血病是由禽白血病/肉瘤病毒群中的病毒引起禽类的多种肿瘤性疾病的统称，在自然条件下以淋巴白血病(LL)最为常见。

本病在鸡群中引起生产性能下降，尤其是产蛋量和蛋质量下降；引起感染鸡群的免疫抑制，成年鸡中产生淋巴样肿瘤。死亡率为 1%～2%，偶见高达 20%以上。

【病原】

禽白血病/肉瘤病毒群中的病毒属反转录病毒科甲型反录病毒属，淋巴白血病病毒缺乏转化基因，致瘤速度慢，需 3 个月以上。根据囊膜糖蛋白抗原差异、宿主范围及病毒中和试验，本群病毒被分为 A～J 10 个亚群。A 和 B 亚群的病毒是现场常见的外源性病毒；C 和 D 亚群致病力低，在现场很少发现；而 E 亚群病毒包括无所不在的内源性白血病病毒，致病力低；J 亚群病毒则是近年来从肉用型鸡中分离到的，为外源性病毒。此外，从一些禽类中还分离到 F、G、H 和 I 亚群病毒。有很多白血病/肉瘤病毒的实验室毒株是缺乏囊膜的缺陷病毒。

本群中的肉瘤病毒，经绒毛尿囊膜接种 11 日龄鸡胚，8 d 后可产生痘斑；经卵黄囊接种 5～8 日龄鸡胚则可产生肿瘤；接种 1 日龄雏鸡的翅蹼，经长短不等的潜伏期也可产生肿瘤。肉瘤病毒可在鸡胚成纤维细胞(CEF)上生长，产生转化细胞灶，常用于病毒的定量测定。包括淋巴白血病病毒在内的大多数禽白血病病毒可在敏感的 CEF 上复制，但不产生任何明显病变，它们的存在可用各种试验检查出来。

白血病/肉瘤病毒对脂溶性溶剂和去污剂敏感，对热的抵抗力弱。病毒材料需保存在 −60 ℃ 以下，在 −20 ℃很快失活。对 pH 5～9 稳定。

【流行病学】

鸡是本群所有病毒的自然宿主，人工接种野鸡、珍珠鸡、鸭、鸽、鹌鹑、火鸡和鹧鸪也可引起肿瘤。不同品种或品系的鸡对病毒感染和肿瘤发生的抵抗力差异很大。

外源性淋巴白血病病毒(LLV)的传播可通过垂直传播和水平传播，在水平传播中以直接接触传播为主。

通常，感染鸡只有一小部分发生淋巴白血病(LL)，但不发病的鸡可带毒并排毒。出生后最初几周感染病毒，其发病率高，随感染时间的后移，发病率迅速下降。

内源性白血病病毒通常通过公鸡和母鸡的生殖细胞遗传传递，多数不产生传染性病毒粒子，少数在胚胎或幼雏可产生传染性病毒，但大多数鸡对它有遗传抵抗力。内源性病毒无致瘤性或致瘤性很弱。

【临床症状】

淋巴白血病(LL)的潜伏期较长，自然病例可见于 14 周龄后的任何时间，但通常以性成熟时发病率最高。淋巴白血病无特征性症状，病鸡鸡冠苍白、皱缩，间或发绀。食欲不振、消瘦和衰弱。腹部常膨大，可触摸到肿大的肝脏。一旦出现临床症状，通常病程发展很快。

无明显症状的病毒感染，蛋鸡和种鸡的产蛋性能均受到严重影响。与不排毒的母鸡相比，排毒母鸡要少产蛋 20～30 枚，性成熟迟，蛋小而壳薄，受精率和孵化率降低。排毒肉鸡的生长速度也受影响。

【病理变化】

肝脏、法氏囊和脾几乎都有眼观肿瘤，肾、肺、性腺、心、骨髓和肠系膜也可受害。肿瘤大小不一，可为结节性、粟粒性或弥漫性。肿瘤主要由成淋巴细胞组成，大小略有差异，但都处于相同的原始发育状态。细胞浆含有大量 RNA，在甲基绿-派洛宁染色片中呈红色。观察细胞特征以新鲜样品的湿固定触片为最好。

【诊断要点】

根据流行病学调查和病理学诊断。诊断时首先应考虑发病鸡的年龄，通常在 16 周龄以上。其次是病程和死亡率，本病在鸡群中发病是渐进性的，始终保持低的死亡率。此外，病鸡的法氏囊几乎都有肿瘤。特征性的肿瘤细胞为 B 细胞。诊断淋巴白血病需与马立克病、网状内皮组织增生症进行鉴别诊断。

病毒分离鉴定和血清学检查在日常诊断中很少使用，但它们是建立无白血病种鸡群所不可缺少的。病毒分离最好的材料是血浆、血清和肿瘤；另外刚产下蛋的蛋清、10 日龄鸡胚和粪便中也含有病毒。

【防制】

由于本病的垂直传播特性，先天感染的免疫耐受鸡是最重要的传染源，目前也没有可用的疫苗，所以减少种鸡群的感染率和建立无白血病的种鸡群是防制本病最有效的措施。从蛋清和阴道拭子试验阴性的母鸡选择受精蛋进行孵化。在隔离条件下小批量出雏，避免人工性别鉴定。接种疫苗时每羽换一针头。测定雏鸡血液是否 LLV 阳性，淘汰阳性雏和与之接触者。在隔离条件下饲养无 LLV 的各组鸡，连续进行 4 代，建立无 LLV 替代群。上述方法由于费时长，成本高，技术复杂，一般种鸡场还不能实行。目前，通常的做法是通过检测和淘汰带毒母鸡以减少感染，在多数情况下均能奏效。每批次孵化时，对孵化器、出雏器和育雏室等进行彻底消毒。

任务六　传染性法氏囊病

传染性法氏囊病(IBD)是由传染性法氏囊病病毒引起鸡的一种急性、高度接触性传染病。传染性法氏囊病主要危害的器官是法氏囊。幼雏感染后不仅可引起死亡，还可因法氏囊受损而引起免疫抑制或免疫机能降低，致使其他的传染病（如 ND、MD）疫苗达不到预期的免疫效果，且容易感染其他的传染病，如大肠埃希菌病。本病的主要症状为腹泻、脱水、颤抖和极度虚弱。特征性病变为法氏囊前期肿大、出血，后期萎缩；肾脏肿大，积有尿酸盐；腿肌和胸肌出血，腺胃和肌胃交界处呈条带状出血。

【病原】

传染性法氏囊病病毒(IBDV)属于双链 RNA 病毒。病毒粒子直径为 55～65 nm，无囊膜，不凝集红细胞。有 2 个血清型：血清Ⅰ型，主要危害鸡，引起免疫抑制；血清Ⅱ型（火鸡源性毒株），对鸡、火鸡均可感染，不引起免疫抑制，也不致病。能在鸡胚上复制增殖，经绒毛尿囊膜接种，培养 72 h，胚胎、绒毛尿囊膜、尿囊液和羊水中病毒浓度达到高峰。多数鸡胚于接种后 3～7 d 死亡，胚胎全身水肿，头部、爪部充血和点状出血，肝脏肿大，表面有斑纹状坏死灶。病毒能适应鸡胚成纤维细胞培养，并形成空斑。

病毒在外界环境中极为稳定，能够在鸡舍内长期存活。56 ℃ 3 h 病毒效价不受影响，60 ℃ 90 min 病毒不被灭活，70 ℃ 30 min 可灭活病毒。病毒耐反复冻融，反复冻融 5 次病毒效价不下降。在 pH 2 的环境中 60 min 仍存活，pH 12 60 min 可灭活病毒。超声波裂解病毒不被破坏。对氯仿、乙醚等有机溶剂有耐受性。0.2%过氧乙酸、2%次氯酸钠、3%甲醛经 30 min 灭活病毒。

【流行病学】

1. 易感性

除鸡外，火鸡、鹌鹑、鸭、麻雀均可感染。各种品种的鸡均可感染，主要发生于 2～15 周龄的鸡，以 3～6 周龄的雏鸡发病最多，成年鸡一般呈隐性经过。

2. 传染源

病鸡和带毒鸡是传染源，病鸡是主要的传染源，其粪便中含有大量的病毒，可造成饮水、饲料、用具以及空气的污染。

3. 传播方式和感染途径

传播方式为直接接触传播和间接接触传播，通过消化道、呼吸道、眼结膜、损伤的皮肤感染；另外，也可通过种蛋和昆虫传播。

4. 流行特点

发病率达 95%以上，甚至达 100%。死亡率为 15%～20%，在雏鸡饲养密度较高时，死亡率可高达 40%～60%。不少国家报道有 IBD 超强毒毒株存在时，其死亡率可高达 70%。如有大肠埃希菌、新城疫病毒、鸡支原体等病原体混合感染或继发感染时，死亡率会显著升高。一般突然暴发，传播迅速，感染后 2～3 d 开始死亡，4～5 d 达到死亡高峰，以后急剧下降，1 周后死亡停止，呈尖峰死亡曲线。

【临床症状】

潜伏期为 2～3 d。早期症状表现为自己啄肛，随后精神委顿，羽毛松乱，畏寒，聚堆，闭眼呈昏睡状态，采食减少(图 2-14)。病鸡腹泻，排白色黏稠或水样稀粪，泄殖腔周围的羽毛被粪便所污染。后期严重脱水，衰竭而死亡，病程 5～7 d。

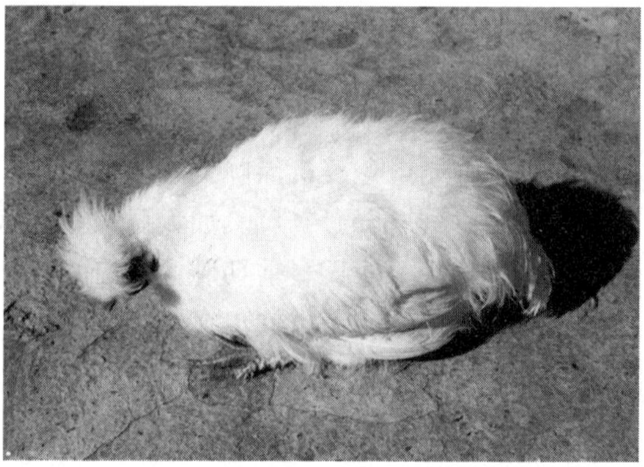

图 2-14　精神沉郁

鸡初次发病时多呈急性经过，症状典型；以后再次发病时，病情较缓和，症状不典型。近年来，发现由 IBDV 的亚型毒株或变异株感染的鸡，表现为亚临床症状，炎症反应弱，法氏囊萎缩，死亡率较低。

【病理变化】

病鸡尸体严重脱水，腿肌、胸肌常有斑点状或条纹状出血(图 2-15)。肾脏肿胀，积有尿酸盐，呈“花斑肾”。法氏囊初期肿胀，比正常肿大 2～3 倍，浆膜面及内侧黏膜皱褶面有点状或斑状或弥漫性出血，并有奶油样棕红色黏性分泌物，后期萎缩(图 2-16)。腺胃和肌胃的交界处有点状或条带状出血(图 2-17)。

图 2-15　肌肉出血

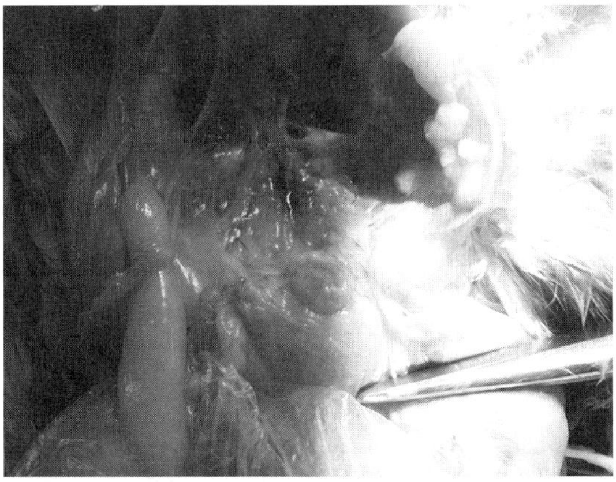

图 2-16　法氏囊肿大出血

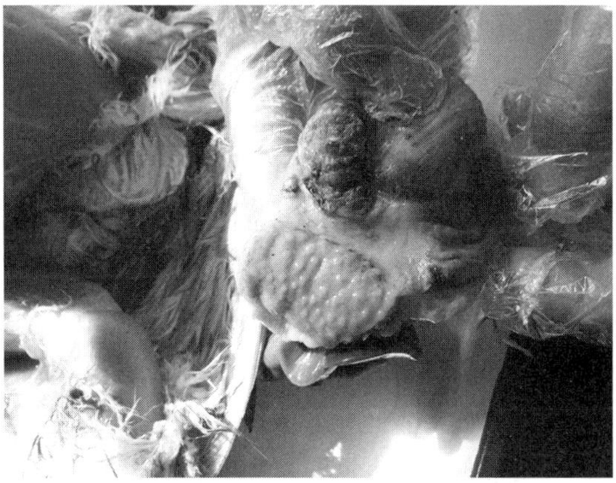

图 2-17　腺胃与肌胃交界处黏膜出血

【诊断要点】

根据流行病学、临床症状和病理变化可做出初步诊断。病毒的分离鉴定、血清学试验和易感鸡感染试验是确诊本病的主要方法。

1. 病毒分离鉴定

自然感染 IBDV 的鸡群，在发病后的 2～3 d，法氏囊中的病毒含量最高，其次是脾脏和肾脏。取典型病例的法氏囊和脾脏，经研磨后，加灭菌生理盐水做 1∶(5～10)悬液，以 3 000 r/min 离心 10 min，取上清液加入青霉素和链霉素处理 1 h，经绒毛尿囊膜接种 9～11 日龄 SPF 鸡胚，0.1 mL/只。接种后的鸡胚在 3～5 d 内死亡，可见到胚胎水肿、胚体皮肤点状出血。鉴定分离出的 IBDV，用已知阳性血清在鸡胚或鸡胚成纤维细胞培养中做中和试验；血清亚型的鉴定则需进行复杂的交叉中和试验。

2. 病毒血清学试验

取慢性病鸡或康复鸡血液，分离血清，进行琼脂扩散试验，并设阳性血清做对照。发现受检血清和抗原之间出现明显致密的沉淀线，与阳性血清和抗原之间出现的沉淀线一致，则为阳性。应用此法还可以进行流行病学调查和检测疫苗免疫后的 IBDV 抗体，但是本方法不能区分血清型差异。

3. 易感鸡感染试验

取病变典型的病死鸡的法氏囊，经磨碎制成悬液，经滴鼻或口服感染 21～25 日龄雏鸡，在感染后 48～72 h 出现症状，剖检见法氏囊有特征性的病变。

【防制】

1. 预防措施

平时的预防措施应采取综合性防制措施。

(1)加强饲养管理，减少和避免各种应激因素的刺激，以防止啄肛。

(2)重视消毒。做好鸡舍的清洁卫生工作，定期使用过氧乙酸或百毒杀等消毒剂带鸡消毒。

(3)免疫接种。目前，所用的疫苗有活苗和灭活苗，活苗又有弱毒苗和中等毒力苗。弱毒苗接种后对法氏囊无损伤，不引起免疫抑制，但产生效力慢，抗体滴度低；中等毒力苗接种后对法氏囊有轻度损伤，但产生抗体快，有较高的保护率。油乳剂灭活苗，雏鸡不宜使用，一般用于经 2 次活苗免疫的种鸡，可产生较高的母源抗体，其种蛋孵化后，其中的母源抗体可维持 3～4 周，使雏鸡在 3 周龄以内有较强的免疫力。有条件的鸡场可定期监测雏鸡（母源）抗体消长状况，制订一套符合本场的免疫程序；如无监测条件，可参考以下免疫程序。

蛋雏鸡：10～14 日龄用中等毒力苗饮水免疫，21～24 日龄重复上次免疫。

种鸡：应在上 2 次免疫的基础上于 120～140 日龄和 40 周龄各注射 1 次油乳剂灭活苗。

母源抗体较低或无母源抗体（种鸡群未接种疫苗）的鸡群，于 1～3 日龄用弱毒苗饮水首免，此后免疫同前述免疫程序。

2. 发生传染性法氏囊病时的处理措施

雏鸡群发生传染性法氏囊病时，适当提高育雏温度，这在冬季是很重要的。一般提高室温 3～5 ℃可减少死亡。饮用"口服补液盐"3～5 d，以防脱水，也可在饮水中加入 5%的糖或 0.1%的盐，并供给充足的饮水。降低饲料中蛋白质的含量，可降低 15%左右，同时提高维生素 1 倍。在饲料或饮水中加入抗菌药物，如强力霉素、庆大霉素、环丙沙星或卡那霉素等，以防止继发感染。用 0.2%～0.3%过氧乙酸或百毒杀带鸡喷雾消毒。减少和消除各种应激因素的刺激。

在发病初期，注射高免卵黄液或高免血清，疗效显著。也可用中药饮品治疗，如"解囊汤"，其方剂组成为：黄芪 300 g，黄连、生地、大青叶、白头翁、白术各 50 g，甘草 80 g，供 300～500 只鸡一次量，煎煮 2 次，取煎汁按 5%加入糖，供鸡自饮或灌服，1 次/d，服用 1～3 次即愈。一般投药早，显效快，治愈率高。

任务七　禽传染性支气管炎

禽传染性支气管炎是由传染性支气管炎病毒引起的鸡的一种急性、高度接触性传染病，简称"传支"。其特征是病鸡咳嗽、打喷嚏和气管发生啰音，雏鸡还可出现流涕，产蛋鸡产蛋量下降和蛋质量低劣。肾型传支可见白色水样下痢，肾脏肿大，有尿酸盐沉积。

禽传染性支气管炎具有高度的传染性，幼雏感染后，除引起高的死亡率外，早期感染造成输卵管永久性损害，成年后形成输卵管囊肿，失去生产性能；耐过雏鸡生长发育受阻，耗料增加。成年产蛋鸡产蛋量下降，蛋质量低劣。另外，发生本病后还易继发感染大肠埃希菌病等多种传染病，给养鸡业造成巨大的经济损失。

【病原】

禽传染性支气管炎病毒（IBV）属于冠状病毒科冠状病毒属，单股正链 RNA 病毒，多数呈球形，直径 80～120 nm，有囊膜和纤突。病毒主要存在于病鸡呼吸道渗出物中，肝、脾、肾和法氏囊中也能发现病毒。

禽传染性支气管炎病毒能在 9～11 日龄的鸡胚中增殖。用病毒初次接种鸡胚，多数鸡胚能存活，少数生长迟缓。但随着继代次数的增加，病毒对鸡胚的毒力增强，到第 10 代时，可在接种后的第 9 天引起 80%的鸡胚死亡。特征性变化是发育受阻，胚体萎缩成小丸形，羊膜增厚，紧贴胚体，卵黄囊缩小，尿囊液增多。该病毒不凝集鸡红细胞，但经 1%胰蛋白酶、卵磷脂酶 C 或家兔 A 型魏氏梭菌等处理后具有血凝特性。

禽传染性支气管炎病毒对外界环境的抵抗力较弱，在 56 ℃经 15 min 灭活，但耐低温，在 −20 ℃能保存 7 年之久。病毒对常用消毒剂敏感。

【流行病学】

禽传染性支气管炎仅发生于鸡，其他家禽不感染。各种年龄的鸡都可发病，以雏鸡最为严重，有母源抗体的雏鸡具有一定的抵抗力(约 4 周龄内)。

病鸡和带毒鸡是传染源，病鸡康复后可带毒 49 d，在 35 d 内具有传染性。本病主要经呼吸道传播感染，病鸡从呼吸道排出病毒，经飞沫或尘埃传给易感鸡。此外，也可通过污染的饲料、饮水等经消化道感染。

本病无季节性，传播迅速，几乎在同一时间内有接触史的易感鸡都发病，这是本病很重要的特征。过热、严寒、拥挤、通风不良，维生素、矿物质和其他营养物质缺乏以及疫苗接种等均可促进本病的发生。

【临床症状】

潜伏期 36 h 或更长一些。常见的病型是呼吸型和肾型。

1. 呼吸型

雏鸡无前驱症状，突然出现呼吸道症状，并迅速波及全群。6 周龄以下雏鸡表现咳嗽和呼吸困难(图 2-18)，常伸颈、张口呼吸，并发出特殊的叫声。有鼻炎症状，打喷嚏，流黏性鼻液，个别鸡鼻窦肿胀，眼分泌物增多。病鸡精神委顿，两翅下垂，羽毛松乱，昏睡，采食减少，逐渐消瘦，康复鸡发育不良。6 周龄以上鸡，仅表现气管啰音、咳嗽和呼吸困难，同时伴有精神委顿，减食或下痢症状。病程一般为 1～2 周，有的延长至 3 周。6 周龄以下雏鸡死亡率达 25%～90%，6 周龄以上鸡死亡率很低。

雏鸡如早期感染，可造成输卵管永久性损害，部分母鸡的输卵管发育受阻，成为外观正常但不产蛋的“假母鸡”。

成年产蛋鸡出现轻微的呼吸道症状，伴有产蛋量下降，产软壳蛋、畸形蛋或粗壳蛋等。蛋质量低劣，蛋白稀薄如水，蛋黄和蛋白易分离以及蛋白黏着于壳膜表面等。

2. 肾型

由肾型毒株引起，多发生于 10～50 日龄雏鸡，以 20～30 日龄多见。感染鸡呼吸道症状轻微或不出现，或在呼吸症状消失后，持续排白色或水样稀粪，饮水量增加，迅速消瘦。

3. 产蛋鸡输卵管囊肿

产蛋鸡群发病后，精神良好，采食正常，严重病例腹部膨大，腹部下垂，呈企鹅样，产蛋率上升缓慢，无产蛋高峰(图 2-19、图 2-20)。

【病理变化】

病鸡鼻腔、鼻窦、气管和支气管有浆液性、黏液性或干酪样渗出物，干酪样渗出物主要见于气管后段和支气管中，形成栓子。气囊膜可能浑浊增厚，气囊腔内含有黄色干酪样渗出物。产蛋母鸡的腹腔内可见液状的卵黄物质，卵泡充血、出血和变形。有的输卵管发育异常，呈锥形或萎缩。

肾型传支，可见病鸡肾脏肿大，呈斑驳状的“花斑肾”，肾小管和输尿管因尿酸盐沉积而扩张(图 2-21)。严重病例,尿酸盐可沉积于其他组织器官表面。

图 2-18 呼吸困难

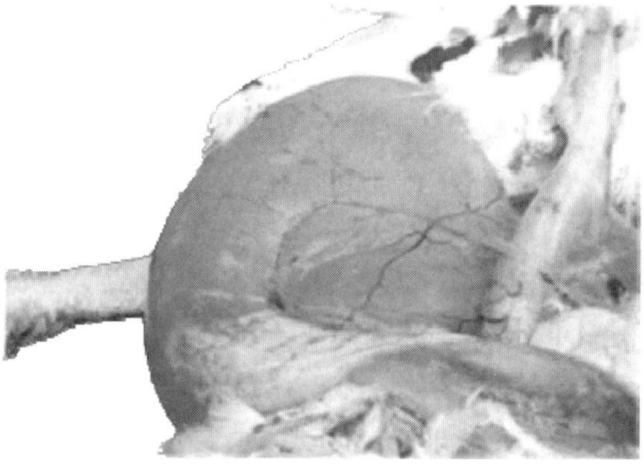

图 2-19 输卵管囊肿

图 2-20 输卵管囊肿腹部下垂

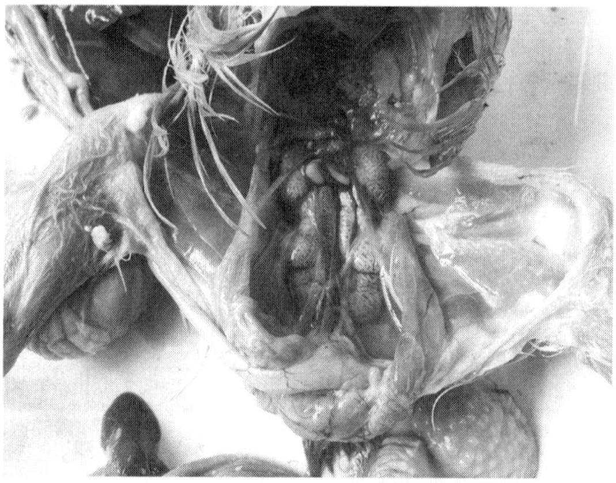

图 2-21 尿酸盐沉积

输卵管囊肿,输卵管内有积液,不同病例之间积液量差别很大,严重病例达数百毫升,积液清澈透明。

【诊断要点】

根据流行病学、临床症状和病理变化做初步诊断。确诊必须进行病毒的分离鉴定和血清学诊断等。

1. 病毒的分离鉴定

无菌采取急性期病鸡的气管渗出物和肺组织,对于肾型和产蛋下降型病鸡应取肾脏或输卵管。将病料研磨匀浆,制成悬浮液,按每毫升加青霉素和链霉素各 10 000 U,置 4 ℃冰箱过夜,以抑制细菌污染。经尿囊腔途径接种 9～11 日龄的鸡胚。初代接种的鸡胚,孵化至第 19 胚龄时少数鸡胚发育受阻,而多数鸡胚能存活,这是本病毒的特征。若将病毒在鸡胚中连续传代几次,则可使鸡胚呈现规律性死亡,并出现特征性的病变。收集尿囊液再经气管内接种易感鸡,如有本病毒存在,则被接种鸡在 18～36 h 后可出现症状,并发生气管啰音。

2. 血凝试验和血凝抑制试验

将上述试验中收获的尿囊液经 1%胰蛋白酶于 37 ℃作用 4 h,再做血凝试验和血凝抑制试验进行鉴定。用IBV特异的多克隆或单克隆抗体对感染鸡胚的绒毛尿囊膜(CAM)切片,或将尿囊液的细胞沉积物涂片做免疫荧光试验或酶联免疫吸附试验可以快速鉴定分离的病毒。剖检时取感染鸡的气管黏膜或其他组织做切片,可用免疫荧光试验或酶联免疫吸附试验直接检测IBV抗原。近年来,已建立起直接检查感染鸡组织中IBV核酸的RT-PCR方法。

3. 气管环培养

利用18～20胚龄鸡胚,取1 mm厚气管环做旋转培养,37～24 h,在倒置显微镜下可见气管环纤毛运动活泼。感染IBV 1～4 d,可见纤毛运动停止,继而上皮细胞脱落。此法可作为IBV分离和效价测定,如结合病毒中和试验则可用于血清分型。

由于IBV抗体的多型性,不同血清学方法对群特异和型特异抗原反应不同。酶联免疫吸附试验一般用于鸡群特异血清检测,而中和试验、血凝抑制试验一般可用于初期反应的特异抗体检测。病毒中和试验常用于IBV毒株的血清分型,鸡胚培养、气管环培养或细胞培养都可用于病毒的检测。也可使用禽传染性支气管炎病毒检测试纸。

【防制】

严格执行隔离、检疫等卫生防疫措施。鸡舍要注意通风换气,防止过挤,注意保温,加强饲养管理,补充维生素和矿物质饲料,增强鸡体抗病力。

免疫接种的疫苗有H120、H52及其油乳剂灭活苗。H120毒力较弱,对雏鸡安全;H52毒力较强,适用于20日龄以上鸡;油乳剂灭活苗适合于各种日龄的鸡。一般免疫程序为5～7日龄首免,用H120;25～30日龄二免,用H52;种鸡于120～140日龄用油乳剂灭活苗三免。肾型传染性支气管炎弱毒疫苗有Ma5,1日龄、15日龄各免疫1次。禽传染性支气管炎多价灭活苗,雏鸡皮下注射0.2～0.3 mL,成年鸡0.5 mL。

本病尚无特效疗法,发病鸡群要注意保暖和通风换气,鸡舍带鸡消毒,增加多维用量。为了补充钠、钾损失和消除肾脏炎症,可以给予“复方口服补液盐”和“肾肿解毒药”。使用抗生素防止继发感染。蛋鸡(种鸡)推荐免疫程序如下。

(1)1～3日龄:新城疫-传染性支气管炎(LDT3-A)二联活疫苗滴鼻、点眼或喷雾。

(2)20日龄:H120滴鼻、点眼或喷雾。

(3)30日龄:新城疫-传染性支气管炎(LDT3-A)二联活疫苗滴鼻、点眼或喷雾。

(4)120日龄左右:新支流(Re-9株)三联灭活苗肌内注射接种。

(5)产蛋期:新城疫-传染性支气管炎(LDT3-A)二联活疫苗每3个月喷雾或饮水免疫1次。

任务八　禽传染性喉气管炎

禽传染性喉气管炎(ILT)是由传染性喉气管炎病毒引起的鸡的一种急性、呼吸道传染病,主要特征为呼吸困难,咳嗽,咳出带血的渗出物,产蛋鸡产蛋量下降。喉部和气管黏膜肿胀,出血并形成糜烂,有时可见黄白色纤维素性假膜。

【病原】

传染性喉气管炎病毒(ILTV)属疱疹病毒科,疱疹病毒甲亚科,类传染性喉气管炎病毒属中的禽疱疹病毒Ⅰ型。病毒粒子有囊膜，衣壳为二十面体对称，病毒粒子近似立方形，大小为195～250 nm。

病毒大量存在于病鸡的气管组织及其渗出物中，肝、脾和血液中较少见。

病毒在鸡胚中容易培养，鸡胚感染后2～12 d死亡，胚体变小，绒毛尿囊膜增生和坏死，形成浑浊的斑块病灶。病毒易在鸡胚细胞培养物上增殖，最早(接种后4～6 h)的细胞变化为核染色质变位和核仁变圆。随后胞浆融合，成为多核巨细胞(合胞体)，并且早在接种后12 h便能检出核内包涵体。

本病毒的抵抗力很弱，55 ℃存活10～15 min，37 ℃存活24 h，3～23 ℃时能存活10 d。耐低温，经冻干后在冰箱中可存活10年。对一般消毒剂都敏感，如3%来苏尔或1%氢氧化钠溶液，1 min即可杀死。

【流行病学】

在自然条件下，主要侵害鸡，不同年龄的鸡均易感，以成年鸡的症状最具特征，但近几年来，雏鸡和育成鸡也有发生。野鸡、孔雀、幼龄火鸡也可感染。

病鸡和康复后的带毒鸡是主要的传染源，病毒存在于气管和上呼吸道分泌液中，通过咳出的带血黏液经呼吸道传播，约2%康复鸡可带毒，时间可长达2年。所以，鸡场一旦传入传染性喉气管炎，如不采取全进全出的措施，很难净化本病。易感鸡与接种活苗的鸡长时间接触，也可感染本病。污染的垫料、饲料和饮水，可成为传播媒介。

本病在易感鸡群内传播很快，感染率可达90%，死亡率为5%～70%；高产成年鸡死亡率较低，而育成鸡和雏鸡死亡率较高。

本病一年四季均可发生，秋冬寒冷季节多发。鸡群拥挤，通风不良和维生素A缺乏时，都可促进本病的发生。

【临床症状】

本病潜伏期为6～12 d。发病初期常有少数鸡突然死亡，急性病例初期鼻孔有分泌物，流泪，并伴有结膜炎的症状；其后表现为特征性的呼吸道症状，呼吸时发出湿性啰音，继而咳嗽和气喘并有喘鸣音。严重病例，呈现明显的呼吸困难，咳出带血的黏液(图2-22)，有时死于窒息。在检查口腔时，可见喉头黏膜上附有淡黄色凝固物(假膜)，不易擦去。病鸡迅速消瘦，鸡冠发紫，有时排绿色稀粪。产蛋鸡产蛋率下降。病程5～7 d或更长。

气管内带血黏液彩图

图2-22 气管内带血黏液

有些较弱的毒株引起发病时，病情缓和，表现生长迟缓，产蛋减少，流泪和结膜炎，严重病例见眶下窦肿胀。病程可达 1 个月，死亡率较低，一般不超过 2%，若有细菌继发感染则死亡率增加。

【病理变化】

本病的主要病变在气管和喉部组织。病初喉头和气管黏膜充血、肿胀，进而黏膜发生出血、变性和坏死，气管腔中含有黏液或血凝块(图 2-23)；2～3 d 后喉和气管内有黄白色纤维性干酪样假膜覆盖，可能将气管完全堵塞。严重时炎症也可扩散到支气管、肺和气囊，甚至上行至鼻腔和眶下窦。比较缓和的病例，仅见结膜和窦内上皮水肿及充血。

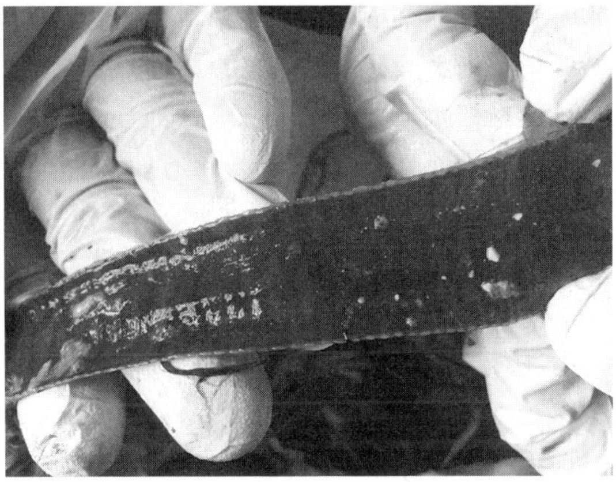

图 2-23　气管内黏膜出血

组织学变化可见喉、气管黏膜下水肿，有细胞浸润。早期(感染 24 h)在气管、喉头黏膜上皮细胞核内可见嗜酸性包涵体，出现症状 48 h 内包涵体的数量最多。

【诊断要点】

气管内黏膜出血彩图

根据流行病学、特征性症状和典型的病变即可做出诊断，在症状不典型时，须进行实验室诊断。

1. 鸡胚接种

取病死鸡的喉头、气管黏膜和分泌物，无菌处理，经尿囊膜途径接种 10～12 日龄鸡胚，接种后 4～5 d 鸡胚死亡，见绒毛尿囊膜增厚，有灰白色坏死斑。

2. 包涵体检查

取发病后 2～3 d 的喉头黏膜上皮，或者取接种病料后死胚的绒毛尿囊膜，做包涵体检查，见细胞核内有包涵体。

3. 病毒分离物中和试验

用单层细胞培养的蚀斑减数或绒毛尿囊膜坏死斑减数技术来测定。此外，荧光抗体技术和免疫琼脂扩散试验也可作为本病的诊断方法。

4. 动物接种

用病鸡的气管分泌物或气管制备组织悬液，经喉头或气管接种易感鸡，2～5 d 可出现典型的传染性喉气管炎的症状和病变。

本病与传染性支气管炎、鸡毒支原体感染、传染性鼻炎、黏膜型鸡痘等有相似之处，注意鉴别诊断。

【防制】

1. 加强饲养管理

(1)淘汰病愈鸡。由于本病大多由带毒鸡传染，故易感鸡不能与康复鸡或接种疫苗的鸡饲养在一起，这一点极其重要，最好将病愈鸡淘汰。

(2)注意通风换气。鸡舍内氨气过浓时，易诱发本病，因此平时要及时清粪，注意清洁卫生和消毒，要改善鸡舍通风。

2. 免疫接种

目前有两种疫苗可用于免疫接种：一种是弱毒疫苗，经点眼或滴鼻免疫。但 ILT 弱毒疫苗一般毒力较强，免疫鸡可出现轻重不同的反应，甚至引起成批死亡，接种途径和接种剂量应严格按照使用说明书进行。另一种是强毒苗，可涂擦泄殖腔黏膜接种，接种 4～5 d 后，黏膜出现水肿和出血性炎症，表示接种有效，但排毒的危险性很大，一般用于发病鸡场。

3. 治疗

目前，尚无有效治疗药物，发病后投服抗菌药物，对预防继发感染有一定的作用。为防止继发慢性呼吸道病，可在饮水中添加泰乐菌素或链霉素。对病鸡采取对症治疗，如内服牛黄解毒丸或喉症丸，或其他清热解毒利咽喉的中成药，可明显减缓呼吸道炎症，减少死亡。还可用镊子除去喉部和气管上端的干酪样渗出物。因该病在不同鸡群间传播缓慢，针对发病鸡群，在初期可用弱毒疫苗点眼，接种后 5～7 d 即可控制病情。

任务九　产蛋下降综合征

产蛋下降综合征(EDS-76)是由禽腺病毒Ⅲ群中的病毒引起鸡以产蛋下降为特征的一种传染病，其主要表现为鸡群产蛋率骤然下降，软壳蛋和畸形蛋增加，褐色蛋蛋壳颜色变淡。

【病原】

产蛋下降综合征病毒属于禽腺病毒Ⅲ群，无囊膜，双股 DNA。病毒粒子直径为 76～80 nm。本病毒能在鸭胚、鸭胚肾细胞和鸭胚成纤维细胞、鸡胚肝细胞和鸡胚成纤维细胞上增殖，但在鸡胚肾细胞和火鸡细胞中生长不良，在哺乳动物细胞内不能增殖。

国内外分离的病毒株有 10 余个，国际标准为荷兰 127 株。已知各地分离到的毒株同属一个血清型。产蛋下降综合征病毒能凝集鸡、鸭、火鸡、鹅、鸽的红细胞，但不能凝集家兔、绵羊、马、猪、牛的红细胞。血凝滴度在 4 ℃可保持很长时间，但在 70 ℃却被破坏。鸭胚尿囊液病毒的 HA 滴度可达 18 log 2～20 log 2，而鸡胚尿囊液病毒的 HA 滴度较低。

病毒对乙醚、氯仿不敏感，对 pH 适应谱广，0.3%甲醛 48 h 可使病毒完全灭活。

【流行病学】

本病除鸡易感外，自然宿主为鸭、鹅和野鸭。有报道，天鹅、海鸥、珍珠鸡存在有 EDS-76 抗体。不同品种的鸡其易感性有差异，产褐色蛋的母鸡最易感。主要侵害 26～32 周龄的鸡，35 周龄以上较少发病。幼龄鸡感染后不表现症状，血清中也检查不出抗体，在性成熟后开始产蛋时，由于应激反应，病毒活化而使产蛋鸡发病，血清转为阳性。

患病鸡是该病的主要传染源，不同品种的鸡易感性略有差异，产褐色蛋的鸡最易感，产白色蛋的鸡患病率较低。该病无明显的季节性，一年四季均可发生，主要侵害 26～34 周龄的产蛋鸡，幼龄鸡感染后不表现任何临床症状，血清检测也查不出相应的抗体，母鸡在性成熟后才转为血清阳性且症状明显。传播方式主要是垂直传播，被病毒感染的受精种蛋和精液均可传播。如果是水平传播，患病鸡主要通过唾液、泄殖腔等排泄物向外界排毒，被病毒污染的饲料、饮水、器具和周围环境等，均可对健康鸡只产生潜在威胁。鸡、鸭混养、共用注射针头也会传播此病，地面平养比笼养传播速度快。本病传播方式主要是垂直传播。水平传播也是很重要的方式，因为从鸡的输卵管、泄殖腔、粪便、肠内容物中都能分离到病毒，可向外排毒经水平传播给易感鸡。

【临床症状】

感染鸡无明显症状，主要表现为突然性群体产蛋下降，一般下降 20%～38%，甚至达 50%。这是因为输卵管中蛋壳分泌腺受病毒破坏，卵泡发育和排卵受影响，出现产蛋减少等现象。蛋壳表面粗糙，有色素斑点。颜色由棕红色变为粉色甚至白色，蛋壳变薄极易破损，畸形蛋、软壳蛋、无壳蛋、小型蛋等增多，蛋清液似水稀薄，蛋黄色浅。患病鸡所产的外观正常的蛋，其受精率和孵化率一般不受影响。发病后期产蛋率会有所回升，直至恢复正常，有的达不到预定产蛋水平，或开产期推迟，部分病鸡出现厌食、贫血、腹泻、羽毛蓬松、精神呆滞等症状，一般不会引起鸡的死亡。对受精率和孵化率没有影响，病程一般可持续 4～10 周。

【病理变化】

本病无明显病变，可见母鸡卵巢变小、萎缩，子宫和输卵管黏膜出血和卡他性炎症。输卵管腺体水肿，单核细胞浸润，黏膜上皮细胞变性坏死，病变细胞中可见到核内包涵体。

【诊断要点】

根据流行病学特征和症状可做出初步诊断，进一步确诊需进行实验室诊断。

1. 病原分离和鉴定

取病鸡的输卵管、泄殖腔、肠内容物和粪便，经处理后，以尿囊腔接种 10～12 日龄鸭胚(无腺病毒抗体)。首次分离时鸭胚死亡不多，随着传代次数增加，鸭胚死亡数增多。病料也可以接种于鸭胚成纤维细胞和鸡胚成纤维细胞。分离的病毒发现有血凝现象，再用已知抗 EDS-76 病毒血清，进行血凝抑制试验或中和试验进行鉴定。

2. 血清学试验

鸡感染 EDS-76 病毒后，能产生高效价抗体。HI 试验是最常用的诊断方法之一，如果鸡群 HI 效价在 1∶8以上，证明此鸡群已感染。此外还可采用中和试验、ELISA、荧光抗体和双向免疫扩散试验等方法诊断本病。

【防制】

1. 杜绝 EDS-76 病毒传入

本病主要经蛋垂直传播，应从非疫区鸡群中引种，引进后要严格隔离饲养，性成熟开始产蛋时经 HI 试验检测，HI 抗体阴性者才能留作种用。

2. 加强消毒工作

严格执行兽医卫生措施，加强鸡场和孵化厅消毒工作。可用百毒杀溶液(1∶600)或氯制剂、碘制剂消毒溶液带鸡喷雾消毒，1 次/d，连用 5～7 d，要注意交替使用消毒液。

3. 加强饲养管理

在日粮配合中，注意氨基酸和维生素的平衡。加强鸡群的饲养管理是防治该病发生的重要手段。合理地调整好饲养密度，做好环境卫生，严格执行消毒制度，及时无害化处理病死鸡和淘汰鸡。鸡舍保持适宜的温度和湿度，注意通风换气，及时排出舍内有毒有害气体。做好保暖防寒工作，保持鸡舍环境干燥清洁，避免转群、驱赶、运输、日晒、雨淋等不良因素影响，尽量减少各种应激因素的发生。供给清洁的饮水，并及时检查是否有漏水；禁止在养鸡场内同时饲养鹅、鸭，避免鸡与其他水禽接触。提高饲料质量，饲喂营养平衡、科学配制的全价饲料，饲料中要确保有充足的微量元素、矿物质和维生素，以增强鸡群对疾病的抵抗力。蛋白质和能量水平要满足产蛋鸡的产蛋需求，并提高胱氨酸、蛋氨酸和赖氨酸的比例，提高维生素 B_{12}、维生素 E 和胆碱的水平，钙、磷比例要平衡。产蛋期间避免突然更换饲料，以免产生较大的应激反应。保证饲料干燥卫生，严禁饲喂发霉变质的饲料，以防鸡只中毒和诱发消化系统疾病。

4. 免疫接种

免疫接种是预防此病发生的有效措施。养鸡场要根据本场的实际情况和当地疫病的流行特点，制订科学合理的免疫程序，有针对性地做好免疫接种工作。选择正规厂家生产的鸡减蛋综合征疫苗，目前有单价苗、二联灭活疫苗(新城疫-减蛋综合征)和三联灭活疫苗(新城疫-传染性支气管炎、减蛋综合征)可供选择使用。产蛋鸡在开产前 2～4 周进行免疫，每只鸡在腿肌或胸肌处肌内注射 0.5 mL，35 周龄时再免疫接种 1 次。2 周后母鸡便可产生免疫力，抗体可维持 12～16 周，以后开始逐渐下降，40～50 周抗体消失。由于此病病毒没有不同血清型，免疫原性较好，可使鸡获得较好的免疫保护力，能够有效控制此病的发生。

5. 发病后的处理办法

(1)注射免疫卵黄：用减蛋综合征特异性高免卵黄抗体注射液，给患病鸡每只皮下注射或肌内注射 2 mL。

(2)紧急接种疫苗：用鸡减蛋综合征灭活油乳剂疫苗或含有鸡减蛋综合征抗原的新城疫-传染性支气管炎-减蛋综合征三联苗或新城疫-减蛋综合征二联苗等灭活油乳剂疫苗免疫，免疫力至少可持续 1 年。

(3)中药治疗：黄芩 50 g、黄柏 50 g、黄连 50 g、板蓝根 50 g、大青叶 50 g、甘草 50 g、双花 50 g、白药子 30 g、黄药子 30 g，加水 5 L，煎至 2.5 L，连续煎 2 次，共获药液 5 L，加白糖 1 kg，供 100 羽蛋鸡 1 次饮服，喂前要禁水、禁食半天，1 剂/d，连喂 3～5 剂后产蛋量便可恢复正常。

(4)辅助性治疗：为防止继发感染其他疫病，可在饮水或饲料中加入大观霉素、土霉素、磺胺类药物等，也可在饮水或饲料中加入多种维生素、微量元素和黄芪多糖等，连续使用 5 d 以上，以提高机体免疫力，增强机体抗病能力，防止疫病进一步扩散。产蛋恢复期，在饲料中添加一些增蛋灵和扶正解毒散之类的中药制剂，可加速产蛋性能的恢复。

任务十 安卡拉病

安卡拉病又称心包积水-肝炎症，是在巴基斯坦发现的一种鸡病，主要危害 3～6 周龄肉鸡，而后备母鸡和蛋鸡只偶尔发生。该病早在 1985 年就已见有散发病例，1987 年 3 月在卡拉奇附近的安卡拉地区一个肉鸡场发生暴发性流行。安卡拉病由此而得名。

【病原】

本病经实验室检测证实为腺病毒感染。而对于腺病毒来说，我们最熟悉的就是包涵体肝炎，而包涵体肝炎已经在我国存在了最少30多年，病毒与包涵体肝炎同源，都是腺病毒感染，只是血清型上有所变化，据有关专家透露可能是血清四型，以往我们发现的包涵体肝炎一般其他型较多。

【流行病学】

本病主要发生于1～3周龄的肉鸡、817、麻鸡，也可见于肉种鸡和蛋鸡，其中以5～7周龄的鸡最多发。发病鸡群多于3周龄开始死亡，4～5周龄达高峰，高峰持续期4～8 d，5～6周龄死亡减少。病程8～15 d，死亡率达20%～80%，一般在30%左右。本病可垂直传播，也可水平传播。鸡感染后可成为终身带毒者，并可间歇性排毒。就本病症来说，现在主要集中发生在山东、河南、江苏等地。

【临床症状】

主要侵害的是肝脏、脾脏、肾脏。潜伏期短、发病快。其特征是无明显先兆而突然倒地，沉郁，羽毛成束，出现呼吸道症状，甩鼻、呼吸加快，部分有啰音，排黄色稀粪，有神经症状，两腿划空，数分钟内死亡。

【病理变化】

病鸡心肌柔软，心包积有淡黄色透明的渗出液（图2-24）。肝脏肿胀、充血、边缘钝圆、质地变脆，色泽变黄，并出现坏死。肾肿大、苍白或暗黄色。肺淤血水肿、外观发黑，部分有气囊炎（疑有其他感染），脾脏轻微肿大，肌肉淡白，可视黏膜变浅，肠道变化不明显。

图2-24　心包积液

心包积液视频

【诊断】

依据发病症状和病理变化即可做出初步诊断，肝脏切片中见到嗜碱性核内包涵体可诊断，确诊需做鸡胚肝细胞培养进行病毒分离。

【防控措施】

本病主要治疗方案以对症治疗为主，主治思路为：抗病毒，保肝护肾，强心利尿，控制继发感染。主要防控措施是通过安卡拉病毒抗体安抗进行预防，对本病进行有效控制和净化。本病有很强的垂直传播性，预防还应从种鸡入手，疫情紧急时可采用自家组织灭活苗进行紧急接种，能有效降低死亡率。

1. 药物防治

(1)抗病毒措施。发病初期使用植物血凝素。连续使用抗病毒药物,增强免疫力,缓解免疫抑制,抑制病毒的复制。

(2)保肝护肾。由于本病会出现肝肾肿大、色泽变黄等炎症,可以使用利水消肿、扶正固本、通利二便的药物,恢复肝肾机能,增强药物吸收利用率。

(3)强心利尿。由于本病出现较多的心包积液,使用呋塞米、牛磺酸、樟脑磺酸钠、安钠咖来强心,使用呋塞米等利尿药利尿来缓解心包积液、肝肾水肿现象,同时可另外加用 ATP、肌苷、辅酶 A 等补充能量。

(4)清除病毒。使用专业安卡拉病毒抗体安抗进行治疗。高免抗体富含的特异性免疫球蛋白(IgG)迅速中和并清除血液中特定病毒,使各组织器官内的病毒凋亡。阻碍病毒在机体细胞内的复制,协助机体排除病毒,继而从根本上使机体摆脱病毒侵害。

2. 饲养管理

(1)减少应激,防止过度惊吓导致心跳加快而浅,供氧不足,心包积液会导致心脏压塞征。

(2)避免热应激,注意通风降温,供给鸡只充足的新鲜空气,保证氧气供应。暑湿天气本病表现突出,这也是夏季容易发生本病,而且发病率高、死亡率高的一个主要原因。

(3)在发病区、发病季节,注意饲养密度不要过大,甚至可以降低密度。这样鸡群的需氧量能够充分供应,且温度容易调控。

(4)密闭式鸡舍,注意负压不要过大,以防鸡舍缺氧。必要时可适当加大进风口面积和风力。也可以使用正压通风,以保证氧气供应。

(5)霉菌及其毒素的帮凶角色,对本病提供很大的助力,会严重影响肝肾功能。疫区饲料全程添加脱霉剂,能够有效防止霉菌及其毒素对肝脏肾脏的侵害。

任务十一　鸡包涵体肝炎

鸡包涵体肝炎是由禽腺病毒引起的鸡的一种急性传染病,主要发生于肉用仔鸡,也见于青年母鸡。特征为肝脏发炎、贫血和出血综合征。

【病原】

鸡包涵体肝炎的病原是鸡腺病毒Ⅰ群,属于腺病毒科,腺病毒属,病毒粒子直径为 80～90 nm,无囊膜,呈正二十面体对称,为双股 DNA 病毒。该病毒有 12 个血清型(F1～F12),F1 型能凝集大鼠红细胞,多数不凝集绵羊红细胞。可在鸡胚肾、肝和成纤维细胞上繁殖。

BHV 对外界环境的抵抗力较强。50 ℃耐热 3 h 稳定,在干燥条件下 25 ℃可存活 7 d。对乙脱氧酸、胰蛋白酶均不敏感,但对甲醛、次氯酸钠、碘制剂较为敏感,但 0.2%甲醛 38 ℃经 48 h 可灭活。

【流行特点】

本病多发生于 4～10 周龄的鸡或 18 周龄前的蛋鸡,特别是 5～7 周龄肉鸡最易感。3 周龄以下的雏鸡和 18 周龄以上的成鸡很少发病。通常病死率为 10%左右,如果混合感染,则死亡率有可能上升。

传染来源主要是病鸡和带毒种蛋。传播方式是通过带毒种蛋垂直传播，或通过与病鸡接触水平传播，也可通过被粪便污染的饲料、饮水传播。

本病春秋季节多发，如有其他病混合感染时，病情加剧，病死率上升。

【临床症状】

本病自然感染潜伏期为 1～2 d。

小鸡或青年鸡群突然发病，出现急性死亡，一般 3～4 d 出现死亡高峰，5 d 后死亡减少或逐渐停止，1～3 周后恢复正常。一般发病率为 5%～40%，死亡率为 1%～30%。病程一般为 10～14 d。

病情稍缓的病鸡表现出精神沉郁、嗜睡，羽毛粗乱，鸡冠、肉髯、耳垂、面部皮肤、眼结膜苍白，贫血，黄疸，水样下痢，肛门周围有污垢。

【病理变化】

病鸡全身皮肤苍白、贫血，血液色淡、稀薄如水。肝肿大，质脆易破裂，表面呈点状或条索状出血，包膜下有较大面积的淤血和灶状出血，并有大小不等的黄色坏死点或坏死斑，肝脂肪变性发黄。肾肿大，呈灰白色并有出血点。骨髓呈灰白色或黄色。胸部及腿部肌肉有出血斑点。

【诊断】

根据流行病学、临床症状、病理变化特点可做出初步诊断，确诊需做实验室诊断。

1. 病毒分离及鉴定

采集病鸡的肝和脾，处理后接种 9～12 日龄的 SPF 鸡胚或者无母源抗体的鸡胚的卵黄囊或绒毛尿囊膜上，经 2～7 d，鸡胚死亡，胚体全身充血或出血，肝有黄色坏死灶，在肝细胞内可检出嗜碱性核内包涵体。

2. 血清学试验

可用琼脂扩散试验、中和试验、免疫荧光试验、酶联免疫吸附试验等方法诊断。

【防制】

1. 预防

(1)坚持自繁自养，不从有本病的地区、鸡场引进种鸡、种蛋，严防传入本病。

(2)加强饲养管理，防止密度过大，经常通风换气，提高鸡群的抵抗力。

(3)不同群的鸡分群隔离饲养，严格执行卫生防疫制度。

2. 扑灭措施

一旦发生本病，将患本病的鸡全部淘汰，鸡舍用 0.1%～0.3%次氯酸钠、次氯酸钾喷雾，或甲醛熏蒸，彻底消毒。粪便加 0.5%生石灰堆积发酵。饮水用漂白粉消毒。

任务十二　禽偏肺病毒病

禽偏肺病毒病是由禽偏肺病毒(aMPV)感染火鸡、鸡、鸭以及一些野生禽类的一种上呼吸道疾病，对火鸡影响较大，可引起产蛋量下降和肿头综合征(SHS)，特别是危害开产前的肉种鸡，可引起免疫抑制。该病在世界范围内广泛流行，并呈地方性流行，给养禽业造成严重经济损失。

【病原】

禽偏肺病毒早期被称为禽肺病毒，属副黏病毒科，肺病毒亚科，偏肺病毒属，病毒粒子呈椭圆形、圆形等多种形状，直径大小为 80～200 nm，有囊膜。aMPV 核酸为不分节段、单股负链 RNA，基因组长度约为 14 kb，共编码 8 种结构蛋白。病毒表面有纤突，不能凝集红细胞。根据抗原性和基因特异性，aMPV 分为 A、B、C 及 D 4 种血清型，其中 A、B 在世界范围广泛流行，C、D 在局部地区流行，我国主要流行 A、B、C 3 种血清型。

aMPV 对乙醚敏感，不耐热，56 ℃经 30 min 可灭活，pH 3～9 时病毒可保持稳定，当存在有机物时，病毒外界抵抗力强，20 ℃条件下在家禽垫料中病毒可存活 4 周，37 ℃条件下存活长达 2 周。常用的消毒剂有过氧乙酸、2%的氢氧化钠溶液、戊二醛及 2%的甲醛溶液，可有效杀灭病毒。

【流行特点】

火鸡和鸡是 aMPV 的自然宿主，而且各种日龄都易感染。近年来，研究发现 aMPV 存在于雉、鸭、珍珠鸡、鸵鸟、海鸥、麻雀和其他野生迁徙鸟，它们是病毒的携带和传播者。

病禽及康复禽是主要传染源。但其传播途径尚未明确，既可通过间接接触不同媒介而发生水平传播，又能在禽与禽之间的直接接触传播；能够通过空气传播，如转群、运输、饲料等过程中感染，同时也不排除垂直传播的可能性。此外，应激因素，如通风不良、饲养密度过大、尘埃、氨气多等，均可提高家禽对 aMPV 的易感性。

该病冬春季节易感，高寒地区发病率较高，种鸡免疫过肺病毒鸡群、商品鸡感染率明显降低或零星一过性感染，养殖场从一栋舍开始出现症状后，在 1 周左右感染全场。

【临床症状】

临床症状与饲养管理条件和是否有并发症等因素有关，表现出很大的差异性。

1. 肿头综合征

肿头综合征常表现：咳嗽、打喷嚏，流鼻液，泡沫性结膜炎，眶下窦肿胀和下颌水肿，面部肿胀、头斜颈、角弓反张和脑定向性失调。若病毒感染的鸡同时伴有大肠埃希菌、鸡贫血病毒、禽支原体、禽传染性支气管炎病毒、新城疫病毒和禽传染性喉气管炎病毒等继发感染时，会加重病情，延长病程，增加发病率。

2. 产蛋量下降

禽偏肺病毒感染蛋鸡后，会导致产蛋量下降，有时可能下降 70%，蛋质量下降，软壳蛋和薄壳蛋增多。若还有上呼吸道疾病时，就会引起母鸡子宫脱落，这种现象可长达 3 周左右。在仅有 aMPV 感染时，鸡的恢复速度很快，大约在 14 d 后这些鸡就会恢复正常，若继发其他细菌或病毒后发病率高达 100%，成年鸡的死亡率是 0.5%，小鸡的死亡率高达 80%，但管理因素的差异也会导致不同的临床症状，如饲养密度太大、通风不良、环境潮湿和卫生管理较差等。

【病理变化】

剖检病变并非其特有，先出现鼻甲骨黏膜淤血，后发展到广泛的红色至紫色变化。组织学变化表现上皮扁平，纤毛逐渐消失，上皮下和泪腺充血，淋巴组织增生，泪腺浆细胞增多。病鸡肿头是由眼眶周围皮下水肿并扩张所致。严重的病例出现肉髯发绀与肿胀。头皮下组织黄色水肿至化脓，眼睑由于水肿和结膜炎而关闭。症状明显处集中在气管黏膜严重出血俗称红气管（与传喉类似）及肺脏严重出血（肺），肉鸡感染病变表现为气囊炎、心包炎、肺炎和肝周炎等，有 AIH9 混合感染时会出现支气管堵塞现象。

【诊断】

1. 病毒分离及鉴定

采用多种方法进行分离，可以提高病毒的分离成功率。

（1）鸡胚培养。最初的南非株和 C 亚型 aMPV 就是采用该方式获取的。6～8 日龄 SPF 鸡胚卵黄囊接种培养。接种后需每天对鸡胚进行仔细观察，当培养至第 8 天时，收集卵黄囊液以及尿囊液，随后连续进行接种传代。经过 2～3 次的传代培养后，便会发现胚胎发育受阻、表面出血等现象，严重时甚至发生死亡。

（2）气管环培养。一些早期分离的 A 亚型和 B 亚型 aMPV 是通过这种方法得到的。即将出壳 SPF 鸡胚气管环培养，通过观察纤毛运动判断。

（3）细胞培养。aMPV 可在多种原代和传代细胞内增殖，最常用的是鸡胚成纤维细胞或鸡胚肝细胞。该方法在 aMPV 早期分离中往往成功率较低，通常需要盲传多代才能发生病变。

2. 血清学检测

血清学检测方法包括酶联免疫吸附试验、中和试验、免疫荧光试验、乳胶凝集试验。其中，最常用的是酶联免疫吸附试验，其操作简单，可以进行大批量检测，但针对不同亚型抗原的敏感性和特异性低。

近年来，随着技术的发展，aMPV 分子生物学检测方法的研究也取得了重大突破。常用的分子生物学方法包括 RT-PCR 技术、荧光定量 RT-PCR 技术和核酸探针技术等。

【防制】

（1）加强饲养管理，做好卫生消毒工作。控制饲养环境的通风及温度范围，调整饲养密度，注意饲养环境的卫生情况，同时避免不同日龄禽类的混养。野禽可能是病毒的携带者，所以应阻止野禽进入禽场；对接触家禽的人员、器械和饲养用具应进行定期消毒。

（2）做好疫苗接种。目前，市场上已有针对性的弱毒疫苗和灭活苗，活疫苗一般通过喷雾、饮水、点眼接种，油苗可以作为加强免疫。火鸡，特别是雄性火鸡，至少接种 2 次活疫苗；种禽通常在 16～20 周龄时再次接种灭活疫苗。

（3）单纯的 aMPV 感染，尚无有效治疗药物，只能通过严格控制饲养管理，加强空气流通以及适当使用抗生素，减少细菌继发感染，降低患病率及死亡率。选择抗生素时，主要依靠继发感染的病原和临诊经验进行选择，针对不同情况选择合适的抗生素，如用头孢类、磺胺类、喹诺酮类，来防治大肠埃希菌、波氏杆菌、绿脓杆菌等病菌的继发感染，并且关注耐药性的检测。

任务十三　鸭呼肠孤病毒感染

鸭呼肠孤病毒感染是危害养鸭业的重要传染病之一，是由禽呼肠孤病毒引起的一种传染病。该病可引起番鸭、半番鸭的肝脏、脾脏等器官表面有大量白色坏死点，又称“鸭白点病”。樱桃谷鸭引起的脾脏坏死称为“鸭脾坏死症”。发病率、病死率均较高。

【病原】

禽呼肠孤病毒(ARV)属于呼肠孤病毒科、正呼肠孤病毒属。为二十面体、球形、无囊膜、双层衣壳，基因组为双股 RNA。在感染的细胞内，病毒呈晶格状排列，且在胞浆中增殖。该病毒对热有一定的抵抗能力，能耐受 60 ℃达 8～10 h。对乙醚不敏感，对 H_2O_2、2%来苏尔、3%甲醛等均有抵抗力。用 70%乙醇和 0.5%有机碘可以灭活病毒。

【流行病学】

禽呼肠孤病毒可感染多个品种的家禽。雏番鸭、半番鸭最易感，主要发生于 7～45 日龄，5～10 日龄居多，发病率 60%～90%，死亡率 50%～80%，发病日龄越小发病率和死亡率越高；樱桃谷鸭主要在 10～30 日龄发病，若无继发感染，死亡率较低。雏鹅主要发生于 1～10 周龄，其中 2～4 周龄发病死亡率最高，发病率 10%～70%，死亡率 2%～60%，以雏鹅瘫痪不能行动为主要特征；雏鸡主要发生于 1～50 日龄，发病率可达 100%，死亡率一般低于 2%，部分转为慢性，由于感染机体的免疫功能降低，继发感染增加。

发病或带毒的家禽是主要的传染源，通过其病死尸、分泌物(特别是排泄物)等污染的饲料、饮水、垫料、空气和用具等，经消化道、呼吸道感染，也可垂直传播。

该病发生无明显季节性，一年四季均可发生，但多见于炎热、潮湿的季节，而寒冷的冬春季节较少发生。鸭舍潮湿、闷热、卫生条件差、饲养密度高等情况下易促发本病。

【临床症状】

病禽表现为精神沉郁、拥挤成群，不喜活动；全身乏力，软脚多蹲伏，食欲和饮欲减退；腹泻，排白色或绿色稀便。死前以头部触地，部分禽头向后扭转，死亡禽喙呈紫黑色(发绀)。

【病理变化】

本病的特征性病变主要出现在肝脏、脾脏及肾脏。肝脏肿大呈淡褐红色，质脆，表面有出血点或出血斑，表面和实质密布大量肉眼可见的大小不等(由针尖大到米粒大)的灰白色或灰黄色坏死点，甚至连成花斑样病灶，边缘不整齐，无光泽。脾脏肿大呈暗红或黑紫色，质硬，表面和切面实质有多量大小不等的白色或黄白色坏死点或坏死灶。肾脏肿大，色泽变淡并出血，表面有黄白色条斑、出血斑或针尖大小的白色坏死点。不同家禽或同种家禽不同品种病变主要部位有所区别：雏番鸭呼肠孤病毒病又称为雏番鸭花肝病，主要病变部位在肝脏；樱桃谷肉鸭感染后引起脾脏坏死，又称为脾坏死症；雏鹅感染后可引起出血性、坏死性肝炎；鸡感染后引起腱鞘炎、肝炎(1～7 日龄)、病毒性关节炎、心肌炎、吸收不良综合征(4～7 周龄)等。

【诊断】

采集病料处理后，接种于鸡胚、鸭胚和鹅胚，均可致死，尿囊膜接种部位有痘样坏死灶，尿囊液清澈；死亡胚全身点状出血；胚肝和脾表面有大小不一的淡黄色或灰白色坏死灶，心内膜及心冠脂肪出血，胰脏、肾脏出血。

目前已有针对呼肠孤病毒的常规 RT-PCR、荧光定量 RT-PCR、LAMP 等多种直接检测方法和针对机体感染病毒后产生的特异性抗体的中和试验、ELISA、荧光抗体检测等多种间接检测方法，用于该病毒的鉴定或快速诊断。

【防制】

1. 加强饲养管理

由于粪便污染和潮湿是本病的主要诱因，做好日常禽舍卫生及消毒工作，保持场地干爽，及时补充维生素和盐，能有效预防该病。

2. 疫苗接种

对本病高发区的家禽，可在1～7日龄接种弱毒疫苗，保护率可达90%以上，但因与马立克病毒疫苗有免疫干扰，应注意与马立克病毒疫苗免疫期进行间隔；对种禽接种灭活疫苗，可防止由ARV导致的产蛋下降，还可通过母源抗体保护1日龄雏禽，对垂直传播也有较好限制作用；各种基因工程疫苗（如亚单位疫苗、核酸疫苗和活载体疫苗）还处于研发试验阶段，拥有一定优势，但也存在缺陷和不足；在易感日龄段使用高免卵黄进行预防，也能有效控制本病的流行。

3. 发病后的处理办法

暴发本病时，对发病禽进行隔离饲养，实施严格的消毒制度。发病禽群应及早使用高免卵黄进行治疗，同时配合使用抗菌药物和黄芪多糖控制继发感染；抗病毒药和清热解毒类中草药可以降低病禽的死亡率。

任务十四　鸡传染性贫血

鸡传染性贫血（CIA）又称出血性综合征、贫血性皮炎综合征、出血性再生不良性贫血综合征、蓝翅病等，是由鸡传染性贫血病毒（CIAV）引起的一种以侵害雏鸡为主的免疫抑制性和蛋传性传染病，其主要特征是再生障碍性贫血和全身淋巴组织萎缩。

CIAV感染鸡群可引起免疫机能障碍，造成免疫抑制，使鸡群对其他病原的易感性增高和某些疫苗的免疫应答能力下降，从而发生继发感染和疫苗的免疫失败，造成重大经济损失。

本病1979年由Yuasa等在日本首次报道；1992年我国李孝欣、崔现兰首次分离到CIAV。

【病原】

鸡传染性贫血病毒属于圆环病毒科、圆环病毒属，为球形或六角形颗粒状，无囊膜，大小为20～26.5 nm。其基因组为单股、圆环状、共价连结的DNA。可在鸡胚中繁殖，但不致死鸡胚。也能在部分淋巴瘤细胞系培养物中增殖。所有分离株为一个血清型（血清交叉中和实验），但致病性和细胞系的感染性存在差异。

本病毒对氯仿和乙醚有一定的抵抗力，耐酸，在pH 3.0作用3 h仍稳定，耐热，80 ℃作用30 min仅部分失活，对90%的丙酮处理24 h也有抵抗力。对甲醛敏感。

【流行特点】

自然情况下，鸡是鸡传染性贫血病毒的唯一自然宿主。各种年龄的鸡均可感染，几乎所有的鸡群都会受到感染，但多呈隐性感染。其中14周龄以内的雏鸡易感，1～7日龄的雏鸡最易感，死亡率10%～50%，雄雏可能比雌雏易感性更高。

发病鸡是主要传染源，可通过污染的饮水、饮料、工具和设备等发生水平传播。而主要是经种蛋垂直传播。CIA 的水平传播虽可发生，但只产生抗体反应，而不引起临床症状。此外，CIA 的发病率取决于鸡的日龄和病毒毒株的毒力。

隐性感染的鸡与其他疾病(如 MDV、IBDV 及 REV)混合感染时，其致病性增强，并突破龄期及母源抗体的保护，引起疾病的暴发和造成重大的经济损失。在有些情况下，被 CIAV 污染的疫苗也能造成本病的传播。

本病呈全球性流行，我国也有本病的发生，感染较为普遍，且有愈演愈烈之势。

【临床症状】

感染鸡是否表现临床症状及严重程度，与鸡的年龄、鸡传染性贫血株毒力及是否伴发或继发其他疾病有关。本病的临床特征是贫血和免疫抑制。

鸡感染后 14 d 开始发病，继而死亡。大多生长迟缓，成为僵鸡。若继发细菌、真菌或病毒感染，可加重病情，阻碍康复，死亡增多。感染后 20～16 d 贫血最严重，血细胞压积降到 20% 以下。

病鸡表现出厌食、精神沉郁、衰弱、消瘦、体重减轻，喙、肉髯和可视黏膜苍白，皮下和肌肉出血，翅尖出血也极为常见。血液稀薄，血凝时间延长，红细胞和白细胞数量显著减少，可分别下降到 10^9 个/L 和 5×10^6 个/L 以下。

鸡感染 CIAV 后由于引起免疫抑制，常继发产气荚膜梭菌和金黄色葡萄球菌感染，引起肌肉和皮下组织的坏疽性皮炎；也可使鸡群对大肠埃希菌、包涵体肝炎腺病毒、传染性法氏囊病病毒、马立克病病毒和呼肠孤病毒等的易感性增高。

【病理变化】

单纯的鸡传染性贫血特征性的剖检病变是骨髓萎缩。大腿骨的骨髓呈脂肪色、淡黄色或粉红色；胸腺萎缩、充血，严重时可导致完全退化，随病鸡日龄的增加，胸腺萎缩比骨髓的病变更容易观察到，法氏囊萎缩不明显，常呈一过性，有时体积变小，而大多数病鸡法氏囊的外观呈半透明状态。病情严重者，可见肝、肾肿大，变黄质脆。有时可见腺胃黏膜出血、皮下与肌肉出血。

【诊断】

根据流行病学、临床症状和病理变化可以做出初步诊断，确诊需要实验室诊断。

(1)病毒的分离及鉴定。采集病料肝、脾、骨髓等，组织匀浆后 70 ℃加热 5 min 或用氯仿处理，之后进行分离培养。

①接种细胞：T 细胞系 MDCC-MSB1 作为首选，进行分离培养。

②接种雏鸡：1 日龄 SPF 雏鸡是分离 CIAV 的特异方法，接种 2～3 周后，血容降低，再用 PCR 和免疫组化进一步诊断。

③接种鸡胚：5～10 日龄鸡胚接种绒毛膜或卵黄囊，鸡胚无病变，孵出小鸡发生贫血和死亡。

(2)DNA 杂交技术和 PCR 检测 CIAV，是目前最敏感的方法。

(3)血清学诊断。可用中和试验、ELISA、免疫荧光、免疫组化等血清学试验检测鸡血清或卵黄中的抗体以及鉴别磺胺类药物和真菌毒素中毒等病。

【防制】

本病目前尚无特异的治疗方法，只能依靠综合防制。对发病鸡群，可用广谱抗生素控制与CIA相关的细菌性继发感染。加强和重视鸡群的日常饲养管理和兽医卫生措施，防止由环境因素及其他传染病导致的免疫抑制，及时接种鸡传染性法氏囊病疫苗和马立克病疫苗。由鸡胚生产的有毒力的活疫苗，可通过饮水免疫途径对13～15周龄种鸡进行接种，可有效地防止其子代发病。

引进种鸡时，应加强检疫和监测，防止从外引入带毒鸡而将本病传给健康鸡群。在SPF鸡场应及时进行检疫，剔出和淘汰阳性感染鸡。

任务十五　禽坦布苏病毒感染

禽坦布苏病毒感染是由坦布苏病毒引起的一种家禽传染病，主要表现为采食下降、蛋禽产蛋下降，肉禽出现神经症状。最早于2000年被报道感染肉鸡发病，2010年，我国江苏、浙江、福建、安徽、山东、河南、河北等多省蛋鸭大面积暴发感染坦布苏病毒感染，该病传播迅速、蔓延范围广，给我国养鸭业带来巨大损失。

【病原】

禽坦布苏病毒(avian tembusu virus，ATMUV)，属于黄病毒科、黄病毒属、蚊媒病毒类、恩塔亚病毒群成员，呈典型的黄病毒属形态特性，其外形为球形，病毒粒子直径大小为40～60 nm，有囊膜，基因组为单股正链RNA。不能凝集鸡、鸭、鹅和鸽的红细胞，这与常规黄病毒的血凝特性有区别。可以在鸡胚、鸭胚、鸭胚成纤维细胞以及部分传代细胞中增殖并产生典型细胞病变，但不能在鸡胚成纤维细胞(CEF)上增殖。经尿囊腔接种后，鸭胚3～5 d后死亡，表现为绒毛尿囊膜增厚、水肿、胚体水肿、出血，胚肝脏肿大，斑驳状坏死。

ATMUV对氯仿和去氧胆酸钠敏感，对酸敏感，在pH为1.0～5.0时不稳定，最适pH为7～8，pH越低，病毒滴度下降越明显，pH 11以上可灭活病毒；不耐热，于56 ℃加热15 min即可灭活，于37 ℃放置24 h后病毒滴度明显下降；$MgCl_2$对该病毒不起保护作用。

【流行特点】

坦布苏病毒的自然宿主众多，可以感染鸭、鹅、鸡、野鸭、麻雀、蚊子以及鸽子等。患病禽和带毒禽是主要的传染源，可以通过蚊子、野鸟进行水平传播；通过种蛋、种禽垂直传播以及健康禽接触病禽及污染物的接触感染传播。

ATMUVD在夏季、冬季均可发生。该病毒传播期间受气温的影响与黄病毒属其他病毒并不一致，尤其是广东地区在冬季依然能大面积流行，这或许与该病特有的传播方式有关。

【症状】

病程常呈急性经过，产蛋鸭10～14 d，雏鸭7～10 d。主要临床症状是神经功能障碍和蛋禽的产蛋量严重下降。

蛋鸭/种鸭：雏鸭、育成鸭出现翻个、瘫痪等为主的神经症状，死亡率较高；产蛋鸭产蛋率急剧下降，可以在4～5 d内从90%减少到10%以下，死亡率较低(多数为5%左右)；其他表现如高烧和采食量下降等。

肉鸭：15～25 日龄多发，30 日龄以后依然有发病，发病越早，死亡率越高。病鸭以神经症状为主，表现为头颈震颤、站立不稳、翻个、双腿挣扎呈游泳状，采食、饮水减少，最后常因饮水、采食困难，衰竭致死，或因翻个等踩踏致死。

种鹅：感染潜伏期一般为 3～5 d，主要表现为采食量下降，体温升高，产蛋率急剧下降 60%～80%，后期神经症状明显，表现为共济失调，头颈抽搐，翅膀麻痹，步态不稳甚至瘫痪，死淘率为 5%～10%，种鹅耐过后产蛋性能一般无法恢复到正常水平。

种鸡/蛋鸡：各日龄鸡均可感染，产蛋鸡感染后活动减少，精神沉郁；采食量不变或降低、采食时间延长；拉稀，粪便呈白色或绿色；蛋壳颜色变白、变薄，软壳蛋、畸形蛋比例上升；感染后 15～20 d 产蛋率下降 20%～30%不等，恢复期较长且较难恢复到原来水平。

【病理变化】

产蛋下降病例主要病变可见卵巢发育不良，卵泡变性、变形、坏死或液化，卵泡膜充血、出血。神经症状病例脑部毛细血管充血，脑水肿，脑膜散在大小不一的出血点；有的病例心包积液，心内膜出血；肝脏肿大或出血，呈土黄色；脾脏肿大出血；胰腺液化有坏死点；肺水肿出血；肾脏肿大出血等。

【诊断】

根据发病特点、临床症状和病理变化可做出初步诊断。确诊主要依赖病毒分离、血清学检测和分子生物学检测。病鸭的卵泡膜、脑膜、脾脏、肝脏等病变组织适宜分离病毒，卵泡膜中最易分离和检测到病毒。血清学检测方法有 ELISA 技术、琼扩试验、补体结合试验和病毒中和试验等。

【防制】

1. 预防

(1)加强管理，给予禽群全价的营养和饲料，提高禽群日常保健意识，加强卫生、垫料的消毒和管理工作。及时清理鸭舍内的粪便，消灭鸭场中的蚊蝇。饲养密度适宜，保持良好的通风换气。

(2)做好免疫接种工作，提高机体特异性抵抗力。采用鸭坦布苏病毒活疫苗，肌内注射，每只鸭 0.5 mL。雏鸭 5～7 日龄首免，2 周后加强免疫 1 次；产蛋鸭在开产前 1～2 周免疫 1 次。

2. 治疗

目前，尚无一种药品能够对禽坦布苏病毒感染起到很好的治疗效果。一些中草药制剂可以对该病起到一定程度的防控作用。根据发病的情况，组方以轻泻肝火、健脾为主。发病禽群可适当添加多种维生素、清瘟败毒散、黄芪多糖、双黄连等对症治疗，提高禽群抵抗力。

任务十六 小鹅瘟

小鹅瘟是由鹅细小病毒引起雏鹅的一种急性、败血性、高度致死性传染病。其特征是急性下痢，渗出性肠炎。本病主要侵害 4～20 日龄雏鹅，传染快而病死率高。在自然条件下，成年鹅感染无临床症状，但可经卵将病毒传至下一代。

本病于 1956 年发现于我国扬州地区，国内大多数养鹅省区均有发生。1965 年以来欧洲很多国家报道有本病存在，在国际上又称为 Derzsey 氏病或鹅细小病毒感染。

【病原】

小鹅瘟病毒(GPV)，又称鹅细小病毒，属细小病毒科，细小病毒属单股 DNA 病毒，完整病毒粒子无囊膜，呈六角形，直径 20～22 nm，与鸡和哺乳动物细小病毒都没有抗原关系。目前，分离到的毒株抗原性基本相同，只有一个血清型，无血凝活性。

小鹅瘟病毒在感染细胞的核内复制，病雏的内脏组织、肠、脑及血液都含有病毒。初次分离可用鹅胚或番鸭胚，也可用其原代细胞培养。初次分离时病毒虽可在鹅胚成纤维细胞(GEF)上增殖，但不引起细胞病理变化。在 GEF 上适应的病毒，能在单层上形成分散的颗粒性细胞病理变化和发生细胞脱落，并见细胞融合成合胞体。用盖玻片培养，染色镜检，可见核内有嗜酸性包涵体。

本病毒对环境的抵抗力较强，65 ℃维持 30 min 对其滴度无影响，能抵抗 56 ℃ 3 h，在 −20 ℃ 时至少存活 2 年。对乙醚等有机溶剂不敏感，对胰酶和 pH 3 稳定。

【流行病学】

本病主要侵害 3～20 日龄的雏鹅与雏番鸭。其易感性随年龄的增长而减弱。1 周龄以内的雏鹅死亡率可达 100%，10 日龄以上的死亡率一般不超过 60%，20 日龄以上的发病率低，而 1 月龄以上的则极少发病。

病雏及带毒成年禽是主要传染源，从粪便中排出大量病毒，污染的圈舍、饲料、饮水、用具等，导致直接或间接传播。孵育舍环境及用具的严重污染，可使孵出的雏鹅大批发病。病毒也可垂直传播感染雏鹅群，大龄鹅为亚临床或潜伏感染，成为带毒者并通过卵将病毒传给雏鹅。

在每年全部更新种鹅的地区，本病的暴发与流行具有明显的周期性，在大流行后的一两年内不发生再次流行。有些地区并不每年更新全部种鹅，在部分淘汰之后，新补充部分种鹅。这些地区本病的流行不表现明显的周期性，每年均有发病，但死亡率较低，为 20%～50%。

【临床症状】

本病潜伏期与雏鹅感染日龄有关，出壳即感染，潜伏期为 2～3 d；1 周龄感染，潜伏期为 4～7 d，2～3 周龄感染，潜伏期为 5～10 d。根据病程长短分为最急性、急性和亚急性等病型。病程的长短视雏鹅日龄大小而定。

1. 最急性型

多见于 1 周龄以内的雏番鸭和雏鹅。发病突然，死亡和传播迅速，发病率 100%，病死率高达 95%以上。往往无前期临床症状，一发现即极度衰弱，或倒地划动，不久死亡。死亡雏鹅喙端、爪尖发绀。

2. 急性型

多发生于 2 周龄以内的雏番鸭和雏鹅。表现精神委顿，缩头闭目，行走困难，常离群独处；食欲减退，进而废绝，渴欲增加。严重腹泻排灰白或淡黄绿色稀粪，并混有气泡。呼吸困难，鼻端流出浆性分泌物。喙端色泽变暗，嗉囊内有多量气体和液体。临死前出现两腿麻痹或抽搐，病程 1～2 d。

3. 亚急性型

15 日龄以上雏鹅，病程稍长，一部分转为亚急性，以精神委顿、消瘦和腹泻为主要症状，少数幸存者在一段时间内大多发育不良。病死率一般在50%以下。

【病理变化】

1. 最急性型

除肠道有急性卡他性炎症外，其他器官的病理变化一般不明显。

2. 急性型

急性病例表现全身性败血变化。全身脱水，皮下组织显著充血。心脏有明显的急性心力衰竭变化，心脏变圆，心房扩张，心室松弛，心肌灰暗无光泽，颜色苍白。肝脏肿大。特征性变化是空肠和回肠的急性卡他性纤维素性坏死性肠炎变化，肠黏膜坏死脱落，与凝固的纤维素性渗出物形成栓子或包裹在肠内容物表面，堵塞肠腔。剖检时可见靠近回盲部的肠段，外观极度膨大，质地坚实，长2～5 cm，如香肠状，肠管被淡灰色或淡黄色的栓子塞满。

【诊断】

(1)根据本病仅引起雏鹅、雏番鸭发病的流行特点，结合严重腹泻与神经症状的出现以及小肠出现特征性的急性卡他性-纤维素性坏死性肠炎的病变做出初步诊断。

(2)实验室诊断。①病毒的分离与鉴定。以无菌操作法采取急性期病死雏鹅的肝、脾、肾等实质器官或血液作为分离材料。接种12～15日龄鹅胚或其原代细胞培养。尿囊腔接种含毒材料，可在5～7 d内致死鹅胚，主要变化为胚体皮肤充血、出血及水肿，心肌变性呈瓷白色，肝脏变性或有坏死灶。细胞培养在接种后3～5d出现细胞病理学变化，用HE染色可见核内包涵体和合胞体形成。死亡鹅胚或细胞培养获得的小鹅瘟病毒可用免疫荧光法进一步证实。②血清学诊断。检查血清中特异抗体的方法有病毒中和试验、琼脂扩散试验和ELISA试验等。③分子生物学诊断。常用的有核酸探针技术和PCR技术。

【防制】

加强卫生防疫制度，严禁从疫区购进种蛋、种苗及种鹅，对入孵的蛋用甲醛熏蒸消毒，孵化设备、孵化室定期消毒；新购进的种鹅，应隔离饲养20 d以上，确认无该病，方可混群饲养。做好疫苗免疫接种。目前弱毒疫苗可用于种鹅免疫，使整个产蛋期所产种蛋孵出的雏鹅获得坚强免疫力。

病鹅群早期用高免血清或高免卵黄于皮下或肌内注射，同时投服广谱抗菌药物防止细菌继发感染，有较好的疗效。

任务十七 鸭 瘟

鸭瘟是由鸭瘟病毒引起的鸭、鹅的一种急性、热性、败血性传染病，本病传播迅速，发病率和病死率都很高，严重威胁水禽养殖业的发展。

早在1923年荷兰已有鸭瘟流行，此后发生于印度、比利时、意大利、英国、法国、德国和加拿大，1967年在美国东海岸流行，称为鸭病毒性肠炎，我国于1957年首次报道该病。

【病原】

鸭瘟病毒(DPV)又称鸭疱疹病毒Ⅰ型,属疱疹病毒科,双股DNA。病毒粒子呈球形,直径为120～180 nm,有囊膜。

鸭瘟病毒能在9～12日龄鸭胚中生长繁殖和继代,随着继代次数的增加,鸭胚于4～6 d死亡,比较有规律性。致死的胚体皮肤出血、水肿,肝脏有坏死灶及出血。病毒也能适应于鹅胚,但不能直接适应于鸡胚,必须在鸭胚和鹅胚传代几次后,才能适应于鸡胚。

病毒存在于病鸭的各器官、血液、分泌物和排泄物中,以肝、脑、食道和泄殖腔含毒量最高。病毒毒株间的毒力有差异,但各毒株的抗原性是一致的。

鸭瘟病毒对外界的抵抗力不强,加热80 ℃经5 min即可死亡,在4～20 ℃污染的禽舍内存活5 d。对低温抵抗力较强,在－7～－5 ℃经3个月毒力不减弱,在－20～－10 ℃经1年对鸭仍有致病力。病毒对乙醚和氯仿敏感。在pH 3和pH 11时,病毒能迅速被灭活。常用消毒剂对鸭瘟病毒均具有良好的杀灭作用。

【流行特点】

1. 易感性

不同年龄和品种的鸭均可感染,以番鸭、麻鸭和福绵鸭易感性最高,北京鸭次之。在自然流行中,成年鸭和产蛋母鸭发病和死亡较为严重,1个月以下的雏鸭发病较少。鹅和病鸭密切接触时也能感染发病,在有些地区可引起流行。

2. 传染源

鸭瘟的传染源主要是病鸭和病鹅,潜伏期和病愈不久的带毒鸭也可成为传染源,至少带毒3个月。被病鸭、带毒鸭的排泄物污染的饲料、饮水、用具和运输工具等,是造成鸭瘟传播的重要因素。某些野生水禽感染病毒后,可成为传播本病的自然疫源和媒介。此外,在购销和大批调运鸭群时,也常会使鸭瘟从一个地区传至另一个地区。

3. 传播方式和感染途径

鸭瘟主要经消化道传播感染,也可通过交配、眼结膜和呼吸道传播感染;吸血节肢动物可成为本病的传播媒介。

4. 流行特点

鸭瘟一年四季都可发生,但一般以春夏之际和秋季流行最为严重。因为,此时是鸭群大量上市的时节,饲养量大,各地鸭群接触频繁,如检疫不严,容易造成鸭瘟的发生和流行。

当鸭瘟传入易感鸭群后,一般在3～7 d开始出现零星病例,再经3～5 d陆续出现大批病鸭,疫情进入流行发展期和流行盛期。整个流行过程一般为2～6周,如果鸭群中有免疫鸭或耐过鸭时,流行过程较为缓慢,流行期可达2～3个月或更长。

【临床症状】

本病的潜伏期一般为2～5 d。病初,病鸭体温升高达42～42.5 ℃,呈稽留热,精神委顿,采食减少,渴欲增加,发病后的第2～3天,体温继续上升,多在42.5～43.5 ℃,甚至达44 ℃,此时病鸭离群呆立,羽毛松乱,不采食,两翅下垂,两脚麻痹无力,行动迟缓,严重病鸭静卧地上不愿走动，驱赶时，则见两翅扑地而走，走不了数步又蹲伏于地上。当病鸭两脚完全麻痹时，伏卧不起。病鸭不愿下水，如强迫赶它下水，漂浮水面并挣扎回岸。

流泪和眼睑水肿是鸭瘟的特征症状。病初流浆性分泌物，眼周围的绒毛沾湿，随后变为黏性或脓性分泌物，往往将眼睑粘连而眼不能睁开。严重者眼睑水肿或结膜翻出于眼眶外，结膜充血或小点出血，甚至形成小溃疡。自然病例和人工感染时，都见有部分病鸭的头颈部肿胀，俗称为“大头瘟”。此外，病鸭从鼻腔流出稀薄和黏稠的分泌物，呼吸困难，呼吸时发出鼻塞音，叫声嘶哑，个别病鸭见有频频咳嗽。

病鸭发生下痢，排出绿色或白色稀粪，肛门周围的羽毛被污染并结块。泄殖腔黏膜充血、出血、水肿，严重者黏膜外翻。用手翻开肛门时，可见到泄殖腔黏膜有黄绿色的假膜，不易剥离。

本病的病程一般为 2～5 d，慢性病例可拖至 1 周以上，生长发育不良。

病鸭的红细胞和白细胞均减少，感染发病后 24～36 h，血清清蛋白显著降低，β、γ 球蛋白有不同程度的上升，在临死前 24 h，上升幅度尤为明显。

鹅感染鸭瘟，其临床症状为体温升高至 42.5～43 ℃，两眼流泪，鼻孔有浆性和黏性分泌物。病鹅的肛门水肿，严重者两脚发软，卧地不愿走动。食道和泄殖腔黏膜有一层灰黄色假膜覆盖，黏膜充血或斑点状出血和坏死。

【病理变化】

鸭瘟的病理变化主要表现为血管破损，组织出血，消化道黏膜疹性病变，淋巴器官损伤和实质器官变性。眼睑常粘连在一起，下眼睑结膜出血或有少许干酪样物覆盖。部分病例头颈肿胀，皮下组织有黄色胶样浸润。食道黏膜有纵行排列的灰黄色假膜覆盖或小出血斑点，假膜易剥离，剥离后食道黏膜留有溃疡，这种病变具有特征性。肠黏膜淋巴滤泡轮状（环状）出血。泄殖腔黏膜的病变与食道相同，也具有特征性，黏膜表面覆盖一层灰褐色或绿色的坏死结痂，黏着很牢固，不易剥离，黏膜上有出血斑点和水肿。有些病例腺胃与食道膨大部的交界处有一条灰黄色坏死带或出血带。产蛋母鸭的卵巢滤泡增大，有出血点和出血斑，有时卵泡破裂，引起腹膜炎。肝脏不肿大，肝表面和切面有大小不等的灰黄色或灰白色的坏死点。少数坏死点中间有小出血点。雏鸭感染鸭瘟时，法氏囊呈深红色，表面有针尖状的坏死灶，囊腔内充满白色的凝固性渗出物。

鹅感染鸭瘟病毒后的病变与鸭相似，食道黏膜上有散在坏死灶，坏死痂脱落而留有溃疡，肝也有坏死点和出血点。

【诊断】

根据流行病学特点、特征症状和病理变化可做出初步诊断，确诊需做病毒分离鉴定、中和试验、血清学试验，Dot-ELISA 可作为快速诊断的方法。

鸭瘟和鸭巴氏杆菌病在某些症状方面很相似，应注意鉴别诊断。鸭巴氏杆菌病一般发病急，病程短，除鸭、鹅外，其他家禽也能感染发病，头颈不肿胀，食道和泄殖腔黏膜无假膜。取病死鸭的心血和肝做抹片，经瑞氏染色镜检，可见到两极着色的巴氏杆菌；应用磺胺类药和抗生素治疗有很好的疗效，而对鸭瘟没有效果。在鸭瘟流行中常并发巴氏杆菌病，因此在查到巴氏杆菌时，如应用抗生素和磺胺类药治疗无效者，应考虑两种病混合感染。

【防制】

平时不从疫区引进种鸭，如需引进时，要严格检疫。禁止到鸭瘟流行区域和野水禽出没的水域放牧。常发区实施免疫接种，目前使用的疫苗有鸭瘟鸭胚化弱毒苗和鸡胚化弱毒苗。雏鸭于 20 日龄首免，4～5 月龄时加强免疫 1 次，免疫期可达 1 年。

一旦发生鸭瘟，立即采取隔离和消毒措施，并对鸭群进行紧急接种疫苗。禁止病鸭外调和出售，停止放牧，防止病毒扩散。在受威胁区内，所有鸭和鹅应注射鸭瘟弱毒疫苗，母鸭的接种最好安排在停产时，或产蛋前 1 个月。

知识拓展

禽流感简史

1878 年，Perroncito 首次报道了意大利鸡群暴发的一种严重疾病，当时称为鸡瘟。

1901 年，Centannic 和 Sarunozzi 认为此病由“可滤过”病原引起。1955 年，证实其病原是 A 型禽流感病毒。1959 年，英国学者 Wilson 报道鸡发生流感，并分离出禽流感病毒 A/chicken /Scott land/59(H5N1)，之后在欧洲、南美洲等地流行，后来在世界养鸡发达的国家都有本病流行的报道。在有记载的禽病史上，每一次暴发流行给养禽业造成巨大的经济损失。

1983 年，美国发生和流行禽流感，扑杀 339 群 1 250 万只家禽，扑杀、防疫费 3 867 万美元，补助费 2 800 万美元，共计损失 6 000 多万美元。

1994 年，墨西哥淘汰 1 800 万只鸡，封锁 3 200 万只鸡，对 1.3 亿只鸡紧急免疫接种，直接经济损失 10 亿美元。

1997 年，我国的香港流浮山 3 个养鸡场共 4 500 只鸡突然死亡，检验结果为 H5N1 禽流感病毒感染，导致 150 万只活鸡全部扑杀，并进行无害化处理，直接经济损失 9 870 万港币，一名 3 岁儿童因感染禽流感而死亡。

2003 年，荷兰发生 H7N7 禽流感，在短短几周内有 900 个农场的 1 400 万只家禽被隔离，1 800 万只家禽被宰杀，在疫情暴发期间，共 80 人感染，其中一名 57 岁的兽医发病并死亡，然后蔓延到德国、比利时等国。

2004 年，在日本、韩国、越南、老挝、泰国、巴基斯坦、印度尼西亚、巴基斯坦等国发生禽流感。

2013 年，我国发生 H7N9，家禽业受到巨大冲击，肉鸡直接经济损失 37 亿元，活鸡及鸡产品经济损失超过 130 亿元，合计超过 167 亿元。东营市黄河三角洲自然保护区大汶流管理站发生野生天鹅 H5N8 亚型高致病性禽流感疫情，疫点栖息野生禽类 249 只，发病 35 只，死亡 35 只。同年，日本因禽流感疫情被扑杀的鸡达 711 万只；为防禽流感疫情蔓延，韩国扑杀了近 2 000 万只家禽。

课程思政元素

1. 兽医是人兽共患传染病的第一道防线

1997 年 4 月，香港禽流感(H5N1)，1 名 3 岁儿童因感染禽流感而死亡，这是报道人感染禽流感的首个病例，至今发现能直接感染人的禽流感病毒亚型有 H5N1、H7N1、H7N2、H7N3、H7N7、H9N2 和 H7N9。其中，高致病性 H5N1 亚型和 2013 年 3 月在人体上首次发现的新禽流感 H7N9 亚型尤为引人关注，不仅造成了人类的伤亡，同时重创了家禽养殖业，到 2013 年 5 月 1 日，上海、安徽、江苏、浙江、北京、河南、山东、江西、湖南、福建等 10 省(市)共报告确诊病例 127 例，其中死亡 26 例。病例以老年人居多，男性多于女性。2021 年 6 月 1 日，国家卫健委通报，江苏省发现一例人感染 H10N3 禽流感病例。患者，男，41 岁，居住在江苏镇江。4 月 23 日出现发热等症状，4 月 28 日因病情加重收入当地医疗机构救治，治愈后出院。5 月 28 日，中国疾控中心对江苏省送来的患者标本开展全基因组序列测定，结果为 H10N3 病毒阳性。因此，兽医工作者必须清楚认识到，兽医是人兽共患传染病的第一道防线，只有做好动物传染病的防控，才能有效保障人的健康。

2. 开发应用中药资源，弘扬中医药文化

中医药学具有整体观念、辨证施治特点，中医是中华民族的文化瑰宝，中草药作为我国悠久文化的重要组成部分，既是中医药文化传承的载体，也是中国传统药物发明、应用和研究经验的集中体现。中草药不仅是我国重要的传统医药资源，而且具有显著的生态、经济和社会效益，新时代开发和应用中药，充分发挥中药的优势，保护生态环境，推进可持续发展，促进农村经济转型升级，有助于继承和发扬中华优秀传统文化。

实训四　新城疫免疫监测

一、实训内容

提供一定数量的鸡，应用血凝试验和血凝抑制试验进行新城疫抗体的测定，并根据抗体效价评价免疫效果或确定免疫接种的最佳时机。

二、实训目标

(1)掌握采血及血清分离方法。

(2)独立完成 HA、HI 试验操作，并观察判定实验结果。

三、材料准备

一次性注射器、离心机、离心管、天平、小烧杯、量筒、96 孔 V 形微量反应板、5 mL 和 1 mL 规格吸管、洗耳球、0.005～0.05 mL 和 0.1～1 mL 规格微量移液器以及配套吸头、微量振荡器、小试管和配套试管架、3.8% 枸橼酸钠、灭菌生理盐水或 pH 7.0～7.2 磷酸盐缓冲液(PBS)、新城疫凝集抗原、新城疫标准阳性血清和阴性血清。

四、方法步骤

新城疫免疫监测是应用血凝试验(HA)先测定抗原的效价，再应用血凝抑制试验(HI)测定被检鸡的血清效价。操作方法分试管法和微量法，目前以微量法应用广泛。

(一)试管法

1. 1%红细胞悬液的制备

(1)采血。选择健康成年的非免疫鸡(以公鸡最好),从鸡翅下静脉采血,需要量大时,可从心脏采血,按每 10 mL 血液加 1 mL 3.8%枸橼酸钠抗凝剂或脱纤处理。

(2)离心洗涤。在采集的血液中加入 3～4 倍体积的 PBS,以 2 000 r/min 离心洗涤 5～10 min,去掉血浆和白细胞层,重复上述过程,反复洗涤 3 次,洗净血浆和白细胞,最后在管底只剩下纯的红细胞(泥),置 4 ℃冰箱保存备用。

(3)配制。将管底的纯红细胞(泥)用 PBS 做 100 倍稀释,如取 1 mL 红细胞,加入 99 mL 的 PBS,即为 1%红细胞液。

2. 血凝试验(HA)

(1)用吸管或移液器将各种试验材料按表 2-2 的操作术式加入各试管中。

(2)加样完毕,充分振荡,置室温(20～25 ℃),15 min 后观察结果(如果室温较高,一般经 10 min 后第一管即可出现结果),以后每 5 min 观察 1 次,记录所有反应管的结果。

(3)记录结果的方法。

“+”表示完全凝集,红细胞呈明显倒立的伞状贴附于试管底部的管壁上。

“−”表示不凝集,红细胞呈一小圆点沉降于试管最底端。

“±”表示不完全凝集,介于完全凝集和不凝集之间,试管底部既有伞状的痕迹,又有小圆点。

(4)确定凝集价。也称血凝价或血凝滴度,使 1%红细胞出现完全凝集的抗原的最高稀释倍数,即为凝集价,又称 1 个血凝单位。

表 2-2　血凝试验(试管法)　　mL

试管号	1	2	3	4	5	6	7	8	9	10
病毒稀释倍数	1∶10	1∶20	1∶40	1∶80	1∶160	1∶320	1∶640	1∶1 280	1∶2 560	对照
PBS	0.9	0.5	0.5	0.5	0.5	0.5	0.5	0.5	0.5	0.5
新城疫凝集抗原	0.1	0.5	0.5	0.5	0.5	0.5	0.5	0.5	0.5 → 弃去0.5	—
1%红细胞液	0.5	0.5	0.5	0.5	0.5	0.5	0.5	0.5	0.5	0.5
振荡,置室温(20～25 ℃),15～60 min 内观察、记录结果,并判定。										
结果举例	+	+	+	+	+	+	+	—	—	—
	血凝价为 1∶640									

注:1%红细胞液用前要摇匀。

3. 血凝抑制试验(HI)

(1)配制 4 个血凝单位的凝集抗原。如果上述血凝试验测得的血凝价为 1∶640,称其为 1 个血凝单位;4 个血凝单位就是 640÷4=160,即把该抗原做 1∶160 倍稀释。如取 1 mL 抗原,加 159 mL 稀释液即可。

(2)被检血清的制备。从被检鸡翅下静脉采血,血液自然凝固后析出淡黄色的液体,收集即为被检血清。

(3)操作加样。按表 2-3 的操作术式加样。

(4)记录结果并判定抗体效价。凡能使 4 个血凝单位抗原凝集红细胞的作用完全被抑制的血清的最高稀释倍数,称为抗体效价、血凝抑制价或血凝抑制滴度。

表 2-3　血凝抑制试验(试管法)　　mL

试管号	1	2	3	4	5	6	7	8	9	10
血清稀释倍数	1:5	1:10	1:20	1:40	1:80	1:160	1:320	1:640	抗原对照	盐水对照
PBS	0.4	0.25	0.25	0.25	0.25	0.25	0.25	0.25	0.25	0.5
被检血清	0.1	0.25	0.25	0.25	0.25	0.25	0.25	0.25 → 弃去0.25	—	—
4 个单位病毒液	0.25	0.25	0.25	0.25	0.25	0.25	0.25	0.25	0.25	—
振荡,感作 10～15 min										
1%红细胞液	0.5	0.5	0.5	0.5	0.5	0.5	0.5	0.5	0.5	0.5
再振荡,置室温(20～25 ℃),30～60 min 内观察结果										
结果举例	—	—	—	—	—	±	+	+	+	—
	血凝抑制价为 1:80									

(二)微量法

1. 微量血凝试验(HA)

(1)在 96 孔 V 形反应板上,用移液器按表 2-4 的操作术式加样。

(2)加样完毕,将反应板置于微量振动器上振荡 1 min,或手持反应板绕圆圈混匀。置室温(20～25 ℃)下作用 40 min,对照孔的红细胞呈明显的纽扣状沉积于孔底时记录结果。将反应板倾斜成 45°角,沉于孔底的红细胞沿着倾斜面向下呈线状流动者,表明红细胞未被或不完全被抗原凝集;如果孔底的红细胞铺平孔底,凝成均匀薄层,倾斜后红细胞不流动,说明红细胞被抗原所凝集。

“+”表示红细胞完全凝集,“—”表示不凝集,“±”表示不完全凝集。

(3)确定凝集价,并计算出 4 个血凝单位的抗原浓度。计算公式为:血凝价/4。

4 HAU 检测:4 HAU 应现用现配,在使用前进行标定。将配制的 4 HAU 进行系列稀释,使最终稀释度分别为 1:2、1:3、1:4、1:5、1:6和 1:7,然后进行血凝试验。如果配制的抗原液为 4 HAU,则 1:4稀释度将给出凝集终点;如果 4 HAU 高于 4 个单位,可能 1:5或 1:6为终点;如果较低,可能 1:2或 1:3为终点。应根据检验结果将抗原稀释度做适当调整,使工作液确定为 4 HAU。

表 2-4　微量法血凝试验

μL

孔号	1	2	3	4	5	6	7	8	9	10	11	12
抗原稀释倍数	2^1	2^2	2^3	2^4	2^5	2^6	2^7	2^8	2^9	2^{10}	2^{11}	盐水对照
PBS	25	25	25	25	25	25	25	25	25	25	25	25
抗原	25	25	25	25	25	25	25	25	25	25	25（弃去25）	—
再加 PBS	25	25	25	25	25	25	25	25	25	25	25	25
1%红细胞液	25	25	25	25	25	25	25	25	25	25	25	25

注：在倍比稀释抗原时，用移液器吹打 3～5 次。

2. 微量血凝抑制试验(HI)

(1)在 96 孔 V 形反应板上，按表 2-5 的操作术式加样。

(2)设阳性对照 1 列和阴性对照 1 列，加样规则同被检血清。

(3)记录结果。将反应板倾斜，从背面观察，红细胞是否呈泪珠状流下。在阳性、阴性对照正确的条件下，记录结果，记录方法同血凝试验。

(4)确定抗体效价。出现不凝集的血清最高稀释倍数即为抗体效价，以对数值表示。

表 2-5　微量法血凝抑制试验

μL

孔号	1	2	3	4	5	6	7	8	9	10	11	12
被检血清稀释倍数	2^1	2^2	2^3	2^4	2^5	2^6	2^7	2^8	2^9	2^{10}	病毒对照	盐水对照
PBS	25	25	25	25	25	25	25	25	25	25	25	50
被检血清	25	25	25	25	25	25	25	25	25	25（弃去25）	—	—
4 个单位病毒液	25	25	25	25	25	25	25	25	25	25	25	—
振荡反应板，置 20～25 ℃作用，不少于 30 min												
1%红细胞液	25	25	25	25	25	25	25	25	25	25	25	25
置微量振荡器振荡 1 min，20～25 ℃约 40 min，盐水对照孔的红细胞呈明显的纽扣状沉积于孔底时记录结果。												

血凝试验操作视频

血凝抑制试验操作视频

五、考核评价

实训方法步骤要正确，操作规范，要求采血、加样熟练，结果准确(表 2-6)。能通过抽样检测鸡群的新城疫抗体效价，确定新城疫首免的最佳时间、二免最佳时间和检验免疫效果等。以新城疫首免为例:首免时间=4.5×(1日龄HI抗体效价的平均对数值-4)+5,如测得1日龄雏鸡母源HI抗体效价的平均值为2^6,对数值为6,代入公式计算,该批雏鸡的最佳首免时间为14日龄。如果1日龄雏鸡HI抗体效价的平均值等于或小于2^4,则该批鸡必须在1周内免疫。每次免疫10 d后监测,鸡群是否达到应有的免疫水平。按照免疫程序中二免、三免和四免的时间,在免疫前1周进行抗体监测,根据监测结果确定是按时或适当提前或推后免疫,以确定最佳的免疫时间,提高免疫效果和消除免疫空白期。

表2-6 新城疫抗体水平测定考核评价表

序号	考核内容	考核要点	分值	得分
一	试验器材准备(8分)	仪器与材料准备	2	
		物品标识	4	
		桌面整洁度	2	
二	配制1%鸡红细胞悬液(18分)	采血方法和采血量	6	
		离心机使用	4	
		红细胞悬液配制方法	8	
三	血凝试验(20分)	器材使用	4	
		操作程序	6	
		结果判定准确	10	
四	配制4个血凝单位病毒溶液(10分)	器材选择	4	
		配制方法	4	
		配制量适宜	2	
五	血凝抑制试验(20分)	器材使用	4	
		操作程序	6	
		结果判定准确	10	
六	抗体滴度报告(24分)	抗体滴度报告	2	
		结果误差	20	
		场地整洁度	2	
总分			100	

实训五 新城疫快速检测

一、实训内容

提供一定数量的鸡,运用新城疫抗体快速检测卡测定抗体,并根据抗体效价评价免疫效果或确定免疫接种的最佳时机。

二、材料准备

新城疫抗体快速检测卡、采血器、消毒棉球等。

三、方法步骤

1. 采集新鲜血液

(1)血清：常规方法抽取 1 mL 血液置洁净干燥的试管中，4 000 r/min 离心 10 min(也可将血液静置约 2 h，待血液凝固自然析出血清)，分离血清。要求血清清亮，无溶血、无污染。血清样本短期可于 2～8 ℃保存，长期需置－20 ℃保存。

(2)全血：可采用加抗凝剂的全血作为检测样本(全血样本不能冷冻)。

2. 检测步骤

(1)常规方法离心后，用配套的一次性滴管取血清作为检测液。(样品若不能立即测试，应冷藏，超过 24 h，应冷冻保存。)

(2)将未开封的试纸卡和检测样品恢复至室温。

(3)将检测卡水平放置，用滴管向检测卡加样孔缓慢逐滴加入 3 滴不含气泡的待检血清。

(4)5 min 判定结果，10 min 后结果无效(图 2-25)。

3. 结果判定

(1)3 min 之内检测线区(T)出现明显红线，则说明样品中新城疫病毒抗体的效价较高。

(2)5 min 之后检测线区(T)出现红线，则说明样品中新城疫病毒抗体效价偏低，难以抵御禽流感病毒攻击。

(3)5 min 之后检测线区(T)仍不出现红线，说明样品中可能不含新城疫病毒抗体。

(4)T 区的色泽特别深时，被检禽即使接种了疫苗，也可能已被强毒感染。

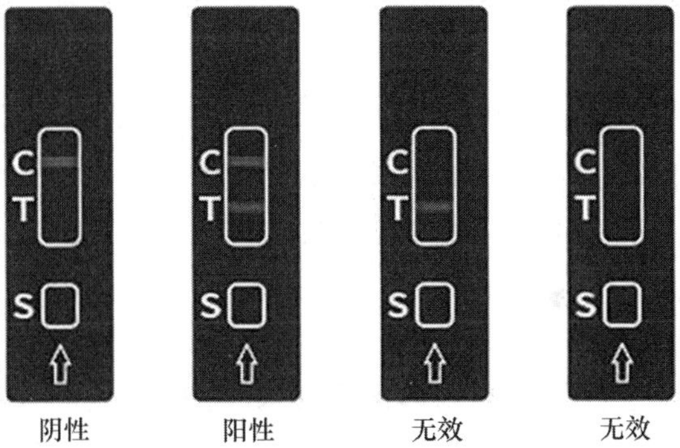

图 2-25　抗体检测结果

4. 注意事项

(1)所有检测卡启封后 1 h 内使用。

(2)本品为一次性产品，请勿重复使用。

(3)请勿使用自来水、纯化水及蒸馏水作为阴性对照。

(4)如滴加待检血清后 30 s 内，在检测窗内无液体移行，则再补加 1 滴待检血清。

(5)待检样品可能具有潜在传染性，样品和使用过的检测卡应作为微生物危险品处理。

(6)本检测卡为动物体外快速诊断工具，仅提供定性检测结果，应根据综合临床症状或其他实验室诊断方法进行确诊。

实训六 禽流感的诊断

一、实训内容

提供病鸡或病死鸡，运用血清学试验进行禽流感的诊断。

二、实训目标

(1)掌握采血及血清分离方法。
(2)独立完成 HA、HI 试验操作，并观察判定实验结果。

三、材料准备

剪刀、镊子、酒精灯、棉拭子、1～3 mL 戴帽塑料试管、离心机、离心管、琼脂粉、打孔器、微量移液器和配套吸头、96 孔 V 形微量反应板、微量振荡器、10 日龄鸡胚、照蛋器、75%酒精、锥子、1 mL 一次性注射器、针头、蜡烛、15 mL 试管及支架、10 mL 试管、青霉素、链霉素、卡那霉素、阿氏液、pH 7.2 的 0.01 mol/L 磷酸盐缓冲液(PBS)、高致病性禽流感病毒血凝素分型抗原以及标准分型血清和阴性血清，新城疫阳性血清、减蛋综合征 EDS-76 血清、支原体标准阳性血清和待检血清。

四、方法步骤

(一)临床诊断

鸡和火鸡感染禽流感病毒后的危害最为严重，一年四季均可发生，但以冬春季节多发。病禽表现精神委顿，羽毛杂乱，饮食减少，消瘦，母鸡产蛋量急剧下降。有时也可能出现呼吸道症状，咳嗽，呼吸困难，流泪。有的病禽出现神经症状和下痢。高致病性禽流感病毒感染鸡后，可出现头部和面部水肿，鸡冠和肉髯肿胀并发绀等。

(二)病理学诊断

高致病性禽流感病毒感染后，主要引起出血性病变。常见有喉头、气管出血，有黏液。心冠脂肪点状出血，心包肥厚。腺胃乳头出血和溃疡。整个肠道，尤其是十二指肠、直肠和泄殖腔出血严重。肾脏常肿胀，有尿酸盐沉积。

(三)禽流感病毒分离

(1)病料采集。一般应在感染初期或发病急性期从活禽或死禽采取。针对活禽用大小不等的灭菌棉拭子涂擦喉头、气管或泄殖腔，将带有分泌物的棉拭子放入每毫升含有 1 000 U 青霉素、2 000 μg 链霉素的 pH 7.2～7.6 的肉汤中。针对死禽，可采集气管、肺、肝、肾、脾和泄殖腔等组织。

(2)样品的保存和运送。采集样品若在 48 h 内进行检测，可置 4 ℃环境保存，否则置低温条件下(−70 ℃)保存。

(3)样品处理。将棉拭子充分捻动、拧干后除去拭子，样品液经 1 000 r/min 离心 10 min，取上清液作为接种材料。对于组织样品用肉汤培养基或 PBS(*W*/*V*)的悬液，经 1 000 r/min 离心 10 min，取上清液作为试验样品。为防止细菌污染，按每毫升培养液加青霉素 2 000 U、链霉素 2 000 μg。

(4)样品接种。取经处理的样品，以 0.2 mL/胚的量经尿囊腔途径接种 9～11 日龄 SPF 鸡胚，每个样品接种 4～5 胚，置 37 ℃孵化箱内孵育，每日照蛋。

(5)收胚。无菌收取 18 h 以后的死胚和 96 h 活胚的鸡胚尿囊液，测定血凝价，如血凝价很低，则用尿囊液继续传 2 代，若仍为阴性，则认为病毒分离阴性。

(6)病毒鉴定。将收获的鸡胚尿囊液分别采用全量法或微量法按常规进行血凝价检测，当血凝滴度达 2^4 以上时，确定病毒分离为阳性。再分别用新城疫、减蛋综合征和支原体等疫病的标准阳性血清进行中和，若该病毒不被新城疫、减蛋综合征和支原体等阳性血清抑制，则可初步认定分离到的病毒为禽流感病毒。

(四)血清学诊断

1. 血凝试验和血凝抑制试验(微量法)

(1)血凝试验(HA)。

①在微量反应板的第 1～12 孔均加入 25 μL PBS。

②吸取 25 μL 抗原加入第 1 孔，混匀。

③从第 1 孔吸取 25 μL 抗原加入第 2 孔，混匀后，吸取 25 μL 加入第 3 孔，如此进行对倍稀释至第 11 孔，从第 11 孔吸取 25 μL 弃去。

④每孔再加入 25 μL PBS 液。

⑤每孔均加入 25 μL 1%鸡红细胞悬液(将鸡红细胞悬液充分摇匀后加入)。

⑥在微量振动器上振荡混匀，置室温(20～25 ℃)下静置 40 min 后观察结果(如果环境温度太高，可置 4 ℃环境下 1 h)。对照孔的红细胞呈明显的纽扣状沉积于孔底时，记录结果。

⑦结果判定：将反应板倾斜，观察红细胞有无呈泪滴状流淌。完全血凝(不流淌)的抗原的最高稀释倍数代表 1 个血凝单位。

(2)血凝抑制试验(HI)。

①根据血凝试验结果配制 4 HAU 抗原。以完全血凝的病毒最高稀释倍数作为终点，终点稀释倍数除以 4 即为含 4 HAU 抗原的稀释倍数。例如，如果血凝的终点滴度为 1∶256，则 4 HAU 抗原的稀释倍数应是 1∶64(256÷4)。

②在微量反应板的第 1～11 孔加入 25 μL PBS 液，第 12 孔加入 50 μL PBS 液。

③吸取 25 μL 血清加入第 1 孔内，充分混匀后吸 25 μL 于第 2 孔，依次对倍稀释至第 10 孔，从第 10 孔吸取 25 μL 弃去。

④在第 1～11 孔均加入含 4 单位的病毒抗原液 25 μL，室温(20 ℃)静置至少 30 min。

⑤每孔再加入 25 μL 1%鸡红细胞悬液，轻轻混匀，静置约 40 min(室温约 20 ℃，若环境温度太高可置 4 ℃条件下 1 h)，对照孔的红细胞将呈纽扣状沉于孔底时记录结果。

⑥结果判定：以完全抑制 4 HAU 抗原的血清最高稀释倍数作为 HI 滴度。

只有阴性对照孔血清滴度不大于 2 log 2，阳性对照血清误差不超过 1 个滴度时，试验结果才有效。血凝价小于或等于 3 log 2 判定 HI 试验阴性，血凝价等于 4 log 2 为阳性。

2. 琼脂扩散试验

(1)1%琼脂板的制备。称量琼脂粉 1.0 g,加入 100 mL pH 7.2 的 0.01 mol/L PBS,在水浴中煮沸使之充分融化,加入 8 g 氯化钠,充分溶解后加入 1%硫柳汞溶液 1 mL,冷却至 45~50 ℃时,倒入直径为 90 mm 的灭菌平皿,每个平皿 18~20 mL,加盖待凝固后,将平皿倒置以防止水分蒸发,放普通冰箱冷藏室保存备用(时间不超过 2 周)。

(2)打孔。在制备好的琼脂板上按 7 孔一组的梅花图案打孔(图 2-26),孔径约 5 mm,孔距 2~5 mm,将孔中的琼脂块用针头轻轻挑出。

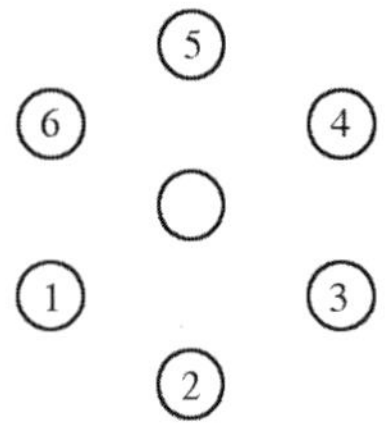

图 2-26 琼脂扩散试验打孔示意图

(3)封底。用酒精灯轻烤平皿底部至琼脂刚刚要溶化为止,封闭孔的底部,以防侧漏。

(4)编号。用记号笔在平皿底背面,对外周孔进行编号①、②、③、④、⑤、⑥。

(5)加样。用微量移液器,吸取标准抗原悬液滴入中央孔,标准阳性血清分别加入第①、④孔中,被检血清按编号顺序分别加入第②、③、⑤、⑥孔。每孔均以加满不溢出为度,每加一个样品应换一个吸头。

(6)作用。加样完毕后,静置 5~10 min,然后将平皿轻轻倒置放入湿盒内,37 ℃温箱中作用,分别在 24 h、48 h 和 72 h 观察并记录结果。

(7)判定方法。将琼脂板置日光灯或侧强光灯下观察,若第①、④孔与中央孔之间出现一条清晰的白色沉淀线,则试验成立。

(8)判定标准。以被检孔的第②孔为例说明。

若第②孔与中央抗原孔之间出现清晰致密的沉淀线,且该线与抗原和标准阳性血清第①孔之间沉淀线的末端相吻合,则第②孔的结果判为阳性(图 2-27a)。

若第②孔与中央孔之间不出现沉淀线,但标准阳性血清第①孔的沉淀线末端向第②孔内侧弯曲,则第②孔的结果为弱阳性(图 2-27b)。凡弱阳性者应重复试验,仍为弱阳性者,则判为阳性。

若第②孔与中央孔之间不出现沉淀线,且标准阳性血清第①孔沉淀线直向第②孔,则第②孔的结果判为阴性(图 2-27c)。

若第②孔与中央抗原孔之间的沉淀线粗且浑浊,或标准阳性血清与抗原孔之间的沉淀线交叉并伸直,为非特异反应,应重做;若仍出现非特异反应则判为阴性。

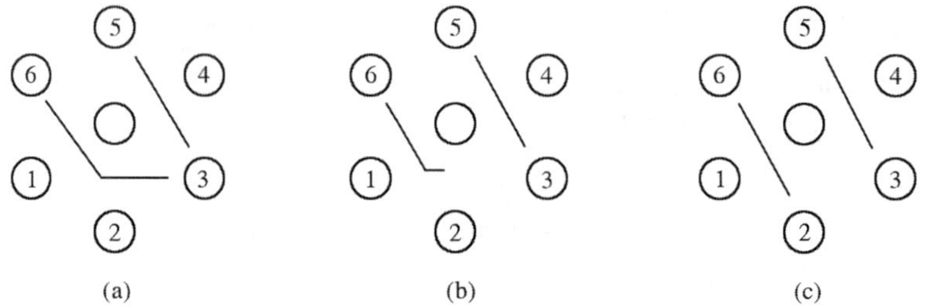

图 2-27 结果判定举例

五、考核评价

实训方法步骤要正确，操作规范，加样和结果判定要准确。见表 2-7。

表 2-7　禽流感抗体水平测定考核评价表

序号	考核内容	考核要点	分值	得分
一	试验器材准备（8 分）	仪器与材料准备	2	
		物品标识	4	
		桌面整洁度	2	
二	配制 1%鸡红细胞悬液（18 分）	采血方法和采血量	6	
		离心机使用	4	
		红细胞悬液配制方法	8	
三	血凝试验（20 分）	器材使用	4	
		操作程序	6	
		结果判定准确	10	
四	配制 4 个血凝单位病毒溶液（10 分）	器材选择	4	
		配制方法	4	
		配制量适宜	2	
五	血凝抑制试验（20 分）	器材使用	4	
		操作程序	6	
		结果判定准确	10	
六	抗体滴度报告（24 分）	抗体滴度报告	2	
		结果误差	20	
		场地整洁度	2	
总分			100	

实训七　马立克病的诊断

一、实训内容

提供病鸡和材料，运用琼脂扩散试验诊断马立克病。

二、实训目标

掌握马立克病琼脂扩散试验的操作方法及结果判定。

三、材料准备

注射器（1 mL 或 2 mL 规格）8～10 支、6—8 号针头 20 个、10 mm×100 mm 试管若干支（分离血清或浸提羽髓抗原）、玻棒（直径 6～8 mm、圆头长约 16 cm）4～6 支、吸管（带乳胶头）

18～20 支、烧杯或搪瓷缸 4～6 个(盛蒸馏水)、玻璃平皿、精制琼脂粉、打孔器(直径 3 mm 和 6 mm)、pH 7.2～7.4 的 8%钠、钾磷酸盐缓冲液、氯化钠、镊子、剪刀、酒精棉球、来苏尔、MDV 标准抗原、MDV 标准阳性血清。

四、方法步骤

运用琼脂扩散试验检测病鸡羽髓中的 MDV 抗原或鸡血清中的 MDV 特异性抗体,其方法如下。

(1)1%琼脂平板制备。在含 8%含氯化钠的 PBS(0.01 mol,pH 7.4)中,按 1%加入琼脂,水浴加温使其充分溶化后,加入直径 90 mm 的培养皿中,每皿约 15 mL,平置,在室温下凝固冷却后,将琼脂板放在预先印好的 7 孔形图案上,用打孔器按图形准确位置打孔,中央孔孔径为 4 mm,外周孔孔径为 3 mm,孔距均为 3 mm。每个平皿可打 4～5 组孔,并对外周孔编号①、②、③、④、⑤、⑥。

(2)检测羽髓中 MDV 抗原。向中央孔加 MD 阳性血清,向外周①、④孔加标准 MD 抗原,向周边②、③、⑤、⑥孔加待检羽髓浸提液,挑选受检鸡含羽髓丰满的羽毛数根(幼鸡 8 根以上,成鸡 3～5 根),将带有羽髓的毛根剪集于试管内,每管滴加 2～3 滴 PBS,用玻棒将羽毛根压集于管底,以适当的压力转动玻棒 10 余次,待浸提液充分浑浊后,倾斜试管,以玻棒引流将浸提液导至管口,另一人用吸管将浸提液移入该孔内。

(3)检测血清抗体(被检鸡血清)。向中央孔滴加标准琼扩抗原,向①、④孔滴加标准阳性血清,向②、③、⑤、⑥孔滴加待检血清,均以加满而不溢出为度;将平皿加盖后倒置放在加盖的湿盒内,置 37 ℃温箱中,8～24 h 内观察并记录结果。

上述方法可用于 20 日龄以上鸡羽髓 MDV 抗原检测和 1 月龄以上鸡的血清抗体检测,被检样品孔与中心孔之间形成清晰的沉淀线,并与周边已知抗原和阳性血清孔的沉淀线互相融合者,判为阳性,不出现沉淀线的判为阴性;已知抗原与阳性血清之间所产生的沉淀线末端变向被检样品孔内侧时,则该被检样品判为弱阳性。有的被检材料可能出现 2 条以上沉淀线,其中 1 条与已知抗原和阳性血清孔的沉淀线融合者,仍判为阳性。

五、考核评价

会制作 1%琼脂平板;能熟练打孔和加样,会观察结果(沉淀线)。

实训八 鸡毒支原体感染的诊断

一、实训内容

提供病鸡,应用病原学方法和血清学方法诊断鸡毒支原体感染。

二、实训目标

掌握鸡毒支原体感染的全血平板凝集试验的操作方法及结果判定。

三、材料准备

玻璃板或一次性反应纸(50 压圈)、20 号或 22 号注射针头、100 μL 移液器及吸头、干棉球和酒精棉球、记号笔、纱布、牙签或火柴梗、工作服、营养琼脂培养基、吉姆萨染色液、鸡胚、鸡毒支原体抗原、鸡毒支原体标准阳性血清和标准阴性血清。

四、方法步骤

(一)病原学诊断

1. 分离培养

无菌操作采取病死鸡的气管、肺、气囊、鼻窦分泌物直接接种于含10%～20%动物血清的营养琼脂培养基上，37 ℃培养3～5 d，可形成圆形、表面光滑、透明、边缘整齐、露滴样的菌落，呈乳头状或脐状或油煎蛋样。

2. 染色镜检

取上述培养物做抹片，自然干燥，用甲醇固定3～5 min，倾去甲醇后置吉姆萨染色缸中浸染1 h以上或室温过夜，水洗，吸干镜检，可以看到淡紫色的小球杆状支原体。

3. 鸡胚接种试验

支原体能够在鸡胚中生长繁殖，用支原体培养物经卵黄囊途径接种7日龄鸡胚，继代数次，可在接种后5～8 d引起死亡。接种感染的胚胎发育受阻，皮肤、尿囊膜及卵黄膜出血，肝脏肿大及出现心包炎。14～21日龄感染的鸡胚发育停滞，全身水肿和肝脏坏死。死胚的卵黄囊、卵黄和绒毛膜中含支原体的浓度最高。

(二)血清学诊断

1. 全血平板凝集试验

在玻璃板上划格编号，或使用一次性反应试纸，用移液器先滴加抗原1滴(0.05 mL)，用针头刺破被检鸡只翼下静脉，吸取血液1滴(0.05 mL)，滴于抗原滴的旁边，用牙签充分混合；同时设阳、阴性血清做对照；20 ℃以上室温环境，2 min内记录和判定结果，不超过5 min。

(1)记录结果：血液与抗原的混合物在2 min内呈现紫色絮状的大凝集块，细胞在液面中心部下沉，记录为"＋＋＋"或"＋＋＋＋"；凝集块较小，凝块在血滴边缘的血清层中清晰可见，记录为"＋＋"；菌体呈现颗粒状凝集，多在边缘部分出现，记录为"＋"；液滴呈暗紫色浑浊，菌体和细胞逐渐下沉或仅在液面边缘部分出现颗粒状色带者，记录为"－"。

(2)判定结果：在2 min内出现50%(＋＋)或以上凝集者为阳性；2～5 min出现凝集(＋＋)或2 min内出现"＋"反应者均为可疑。对疑似反应，应在2周后重检1次。

2. 血清平板凝集试验

加样规则和判定标准基本同全血平板凝集试验，但阴性反应时，在液滴中心呈现紫色沉淀物，其他部分为均等紫色。

五、考核评价

能按照要求采样，方法步骤正确，操作熟练和规范。

实训九 传染性法氏囊病的诊断

一、实训内容

提供病鸡和材料，应用琼脂扩散试验进行诊断传染性法氏囊病。

二、实训目标

掌握传染性法氏囊病的琼脂扩散试验的操作方法及结果判定。

三、材料准备

荧光显微镜、剪刀、镊子、玻片、组织匀浆仪、离心机及离心管、90 mm 平皿，微量移液器或吸管（1 mL、10 mL）、带胶乳头滴管、精制琼脂粉、打孔器（直径 6 mm）、pH 7.2 PBS、氯化钠、0.1％石炭酸、酒精棉球、来苏尔、传染性法氏囊病阳性血清、传染性法氏囊病阴性血清、传染性法氏囊病抗原、传染性法氏囊病荧光抗体。

四、方法步骤

（一）流行病学诊断

传染性法氏囊病主要发生于 2～15 周龄的鸡，以 3～6 周龄的雏鸡发病最多，成年鸡一般呈隐性经过。在易感鸡群中，往往是突然发病，3～5 d 死亡达到高峰，第 7 天后死亡减少或停止死亡。

（二）临床诊断

初发生的鸡群多呈急性经过，早期有的鸡啄自己的肛门和羽毛，随着病程发展，出现精神委顿、羽毛无光泽、畏寒、食欲减退，下痢、消瘦，最后脱水衰竭而死亡。死亡率一般在 5％～25％，如感染强毒株，死亡率可达 40％以上。

（三）解剖检查

剖检时可见胸肌、腿肌出血，腺胃和肌胃交界处有带状出血。法氏囊初期肿胀 2～3 倍，浆膜面和黏膜皱褶面有点状或斑状或弥漫性出血，出血严重者法氏囊呈紫红色，囊内有奶油样棕红色黏性分泌物；病程长的病例，其法氏囊内有干酪样物质；后期萎缩。

（四）实验室诊断

1. 琼脂扩散试验

琼脂扩散试验是检测血清中特异性抗体或法氏囊组织中病毒抗原的最常用的诊断方法。

（1）病料采集。采集发病早期的血液样品，3 周后再采血样，并分离血清。为了检出法氏囊中的抗原，无菌采取 10 只左右病鸡的法氏囊，用组织匀浆仪制成匀浆，以 3 000 r/min 离心 10 min，取上清液备用。

（2）琼脂板制备。取 1 g 优质琼脂溶化于含有 0.1％苯酚的 8％氯化钠溶液 100 mL 中，水浴加温使充分溶化后倒入 90 mm 平皿内，每皿约 15 mL。

(3)打孔和加样。事先制好打孔的图案(中央 1 个孔和外周 6 个孔)，放在琼脂板下面，用打孔器打孔，并剔去孔内琼脂。孔径为 6 mm，孔距为 3 mm，现以检测抗原为例进行加样。中央孔加传染性法氏囊病阳性血清，1、4 孔加入已知抗原，2、3、5、6 孔加入被检抗原，以加满不溢出为度，将平皿倒置放在湿盒内，置 37 ℃温箱内经 24～48 h 观察结果(图 2-28)。

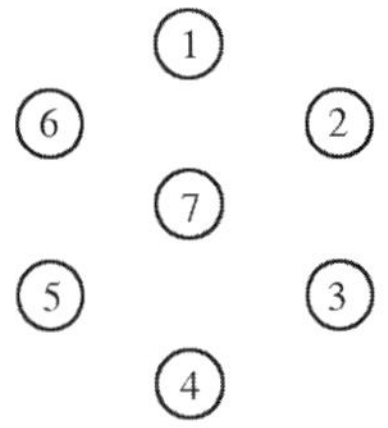

图 2-28　加样图

(4)结果判定。在对照孔结果正确的前提下，标准阳性血清与被检抗原孔之间，有明显沉淀线者判为阳性，相反，如果不出现沉淀线者判为阴性。

2. 免疫荧光抗体检查

(1)被检材料的处理。采取病死鸡的法氏囊、肾和脾，冷冻、切片、制片后，用丙酮固定 10 min。

(2)染色。在切片上滴加 IBD 荧光抗体，置湿盒内在 37 ℃感作 30 min 后取出，先用 pH 7.2 PBS 冲洗，继而用蒸馏水冲洗，自然干燥后滴加甘油缓冲封片(甘油 9 份，pH 7.2 PBS 1 份)镜检。

(3)结果判定。镜检时见标本片上有特异性的荧光细胞时判为阳性，不出现荧光或出现非特异性荧光则判为阴性。

(4)注意事项。滴加标记荧光抗体于已知阳性标本上，应呈现明显的特异荧光。滴加标记荧光抗体于已知阴性标本片上，应不出现特异荧光。本法感染 12 h 就可在法氏囊和盲肠扁桃体检出。

五、考核评价

学会制作 1%缓冲琼脂平板；能熟练打孔和加样，能正确观察和判定结果。

实训十　禽流感快速检测

一、实训内容

提供一定数量的鸡，使用禽流感抗体快速检测卡测定抗体，并根据抗体效价评价免疫效果或确定免疫接种的最佳时机。

二、材料准备

禽流感抗体快速检测卡、采血器、消毒棉球等。

三、方法步骤

1. 采集新鲜血液

(1)血清：按常规方法抽取 1 mL 血液置洁净干燥的试管中，常规方法离心(也可将血液静置约 2 h，待血液凝固自然析出血清)，分离血清。要求血清清亮，无溶血、无污染。血清样本短期可于 2～8 ℃保存，长期需置－20 ℃保存。

(2)全血：可采用加抗凝剂的全血作为检测样本(全血样本不能冷冻)。

2. 检测步骤

(1)采血 1 mL 常规方法离心，用一次性滴管取血清作为检测液。(样品若不能立即测试，应冷藏保存，超过 24 h，应冷冻保存。)

(2)将未开封的试纸卡和检测样品恢复至室温。

(3)将检测卡水平放置，用滴管向检测卡加样孔缓慢逐滴加入 3 滴不含气泡的待检血清。

3. 结果判定

(1)3 min 之内检测线区(T)出现明显红线，则说明样品中禽流感病毒抗体的效价较高(图 2-29)。

(2)5 min 之后检测线区(T)出现红线，则说明样品中禽流感病毒抗体效价偏低，难以抵御禽流感病毒攻击。

(3)5 min 之后检测线区(T)仍不出现红线，说明样品中可能不含禽流感病毒抗体。

(4)T 区的色泽特别深时，说明被检禽即使接种了疫苗，也可能已被强毒感染。

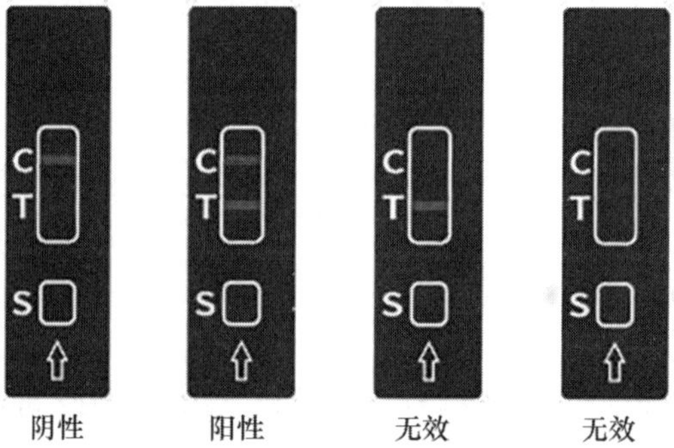

图 2-29 抗体检测结果

4. 注意事项

(1)所有检测卡启封后 1 h 内使用。

(2)本品为一次性产品，请勿重复使用。

(3)请勿使用自来水、纯化水及蒸馏水作为阴性对照。

(4)如滴加待检血清后 30 s 内，在检测窗内无液体移行，则再补加 1 滴待检血清。

(5)待检样品可能具有潜在传染性，样品和使用过的检测卡应作为微生物危险品处理。

(6)本检测卡为动物体外快速诊断工具，仅提供定性检测结果，应综合临床症状或其他实验室诊断方法进行确诊。

四、考核评价

学会采样及样品处理；能熟练加样，能观察和判定结果。

知识拓展

新城疫反转录-聚合酶链反应(RT-PCR)

1. 主要仪器设备

(1)PCR 扩增仪。

(2)台式高速冷冻离心机:最大离心力 12 000g 以上。

(3) Ⅱ级生物安全柜。

(4)微量可调移液器(2 μL,10 μL,100 μL,200 μL,1 000 μL 等不同规格)及其配套的无核酸酶处理的离心管与吸头。

(5)电泳仪。

(6)电泳槽。

(7)紫外凝胶成像仪。

2. 试剂

(1)RNA 提取试剂 Trizol。也可用商品化 RNA 提取试剂盒,或其他等效 RNA 提取试剂和方法,如自动化核酸提取仪和其他配套核酸抽提试剂进行核酸提取。

(2)三氯甲烷(氯仿)。

(3)异丙醇(分析纯)。

(4)75%乙醇:用新开启的无水乙醇(分析纯)和 DEPC 处理水按 3∶1配制而成,−20 ℃预冷。

(5)RT-PCR 相关试剂:可选择商品化试剂盒。

(6)阳性对照:灭活的新城疫强毒感染鸡胚尿囊液。

(7)阴性对照:SPF 鸡胚尿囊液。

3. 操作程序

(1)样品准备。取处理后的拭子样品、组织样品或尿囊液 3 000 r/min 离心 5 min,取 200 μL 离心后的上清液提取 RNA。

(2)病毒 RNA 提取。RNA 提取应保证无细菌及核酸污染,实验材料和容器应经过消毒处理并一次性使用。提取 RNA 时应避免 RNA 酶污染。用 Trizol 提取核酸 RNA 的操作步骤如下:

①在无 RNA 酶的 1.5 mL 离心管中加入 200 μL 检测样品,然后加入 1 mL Trizol,振荡 20 s,室温静置 10 min。

②加入 200 μL 三氯甲烷(氯仿),颠倒混匀,室温静置 10 min,12 000 r/min 离心 15 min。

③管内液体分为三层,取 500 μL 上清液于离心管中,加入 500 μL 预冷(−20 ℃)的异丙醇,颠倒混匀,静置 10 min。12 000 r/min 离心 15 min 沉淀 RNA,弃去所有液体(离心管在吸水纸上控干)。

④加入 700 μL,预冷(−20 ℃)的 75%乙醇洗涤,颠倒混匀 2~3 次。12 000 r/min 离心 10 min。

⑤调水浴至 60 ℃。离心管在室温下干燥至没有水滴。加入 40 μL DEPC 处理水,60 ℃水

浴作用 10 min，充分溶解 RNA，－70 ℃保存或立即使用。

（3）配置 RT-PCR 反应体系。

引物：引物针对新城疫病毒 F 基因设计，上游引物 Pl 的序列为 5′-ATGGGCYCCAGAYCTTCTAC-3′，下游引物 P2 的序列为 5′-CTGCCACTGCTAGTTGTGATAATCC-3′，Y 为兼并碱基（Y：C/T）。

RT-PCR 反应体系配置：RT-PCR 反应体系配置见表 2-8。体系配好后盖紧 PCR 反应管盖，并做好标记。

表 2-8　RT-PCR 反应体系配置

组分	体积/μL
无 RNA 酶灭菌超纯水	14.6
10×反应缓冲液	2.5
dNTPs	2
RNase 抑制剂(40 U/μL)	0.5
AMV 反转录酶(5 U/μL)	0.7
Taq 酶(5 U/pL)	0.7
上游引物 P1(20 pmol/L)	0.5
下游引物 P2(20 μmol/L)	0.5
模板 RNA	3
合计	25

（4）RT-PCR 反应。按反应体系表的加样顺序全部加完后，充分混匀，瞬时离心，使液体都沉降到 PCR 管底。同时设立阳性对照和阴性对照。按照下列程序进行扩增：42 ℃反转录 30 min；95 ℃预变性 3 min；94 ℃变性 30 s，55 ℃退火 30 s，72 ℃延伸 45 s，共进行 35 次循环；最后，72 ℃再延伸 7 min。最终的 RT-PCR 产物置 4 ℃保存。

（5）扩增产物电泳检测。1.5%琼脂糖凝胶板的制备：称取 1.5 g 琼脂糖，加入 100 mL 1×TAE 缓冲液中。加热融化后加 5 pL(10 mg/mL)溴乙啶，混匀后倒入放置在水平台面上的凝胶盘中，胶板厚 5 mm 左右。依据样品数选用适宜的梳子。待凝胶冷却凝固后拔出梳子(胶中形成加样孔)，放入电泳槽中，加 1×TAE 缓冲液淹没胶面。

加样：取 5 μL PCR 产物与 0.5 μL 10×加样缓冲液混匀后加入琼脂糖凝胶板的一个加样孔中。每次电泳同时设标准 DNA Marker 、阴性对照、阳性对照。

电泳：接通电源，120 V 恒压电泳 30～40 min。

观察与记录：电泳结束后，取出凝胶板置凝胶成像仪（或紫外线透射仪）上观察并记录结果。

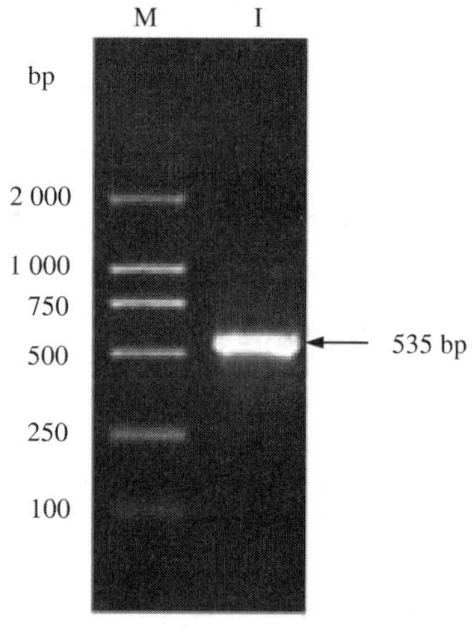

图 2-30　检测结果

4. 结果判定

（1）试验成立条件：阳性对照出现 535 bp 左右扩增条带（图 2-30），同时阴性对照无扩增条带。

（2）检测样品出现 535 bp 左右的目的片段（与阳性对照大小相符），判为新城疫病毒核酸阳性；检测样品未出现目的片段，判为新城疫病毒核酸阴性。

执业兽医资格考试真题精选

1. 鸡产蛋下降综合征病毒只有 1 个血清型，该病毒的主要结构蛋白是(　　)【2011】

A. 三邻体蛋白　　B. 五邻体蛋白　　C. 六邻体蛋白

D. 免疫蛋白　　E. 纤维蛋白

2. 高致病性禽流感病的流行特点是(　　)【2011】

A. 发病急骤,但流行范围小
B. 感染谱窄,但传播迅速
C. 传播迅速,但致死率低
D. 流行范围大且致死率高
E. 发病缓慢且感染谱窄

3. 典型鸡传染性法氏囊病病例的早期临床症状是(　　)【2011】

A. 腹泻,排白色黏稠或水样稀粪
B. 病鸡闭眼呈昏睡状态
C. 体温低于正常
D. 部分鸡自啄泄殖腔
E. 脱水,虚弱

4. 一养鸡专业户饲养蛋鸡 5 000 只,突然发现这些鸡中的一些鸡只咳嗽、气喘、流鼻涕等,也有的表现为严重的呼吸困难,并咳出血样黏液。检查口腔时。可见喉部黏膜上有淡黄色凝固物附着,不易擦去,即白喉样病变。根据以上临床症状,可初步诊断此病已感染(　　)【2011】

A. 禽传染性支气管炎病毒
B. 禽传染性喉气管炎病毒
C. 鸡败血支原体感染
D. 新城疫病毒
E. 禽流感病毒

5. 一专业养鸡户的鸡群发现突然减食,闭目昏睡,精神高度抑制。一夜之后产蛋量大幅度下降,甚至停止,头面部水肿,无毛处皮肤和鸡冠、肉髯出血、发绀,流泪;呼吸极度困难,不断吞咽、甩头,口流黏液,叫声沙哑,头颈部上下点动,有的扭曲战抖;拉黄白或绿色稀粪。剖检:腺胃黏膜呈点状、片状出血,腺胃与食道交界处、腺胃与肌胃交界处有出血带或溃疡。整个肠道特别是小肠肠壁有大量的枣核样坏死。盲肠扁桃体肿胀、出血、坏死。由以上临床症状和病理变化可初步诊断此病为(　　)【2011】

A. 新城疫
B. 产蛋下降综合征
C. 禽传染性支气管炎
D. 鸡瘟
E. 禽流感

6. 某鸡场鸡只出现呼吸困难,咳嗽,有黏液性鼻液,常表现为伸头,张口呼吸,并发出“咯咯”的喘鸣声或尖叫声。嗉囊内有大量积液,倒提时这些液体(酸臭)从口出流出,部分鸡只因昏迷而死亡。剖检病变;嗉囊内充满大量黄色酸臭液体及气体。腺胃黏膜高度水肿,其乳头或乳头间有出血点和溃疡;腺胃和肌胃交界处出血明显;肠外观可见紫红色枣核样肿大的肠淋巴滤泡;盲肠扁桃体肿大,出血,坏死;其他病变不明显。根据以上临床症状和剖检病变可初步诊断为(　　)【2011】

A. 禽流感
B. 鸡传染性法氏囊病
C. 新城疫
D. 真性鸡瘟
E. 禽霍乱

7. 鸡发生以呼吸困难、咳出带血黏液为特征的疾病多见于(　　)【2012】

A. 新城疫
B. 鸡败血支原体感染
C. 禽传染性喉气管炎
D. 禽传染性支气管炎
E. 鸡传染性鼻炎

(8～10 题共用题干)【2012】

某 4 月龄鸡群发病,病鸡消瘦,昏迷,翅膀下垂,有的两腿前后伸展呈“大劈叉”姿势。剖检见单侧坐骨神经和臂神经肿大增粗,部分病鸡的肝脏和肾脏出现肿瘤。

8. 该病最可能是(　　)

A. 禽白血病
B. 马立克病
C. 新城疫

D. 传染性法氏囊病　E. 鸡病毒性关节炎

9. 该病还可能出现的典型病变是(　　)

A. 虹膜变为灰白色　B. 间质性肺炎　C. 纤维素性胸膜炎

D. 纤维素性腹膜炎　E. 纤维素性心包炎

10. 防止该病最有效的措施是(　　)

A. 孵化室严格消毒　B. 隔离患病鸡　C. 淘汰阳性鸡

D. 疫苗免疫接种　E. 使用抗病毒药物

11. 鸡群暴发传染性法氏囊病时,控制该病最好紧急注射(　　)【2013】

A. 疫苗　B. 中药制剂　C. 抗生素

D. 白细胞介素　E. 高免卵黄抗体

12. 新城疫病鸡腺胃常见的病理变化是(　　)【2013】

A. 乳头或乳头间有出血点　B. 萎缩　C. 胃壁有灰白色小结节

D. 黏膜有乳白色分泌物　E. 黏膜有肿瘤结节

13. 鸡产蛋下降综合征病毒主要侵害(　　)【2013】

A. 1～4 周龄鸡　B. 5～10 周龄鸡　C. 11～15 周龄鸡

D. 26～32 周龄鸡　E. 35 周龄以上鸡

14. 9 周龄鸡呈“劈叉”姿势,剖检见一侧坐骨神经肿大,羽毛囊上皮超薄切片,电镜观察可见有囊膜的病毒粒子,引起该病的病原可能是(　　)【2013】

A. 禽传染性支气管炎病毒　B. 传染性法氏囊病病毒　C. 禽传染性喉气管炎病毒

D. 马立克病病毒　E. 产蛋下降综合征病毒

15. 腿部和胸部肌肉出血,肾脏肿大、苍白呈花斑状、肾小管和输尿管中有白色尿酸盐沉积的禽病是(　　)【2013】

A. 禽流感　B. 新城疫　C. 禽传染性支气管炎

D. 传染性法氏囊病　E. 禽白血病

16. 检测鸡产蛋下降综合征病毒抗体最常用的方法是(　　)【2014】

A. ELISA 试验　B. 血凝抑制试验(HI)　C. 中和试验

D. 琼脂扩散试验　E. 补体结合试验

17. 高致病性禽流感的临床特征不包括(　　)【2014】

A. 头颈部皮下水肿　B. 肠道多发性出血性坏死性炎症

C. 腺胃黏膜点状或片状出血　D. 心包炎和心肌炎

E. 脚部鳞片淤血、出血

18. 肾型禽传染性支气管炎的病变特征为(　　)【2014】

A. 气管黏膜增厚和浑浊,表面有结节样病灶

B. 鼻窦,眶下窦和眼结膜内有干酪样物

C. 喉和气管黏膜出血和坏死,并有假膜覆盖

D. 气管、支气管、鼻腔内有浆液性或干酪样渗出物

E. 肾脏肿大出血,呈斑驳状花斑肾

19. 产蛋下降综合征病毒属于(　　)【2015】

A. 疱疹病毒科　B. 腺病毒科　C. 冠状病毒科

D. 动脉炎病毒科　　E. 反转录病毒科

20. 预防马立克病的火鸡疱疹病毒疫苗属于(　　)【2015】

A. 灭活疫苗　　B. 核酸疫苗　　C. 异源疫苗

D. 亚单位疫苗　　E. 基因工程重组活载体疫苗

21. 用 SPF 鸡胚分离新城疫病毒时,病料接种的部位是(　　)【2015】

A. 卵黄囊　　B. 尿囊膜　　C. 尿囊腔

D. 羊膜　　E. 羊膜腔

22. 禽传染性喉气管炎病鸡的气管和喉头黏膜上皮细胞内可见(　　)【2015】

A. 胞浆内嗜酸性包涵体　　B. 胞浆内嗜碱性包涵体

C. 胞核内嗜酸性包涵体　　D. 胞核内嗜碱性包涵体

E. 胞浆内和胞核内嗜碱性包涵体

(23～25 题共用题干)【2015】

某 1 500 只 150 日龄蛋鸡群突然发生腹泻,排绿色或黄绿色粪便,发病率 50%,病死率 70%。剖检见肠道出血,腺胃黏膜水肿、乳头出血。

23. 确诊该病的快速诊断方法为(　　)

A. 细菌培养　　B. 血凝与血凝抑制试验　　C. 病毒中和试验

D. 涂片染色镜检　　E. 粪便虫卵检查

24. 该鸡群所发疾病最需要的鉴别诊断是(　　)

A. 禽流感与禽霍乱　　B. 禽霍乱与新城疫　　C. 新城疫与禽流感

D. 禽伤寒与新城疫　　E. 禽流感与禽伤寒

25.【假设信息】如该鸡群已接种过 3 次亚型禽流感疫苗,已排除发生禽流感的可能性。防控该病的有效措施是(　　)

A. 扑杀　　B. 抗菌　　C. 注射卵黄抗体

D. 疫苗紧急接种　　E. 注射感染素

26. 分离新城疫病毒所有 SPF 鸡胚的日龄通常为(　　)【2016】

A. 2～4 日龄　　B. 5～7 日龄　　C. 9～11 日龄

D. 13～15 日龄　　E. 16 ～18 日龄

27. 预防禽传染性喉气管炎常用的疫苗为(　　)【2016】

A. 弱毒疫苗　　B. 灭活疫苗　　C. 核酸疫苗

D. 合成肽疫苗　　E. 基因缺失疫苗

28. 发生传染性法氏囊病 2～3 d,病鸡含毒最高的器官是(　　)【2016】

A. 肝　　B. 腺胃　　C. 肾　　D. 肌胃　　E. 法氏囊

29. 马立克病的关键防控措施是(　　)【2016】

A. 添加抗菌药物　　B. 疫苗接种　　C. 使用抗生素

D. 添加抗病毒药物　　E. 肌内注射高免血清

(30～32 题共用备选答案)【2016】

A. 产蛋下降综合征病毒　　B. 禽呼肠孤病毒　　C. 传染性法氏囊病病毒

D. 禽流感病毒　　E. 传染性支气管炎病毒

30. 蛋鸡群产蛋量突然下降,畸形蛋、软壳蛋增多,无其他临床症状。从泄殖腔采样接种

鸭胚，分离到的病毒有血凝性，对脂溶剂不敏感。该病最可能的病原是(   )

31. 蛋鸡群产蛋量大幅下降，鸡冠发绀，口流黏液，排黄绿色稀粪。取病料接种鸡胚，收获的尿囊液有血凝活性，该病最可能的病原是(   )

32. 蛋鸡群产蛋量下降，病鸡气喘，微咳。剖检见输卵管发育受阻。取病料接种鸡胚，胚体蜷缩矮小，尿囊液无血凝性。该病最可能的病原是(   )

(33～35 题共用题干)【2016】

某蛋鸡群，从育雏期开始死淘率一直偏高，产蛋期病鸡肢体麻痹、不能站立，剖检病死可见肝脏、肾脏、腺胃、卵巢等处有肿瘤结节。病理组织学检查发现，肿瘤组织由大小不一的淋巴细胞组成。

33. 该病最可能的诊断是(   )

A. 马立克病　B. 禽白血病　C. 网状内皮组织增生症
D. 黄曲霉素中毒　E. 髓细胞瘤

34. 该病的主要传播途径(   )

A. 种蛋　B. 生殖道　C. 消化道
D. 呼吸道　E. 眼结膜

35. 该病的免疫接种时间是(   )

A. 1 日龄　B. 1 周龄　C. 2 日龄
D. 1 月龄　E. 2 月龄

(36～38 题共用题干)【2016】

夏末，某养殖场笼养的 10 000 只产蛋鸡，产蛋率突然下降，软壳蛋和畸形蛋增加。有些鸡消瘦，鸡冠苍白。剖检发病鸡，偶见输卵管黏膜水肿，其他脏器无明显病变。

36. 该病最可能的诊断是(   )

A. 新城疫　B. 禽流感　C. 传染性支气管炎
D. 产蛋下降综合征　E. 笼养蛋鸡疲劳综合征

37. 该病最常用的实验室诊断方法是(   )

A. 细菌的分离培养　B. 粪便虫卵检查　C. 鸡胚接种
D. 平板凝集实验　E. 血凝抑制试验

38.【假设信息】如果用氯羟吡啶治疗后症状减轻，产蛋率有所回升。该鸡群最可能混合感染了(   )

A. 异刺线虫　B. 组织滴虫　C. 住白细胞虫
D. 大肠埃希菌　E. 副鸡嗜血杆菌

(39～41 题共用题干)【2016】

某 9 月龄种鸡群，产蛋率和种蛋的孵化率偏低，部分鸡消瘦、腹部膨大。剖检见肝脏、肾脏、法氏囊、性腺、脾脏等处有肿瘤样结节。

39. 该病最可能的诊断是(   )

A. 马立克病　B. 禽白血病　C. 禽呼肠孤病毒
D. 黄曲霉素中毒　E. 包涵体肝炎

40. 实验室诊断，需要检查(   )

A. 法氏囊中的抗体　B. 蛋清中的抗体　C. 肿瘤组织中的抗体

D. 羽毛囊中的抗原　　E. 血清中的抗体

41. 该病的传播媒介是(　　)

A. 种蛋　　B. 饲料　　C. 饮水

D. 野鸟　　E. 鼠类

42. 鸡,6 周龄,咳嗽,流浆液鼻液,眼睑肿胀,频频摇头甩头。剖检气囊浑浊变厚,有干酪样渗出物,渗出物接种马丁琼脂固体培养基,长出“荷包蛋状”菌落,治疗该病应选用的药物是(　　)【2018】

A. 泰万菌素　　B. 青霉素　　C. 阿莫西林

D. 乙酰甲喹　　E. 磺胺喹噁啉

43. 某鸡群发病,剖检见肾脏肿大、肾小管内有大量尿酸盐沉积,最可能发生的疾病是(　　)【2018】

A. 新城疫　　B. 禽流感　　C. 马立克病

D. 禽传染性支气管炎　　E. 禽传染性喉气管炎

(43～45 题共用备选答案)【2018】

A. 禽传染性支气管病毒　　B. 禽传染性喉气管炎病毒　　C. 传染性法氏囊病病毒

D. 马立克病病毒　　E. 新城疫病毒

44. 鸡,3 周龄,羽毛松乱,排白色稀粪;剖检见法氏囊肿大,腺胃和肌胃交界处条状出血;法氏囊组织悬液接种鸡胚,见鸡胚绒毛尿囊膜水肿。该病最可能的病原是(　　)

45. 鸡,4 周龄,咳嗽,持续水样腹泻;剖检见腺胃肿大,胃壁增厚;肺组织匀浆接种鸡胚,见胚体萎缩。该病最可能的病原是(　　)

46. 鸡,2 月龄,嗉囊积液,排黄绿色稀粪;剖检见盲肠扁桃体出血。脑组织匀浆接种鸡胚,鸡胚尿囊液可凝集鸡红细胞。该病最可能的病原是(　　)

(46～47 题共用备选答案)【2018】

A. 大肠埃希菌病　　B. 鸡病毒性关节炎　　C. 马立克病

D. 传染性法氏囊病　　E. 鸡白痢

47. 12 周龄鸡群,部分鸡步态不稳,蹲伏,不能行走,翅下垂,剖检见单侧坐骨神经从增粗。该病最可能的诊断是(　　)

48. 10 周龄鸡群,部分鸡关节肿胀,跛行。剖检见关节软骨糜烂,滑膜出血、腱鞘水肿,腓肠肌腱断裂。该病最可能的诊断是(　　)

(49～50 题共用备选答案)【2018】

30 日龄肉鸡群,羽毛蓬松,采食减少,畏寒,扎堆,精神委顿,严重腹泻,排出白色水样稀粪,部分病鸡在发病后 2～3 d 死亡,5～7 d 到达死亡高峰,很快平息。

49. 对该病诊断具有示病意义病理变化是(　　)

A. 心脏出血　　B. 肝包炎　　C. 心包炎

D. 肺出血　　E. 花斑肾

50. 该病最可能的诊断是(　　)

A. 传染性法氏囊病　　B. 新城疫　　C. 禽流感

D. 大肠埃希菌病　　E. 沙门菌病

项目二执业兽医资格考试真题精选参考答案

项目三
家禽细菌性传染病

学习目标

知识目标

掌握鸡毒支原体感染、鸡滑液囊支原体感染、鸡传染性鼻炎、禽霍乱、沙门菌病、大肠埃希菌病、葡萄球菌病、鸡坏死性肠炎等细菌性传染病的流行特点、防控措施。

能力目标

掌握常见细菌性传染病的发病特点、防控办法，学会实验室诊断方法。

思政目标

通过家禽常见细菌性疾病防控知识的学习，注重培养良好的敬业精神和高度的责任感，按照相关要求，科学规范用药，保障生产安全、公共卫生安全和动物源性食品安全。

学习内容

任务一　鸡毒支原体感染

鸡毒支原体感染（MGI）是由鸡毒支原体（MG）引起鸡的一种慢性呼吸道疾病。雏鸡表现鼻炎、气管炎、气囊炎和眼炎；成年鸡多为隐性感染；火鸡还可引起鼻窦炎。

鸡毒支原体感染在过去称为“鸡慢性呼吸道病（CRD）”。近年来，随着鸡群饲养密度的增大，MGI的感染率越来越高，高度集约化、密集型的生产模式加速了本病的扩散。据血清学调查，大部分鸡群的感染率在50%以上，有的甚至高达70%～90%。该病既可水平传播又可垂直传播，一旦传入鸡群，很难根治。单纯感染不会造成大的死亡，但在整个饲养期内病情往往处于时起时伏、时轻时重的状态，其严重程度和病程受发病日龄、继发和并发感染以及应激等多种因素的影响。成年鸡感染时多呈隐性，死亡率很低，发病期间的产蛋率下降10%～20%，畸形蛋增多，破损率增加，种蛋孵化率降低，孵出的弱雏增多。雏鸡单纯感染时，死亡率较低。鸡毒支原体常与大肠埃希菌、新城疫病毒、传染性法氏囊病病毒等病原体混合感染，使病情加重，病程缩短，死亡率升高，损失加重，而且给诊断和防治工作带来很大困难。

【病原】

鸡毒支原体是支原体科支原体属中的一个致病种。菌体呈多形性和易变性，常呈球状或球杆状，有的呈丝状；直径在 0.25～0.5 μm。无细胞壁，革兰染色呈弱阴性，用吉姆萨染色或瑞氏染色，着色良好。需氧或兼性厌氧，营养要求较高，在人工培养时须加入 10%～15%灭能动物血清才能生长。生长也缓慢，培养 3～10 d，形成表面光滑透明、边缘整齐、露滴样的小菌落，直径为 0.2～0.3 mm，形似“油煎蛋”样，乳头状或脐状。MG 能凝集鸡和火鸡的红细胞，凝集现象能被相应的抗体所抑制。

鸡毒支原体对外界环境的抵抗力不强，在水中立刻死亡，在 20 ℃的鸡粪内可生存 1～3 d，于直射阳光下迅速死亡。耐低温，冻干后于 4 ℃可存活 7 年。一般常用的消毒剂均能迅速将其杀死。由于缺乏细胞壁，对能抑制细胞壁合成的药物，如青霉素、头孢类药物、磺胺类药物不敏感；对大环内酯类抗生素（红霉素、泰乐菌素、北里霉素、螺旋霉素）、链霉素以及喹诺酮类药物敏感。

【流行病学】

1. 易感性

从育雏到产蛋各个年龄段的鸡群均可感染，但雏鸡感染后的危害较大，尤其以 4～8 周龄的雏鸡最为易感，成年鸡多为隐性感染。

2. 传染源

病鸡和成年带菌鸡是本病的传染源。

3. 传播方式和感染途径

传播方式有水平传播和垂直传播两种方式。在水平传播中，经呼吸道感染是主要的途径，病原体可通过病鸡咳嗽、打喷嚏形成飞沫，或漂浮于空气尘埃中经呼吸道感染；另外，感染公鸡的精液中含有病原体，经交配也可发生感染。垂直传播是重要的传播方式，成年带菌种鸡所产的蛋含有支原体，可通过种蛋把支原体传给下一代。

4. 流行特点

本病一年四季均可发生，以寒冷季节多发。本病在鸡群中传播较为缓慢，但在新发病的鸡群中传播较快。单独感染支原体的鸡群，在正常饲养管理条件下，常不表现症状，呈隐性经过，在诱因作用下转为显性感染。其诱发因素主要有：①呼吸道感染其他病原微生物，如传染性支气管炎病毒、传染性喉气管炎病毒、新城疫病毒、嗜血杆菌和大肠埃希菌等；②接种疫苗，特别是气雾免疫；③饲养密度大、卫生状况差和通风不良；④饲料中维生素不足；⑤气候突变及寒冷等。

【临床症状】

本病的潜伏期 1～3 周不等。雏鸡最常见的症状是呼吸道症状，初期表现鼻炎：打喷嚏、流浆液性或黏液性鼻液，鼻液堵塞鼻孔妨碍呼吸，病鸡频频摇头。气管炎：咳嗽、喘气。当炎症蔓延到下呼吸道和气囊时，引起气囊炎：咳嗽和喘气更为显著，并有呼吸道啰音。到了后期，鼻腔和眶下窦中蓄积渗出物，则引起眼炎：眼睑肿胀，眼部突出呈肿瘤状，眼眶内有泡沫样液体；眼球受压，视力下降或失明。食欲不振，生长发育停滞，逐渐消瘦。本病一般呈慢性经过，病程长达 1 个月以上。一般单纯的鸡毒支原体感染不会导致死亡，与其他致病因子协同作用时出现高达 30%的死亡率。

成年产蛋鸡表现产蛋量下降，孵化率降低，孵出的雏鸡增重受阻。如继发感染大肠埃希菌病，还出现厌食和腹泻，死淘率增高。

【病理变化】

病理变化主要表现为鼻道、气管、支气管和气囊的卡他性炎症，含有多量的黏性渗出物。气囊的变化具有特征性：早期气囊膜浑浊，表面有结节状的增生性病灶；后期气囊膜增厚，囊腔内含有淡黄色、干酪样渗出物。腹腔内有泡沫样液体。如有大肠埃希菌混合感染时，可见纤维素性心包炎和肝周炎。组织学变化：被侵害的组织由于单核细胞浸润和黏液腺增生，黏膜增厚，黏膜下有局灶性淋巴组织增生。在肺，除肺炎和淋巴滤泡反应外，有时还出现肉芽肿。

【诊断要点】

根据流行病学、临床症状和病理变化可做出初步诊断，确诊须进行病原分离鉴定和血清学检查。

1. 病原分离鉴定

病初取病鸡鼻腔拭子或气管拭子，死亡后取气囊膜和干酪样渗出物，制成悬液，接种培养基培养 2～7 d，依据培养基上的菌落性状鉴定。

2. 血清学试验

最常用的是全血或血清平板凝集试验：取待检鸡全血或血清 1 滴于载玻片上，加鸡毒支原体染色抗原 1 滴，混合，轻轻晃动平板，在 2 min 内如出现明显的凝集颗粒即为阳性反应。该方法简便快速，主要用于鸡群感染情况的判断，不适于个体诊断。另外，也可用血凝抑制试验检查鸡毒支原体。

【防制】

1. 坚持“自繁自养”的原则

不从受污染鸡场购买种鸡、种蛋、鸡苗，引进后的种鸡、鸡苗隔离观察 2 个月及以上，并进行血清学检查。

2. 实施“全进全出”的饲养模式

对“三同”鸡群，即同一日龄、同一品种、同一来源的鸡群实施“全进全出”制。每一批鸡出栏后，应先清洗栏舍，再用消毒剂喷雾消毒，并间隔 15～30 d，再进雏鸡。

3. 加强饲养管理，消除诱因

及时清除舍内垃圾、粪便，并发酵处理；饲养密度不宜过大；在气候寒冷季节防寒保暖的同时，要注意通风换气，降低舍内氨气浓度，以减少对鸡呼吸道黏膜的刺激；防止惊群；饲料配合适当，防止缺乏维生素。

4. 药物预防

对 1 周龄以内的雏鸡，使用敏感药物饮水或混饲，减少雏鸡带菌率。在易感年龄段使用药物预防，连用 5～7 d。常用的药物有大环内酯类、四环素类、林可胺类和喹诺酮类，以北里霉素、泰乐菌素和红霉素最为敏感。每只可用 2 000 U(2 mg)链霉素滴鼻，并结合防治鸡白痢，饮服环丙沙星 5 d。对种母鸡每月注射 1 次 200 mg 链霉素，同时在饲料中定期加入 0.05%土霉素，连用 1 周，可减少种蛋中的支原体。

5. 免疫接种

疫苗有活疫苗和灭活疫苗两种，两种疫苗都有其自身的缺点。弱毒疫苗既可用于尚未感染的健康鸡群，又可用于已感染的鸡群，但保护率不高，一般在 80%以上，还有散毒的可能。灭活疫苗主要是油佐剂灭活苗，多用于蛋鸡和种鸡，免疫后能较好地防止鸡群气囊炎的发生和产蛋量的下降，但对阻止野菌株感染的作用较小。因此，需研制开发免疫性能更佳的疫苗。

目前常用的活疫苗是 F 株疫苗，免疫途径为点眼免疫，也可做饮水免疫。蛋鸡和种鸡可于 6～8 周龄首免，开产前二免。或用油乳剂灭活苗，雏鸡于 1～4 周龄时肌内注射免疫 1 次，免疫期 6 个月，到开产前再肌内注射 1 次可切断垂直传播。

6. 建立健康种鸡群

孵化时挑选健康种蛋，即来源于健康种鸡群的蛋。入孵前对蛋壳表面、孵化室和孵化设备熏蒸消毒。在进雏前要严格消毒育雏室。定期(2 月龄、4 月龄、6 月龄)对种鸡群进行检疫，淘汰阳性鸡。

7. 治疗

目前认为疗效较好的药物是泰乐菌素、泰妙菌素、北里霉素、强力霉素、红霉素和恩诺沙星等。

①泰乐菌素：每升水加入 500 mg，混饮，2 次/d，连用 3～5 d。

②泰妙菌素(支原净)：每升水加入 250 mg，混饮，1 次/d，连用 5～7 d。

③北里霉素：每千克饲料加入 330～500 mg，混饲，连用 5～7 d；或每升水加入 500 mg，混饮，连用 3～5 d。

④强力霉素：每千克饲料加入 100～200 mg，混饲，连用 5～7 d；或每升水加入 50～100 mg，混饮，连用 3～5 d。

⑤红霉素：每升水加入 125 mg，混饮，连用 3～5 d。

⑥链霉素：5～8 周龄幼鸡每只 80～100 mg，3 月龄以上每只 100～150 mg，成年鸡每只 200 mg，肌内注射，1 次/d，连用 3～5 d。

⑦环丙沙星：每升水加入 50 mg，混饮，连用 3～5 d。

⑧恩诺沙星、氧氟沙星：每升水加入 50 mg，混饮，连用 3～5 d。同时又可兼治并发或继发的大肠埃希菌病。

无论混饮或混饲都要连用几天，一般为 5 d，疗效太短易复发。若鸡群中仅有少数鸡发病，且没有传播流行趋势，应采取对病鸡单独治疗的方法。若确诊为与大肠埃希菌混合感染时，治疗应以控制大肠埃希菌病为主，采取全群治疗的方法。若本病继发于其他疾病，则应采取主要针对原发病的防制措施。对 60 日龄以内的鸡群，尤其是肉用仔鸡群进行新城疫气雾免疫时，在疫苗中可适当添加链霉素等防止激发本病。

任务二　鸡滑液囊支原体感染

鸡滑液囊支原体感染又称滑液支原体感染，病原为滑液囊支原体，是鸡和火鸡的一种急慢性传染病，该病病程长，病鸡表现为精神差，羽毛粗乱，消瘦，喜卧，死亡率低，关节肿大，滑液囊和腱鞘发炎症状明显，严重影响鸡的生产能力。

【病原】

鸡滑液囊支原体(MS)呈多形态的球形体(直径 0.2～0.4 μm)，比鸡毒支原体(MG)稍小，革兰染色阴性。只有一个血清型，不同菌株的致病力有差异，引起的症状也因病原的趋向性而不同。病原具有一般支原体特征，即发酵葡萄糖、不水解精氨酸、不利用尿素。人工培养时，MS 的营养要求比 MG 高。首次培养，培养基内必须加入烟酰胺腺嘌呤二核苷酸(辅酶Ⅰ、NAD)，传代后可以由烟酰胺(nicotinamide)代替；还需加入牛或猪的血清，以猪的血清较好，用鸡血清则不能成功培养；最适温度为 37 ℃。初次分离时，由于组织抗原、抗体和毒素的存在一般需在 24 h 后继代移植 1 次，转移至 Frey 氏培养基上培养 3～7 d 后，可见生长。用 30 倍解剖镜观察，可见圆形的、隆起的、略似花格状的、有或无中心的菌落，直径为 1～3 mm。该病的病原体在 5～7 胚龄鸡胚卵黄囊中和鸡的气管培养物上生长良好。

【流行病学】

该病原体自然情况下仅感染鸡和火鸡，人工感染可致雏鸡和鹅发病。外来引进品种或品系发病高于本地品种。经蛋感染的雏鸡可见 1 周龄内发病，4～16 周龄的鸡和 10～24 周龄的火鸡多见。初期为急性经过，急性期过后的慢性感染或隐性感染可持续数月至数年，成年鸡偶见。人工感染，经足掌或静脉注射，2～3 d 后出现症状，可复制该病。该病主要通过健康鸡和病鸡的接触水平传播，呼吸道是该病的主要水平传播途径，气管是主要的靶组织。经蛋的垂直传播危害更大。一群雏鸡中有 10%～20%经蛋感染的鸡，则在很短的时间内可传遍整群鸡。经蛋传染的最高峰在种群感染后的 1～2 个月，病原潜伏在鸡体内数天到数个月，一旦鸡群受到不良因素的刺激，则很快发病。另外，鸡群接触被病原体污染的饲料、饮水、动物和饲养器具而被感染。气溶胶、风等也可能传播该病。以普通鸡胚培养制造的疫苗中常有滑液囊支原体的污染，用该疫苗接种可致被接种的健康鸡感染发病。

滑液囊支原体对冷、热、干燥和一般消毒剂都很敏感，因没有细胞壁保护，在宿主以外的环境中生存能力很差。在湿冷的环境中可能存活几天，但在干燥和热的环境里只能存活几个小时。如果空舍时间长，就没有能力存在于鸡舍中。对于非全进全出的鸡场来说，感染滑液囊支原体的鸡群终生处于感染状态，外观正常鸡的气管中也能分离出病原体。持续不断的循环感染是造成该病绵延不绝的主要原因，连续的药物和疫苗防治也只能减少发病，而不能彻底净化。全群淘汰和空舍是根除病原体的唯一办法。鸡和火鸡的发病率达 90%～100%，但死亡率通常在 1%以下，最高不超过 10%。该病对产蛋的影响小，即便是在产蛋鸡场中有大比例的鸡群感染发病，也不会见到明显的产蛋减少。尽管如此，在家禽生产各个方面的负面影响也决不能忽视。对商品肉鸡来说，增加人力和用药成本，降低生长速度、较低饲料转化率、较高的淘汰率和屠体质量下降；对育成鸡来说，还表现为鸡群个体和生殖器官发育不整齐，没有产蛋高峰或产蛋高峰延迟；对种鸡来说，造成较多的死胚、弱雏，较低的孵化率。

【临床症状】

自然接触感染的潜伏期一般为 10～20 d，经卵垂直感染的雏鸡可在 1 周龄内发病。不同毒株的致病力有较大差异，故临床上，有些病例表现为严重的关节病症，而另外一些病例则表现为严重的呼吸道症状，也有二者兼而有之的。关节型病例：感染初期，病鸡精神尚好，饮食正常；病程稍长，则精神不振，独处，喜卧，常待在料槽和水槽边，食欲下降，生长停滞，消瘦，脱水，鸡冠苍白，严重时鸡冠萎缩，呈紫红色。典型症状是跗关节和趾关节肿胀、跛行，甚至变形；慢性病例可见胸部龙骨出现硬结，进而软化为胸囊肿。成年鸡症状轻微，仅关节肿胀，体重减轻。呼吸型病例：表现为打喷嚏，咳嗽，流鼻涕，常在接种活疫苗或遭受其他应激（如断喙、大风降温）后出现呼吸道症状，排绿色粪便。

【病理变化】

1. 关节型病例

常出现腱鞘炎、滑膜炎和骨关节炎，病初水肿，有渗出物，呈黄色或灰色，清亮，有黏性，随病程发展，渐次浑浊，最终呈干酪状（图 3-1）。严重病例甚至在头顶和颈上方出现干酪物。受影响的关节呈橘黄色，有时病理学检查关节软骨出现糜烂组织。软组织水肿腱鞘和滑液囊腔有异嗜性细胞浸润，随后因单核细胞和浆细胞浸润而变厚，有时异嗜性细胞炎性变化扩展到下层骨，形成纤维素样变性。内脏器官一般不见特征性病变。

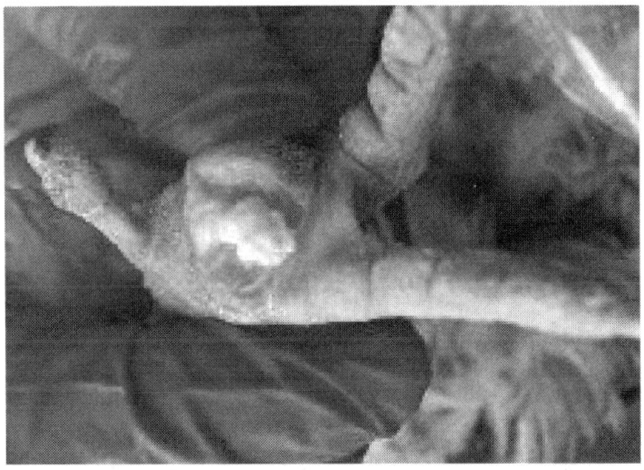

图 3-1　滑液囊支原体感染

2. 呼吸型病例

气管内有黏液，由于单核细胞浸润和网状细胞增多，而出现肝脾肿大，肝呈斑驳状绿玫瑰色，肾脏也可能肿胀，变白。淋巴细胞变性，可能导致胸腺和法氏囊萎缩，有时出现心包炎、心外膜炎和心内膜炎。

【诊断】

根据病史、临床症状及病变可做出初步诊断，由于该病的症状和病理变化并不是特征性的，故确诊需将初步诊断结果与血清学检测结果相结合考虑。用于病原分离的组织包括气管、气囊、肝脏、脾脏滑液囊和病变关节渗出液等。渗出液必须取自发病初期的病变关节，否则可能检测不到病原体。常用的血清学检测方法有平板凝集反应、试管凝集反应与血凝抑制试验等，也有采用酶联免疫吸附试验、PCR 扩增技术等检测的报道，最常用的方法为平板凝集反应。

1. 病原分离

取急性发病鸡的关节渗出液、肝脏、脾脏等为材料，用营养肉汤 1∶10 倍稀释后接种于 Frey 氏培养平板上，3～7 d 后观察结果，或接种于 5～7 日龄鸡胚卵黄囊中，5～10 日后观察结果。

2. 血清学检查

取病原分离物接种于滑液囊支原体平板抗原上做凝集试验。先将滑液囊支原体血清平板凝集试验抗原（红色均匀混悬液）摇匀，在检测板上滴加抗原 0.025 mL，随后滴加 0.025 mL 被检血清，充分混合，涂成直径 2 cm 大小的液面，摇动检测板，2 min 判定结果，出现明显的凝集颗粒，判断为阳性。呈现阳性即可做判定。该病应与葡萄球菌、链球菌、大肠埃希菌等病菌引起的关节炎及病毒性关节炎相区别，在病原学和血清学检查时，还应与鸡毒支原体（MG）相区别。

【防制】

该病主要是通过药物控制和疫苗免疫两种方法。

药物控制已经应用许多年，之所以结果不一致，可能与毒株致病力的差异和抗药性有关，故间歇用药和轮换用药很有必要。但必须认识到，使用一种抗生素，无论使用多大的剂量，多么长的治疗时间，都不能将存在于鸡群中的病原体根除掉，而只是基本不发病。

治疗：常用的药物有泰乐菌素、泰妙菌素、强力霉素、红霉素、土霉素、卡那霉素、林可霉素、链霉素、诺氟沙星、恩诺沙星、氟苯尼考等，拌料、饮水均可。强力霉素、支原净链霉素等喷雾用药，效果也很好。

预防：滑液囊支原体灭活苗，颈部皮下注射，21 日龄及以上鸡，每只 0.5 mL，28 d 后产生免疫力，免疫期 6 个月。滑液囊支原体 H 株疫苗本身没有致病性，通过点眼方式免疫，可以永久性的定植于机体内，并能减少由野毒引起的垂直传播，对种鸡来说很有必要。加强管理，提供适宜的饲养环境，减少应激，可以降低该病的发病率。实行全进全出的饲养模式，增加批次间隔时间，加强消毒和检疫，淘汰病鸡，也能降低该病发病率，减少经济损失。

支必妥 5 号鸡滑液囊支原体免疫微生态制剂：起效快，保护周期长。特异性和非特异性双重免疫保护。提高机体抵抗力，有效控制继发感染和混合感染，使用方便，口服、饮水或拌料，无应激。可调理肠道，促进营养物质的消化吸收。安全性高，无药物残留。

任务三　鸡传染性鼻炎

鸡传染性鼻炎是由副鸡嗜血杆菌引起鸡的急性呼吸道疾病，以鼻炎和鼻窦炎、颜面肿胀和结膜炎为特征。

【病原】

副鸡嗜血杆菌为革兰阴性，短杆状、球杆状呈短链排列，大小为(1～3) μm×(0.4～0.8) μm，单在、成对存在，无特殊结构。通常分为 A、B、C 三个血清型，我国流行的菌型为 A 型和 C 型。

本菌在 10% CO_2 条件下，于血液琼脂培养基上培养 24～48 h，长出青灰色、半透明、光滑、边缘整齐、直径约 0.3 mm 的针尖状菌落，不溶血。与葡萄球菌接种于同一血液琼脂培养基上培养时，可在葡萄球菌菌落周围发现生长旺盛的副鸡嗜血杆菌，形似“卫星状”。

副鸡嗜血杆菌对外界环境的抵抗力较弱，对热和消毒剂敏感。

【流行病学】

1. 易感性

各种日龄的鸡均可感染，以育成鸡和成年鸡多发，尤其以产蛋鸡发生较多。2～6 周龄的雏鸡抵抗力较强，不易感染。

2. 传染源

病鸡和带菌鸡是传染源。

3. 感染途径

呼吸道是主要的途径，以飞沫和尘埃传播，也可经消化道感染。

4. 季节和诱因

本病多发于秋冬寒冷季节。该病发生可能与气候、饲养管理条件有关，如气温突变、穿堂风、饲养密度过大、运输搬迁和通风不良等因素可促进本病的发生和流行。

【临床症状】

本病传染性极强，传播快，一旦发病，在短时间内可波及全群，一个鸡场一栋鸡舍的鸡发病，其他鸡舍的鸡几乎无一幸免。鼻炎和鼻窦炎：流浆液性或黏液性鼻涕，为了排除鼻腔分泌物，鸡不断甩头，打喷嚏；颜面部肿胀，可蔓延到肉髯。结膜炎：眼睑肿胀，有的流眼泪。采食减少，有时下痢，产蛋鸡产蛋量下降。单纯的传染性鼻炎很少死亡，但在流行后期鸡群好转、产蛋量逐渐回升时，常常继发其他细菌性疾病，病程延长，死亡数增多，但没有明显的死亡高峰。

【病理变化】

鼻腔、鼻窦黏膜卡他性炎症，黏膜充血、肿胀，覆有大量浆液性或黏液性分泌物以及渗出物凝块。结膜充血、肿胀。

【诊断要点】

根据流行病学调查、临床症状和病理变化做初步诊断，确诊需进行实验室检查。

1. 细菌学诊断

用无菌棉拭子采取病鸡眼、鼻、眶下窦的分泌物，在血液琼脂平板上与金黄色葡萄球菌交叉接种，于5%～10% CO_2环境中培养，可见葡萄球菌菌落周围有明显的卫星现象，其他部位不见或很少有细菌生长。获得纯培养后进一步鉴定或做健康鸡感染试验。

2. 血清学诊断

琼脂扩散试验和血清凝集试验。

【防制】

1. 加强饲养管理，消除诱因

在寒冷季节既要通风良好，又要保温。为了防止舍内氨气浓度过高，应适当降低饲养密度，及时清粪。在冬季气候干燥时，尘土常被风卷起，可带鸡消毒，以降落空气中的粉尘，达到净化空气的目的。加强饮水用具的清洗消毒和饮用水的消毒。工作人员应严格执行更衣、洗澡、换鞋等卫生防疫制度。

2. 免疫接种

在常发区，用传染性鼻炎油乳剂灭活苗免疫接种，在35～40日龄首免，120日龄二免。鸡传染性鼻炎（A型）灭活疫苗，本品含灭活的副鸡禽杆菌A型C-Hpg-8株（CVCC 254）。42日龄以下的鸡，免疫期为3个月；42日龄以上的鸡，免疫期为6个月。若42日龄首免，110日龄二免，免疫期为19个月。42日龄以下的鸡，每只0.25 mL；42日龄以上的鸡，每只0.5 mL。

3. 治疗

发病时，用5%恩诺沙星、5%环丙沙星、庆大霉素、红霉素、链霉素、复方新诺明、泰灭净（含25%磺胺-6-甲氧嘧啶）等抗菌药物治疗，重症鸡首选链霉素，如注射2 d无明显效果时应换药。投药要考虑鸡群采食状况，当食欲变化不明显时，可选用口服易吸收的磺胺类药物或抗生素。当采食明显减少、口服给药不能达到治疗效果时，应采取注射途径给药。在用药的同时尽早接种传染性鼻炎灭活苗。

任务四 禽霍乱

禽霍乱是由巴氏杆菌属的细菌引起禽的常见多发传染病。急性型呈败血症变化，慢性型表现为皮下组织、关节和各器官的局灶性坏死性炎症，多与其他传染病混合感染或继发感染。各种家禽都可感染发病，家禽中以鸡、鸭最易感。在鸡中，以 3～4 月龄和成年产蛋鸡多发，2 月龄内很少发病。

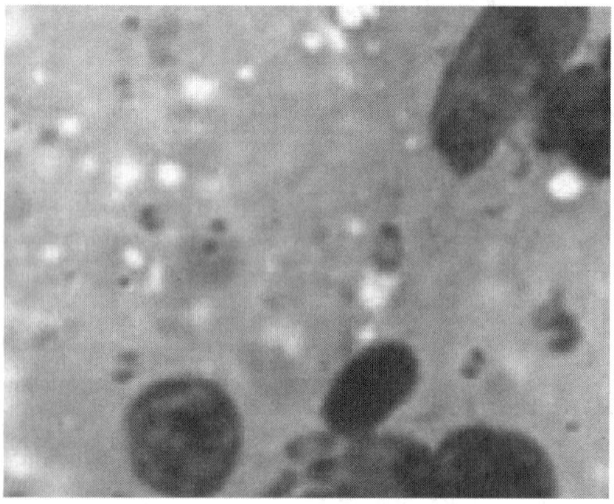

图 3-2 巴氏杆菌

【病原】

主要是多杀性巴氏杆菌。

1. 形态特性

巴氏杆菌为革兰阴性、卵圆形、细小球杆菌，无芽孢，无鞭毛。病料组织触片、血涂片和新分离的培养物涂片，用碱性美兰染色或瑞氏染色时呈现明显的两极着色(图 3-2)，有荚膜；培养后荚膜消失，两极着色也不明显。在血液、血清的培养基上生长良好，血琼脂平板上培养 24 h，形成灰白色露滴样小菌落，不溶血；在普通肉汤中生长，肉汤轻度浑浊，管底有黏稠沉淀物，表面形成菌环。

2. 分型

多杀性巴氏杆菌的分型有菌落荧光分型和血清分型。

巴氏杆菌彩图

(1)根据菌落荧光分型可分为 3 种。橘红色荧光型(Fo)：菌落大，呈橘红色带金光，边缘有乳白光带，对鸡和兔毒力强。蓝绿色荧光型(Fg)：菌落小，呈蓝绿色带金光，边缘有狭窄的红黄光带，对猪、牛和羊等毒力强。无荧光型(Nf)：对小鼠有毒力。

(2)根据荚膜抗原(K 抗原)结构的不同，将本菌分为 A、B、D、E 血清群。目前，我国对本菌的血清学鉴定证明只有 A、B、D 三个血清群；根据菌体 O 抗原的不同，分为 1～12 个血清型；K 抗原与 O 抗原结合可构成 15 个血清型。不同动物感染的血清型不同，如家禽以 5:A 最常见。各型之间多无交叉保护性或保护力不强，但在一定条件下，各种动物之间可发生交叉感染。

3. 抵抗力

巴氏杆菌抵抗能力较弱。对热、日光敏感，干燥空气中 2～3 d 即可死亡，60 ℃ 10 min 死亡，常用的消毒剂在短时间内均可将其杀死。

【流行病学】

多杀性巴氏杆菌对各种动物都有致病性，其中以猪、禽和兔最易感，其次是黄牛、牦牛、水牛和绵羊，鹿、骆驼和马也可发病，但较少见。本病的发生多无明显的季节性，但以气候骤变、闷热、潮湿、多雨时期多发。健康动物的呼吸道带菌，当饲养管理不良、气候不适、圈舍潮湿、拥挤、营养缺乏、长途运输和寄生虫病感染等使动物体抵抗力降低时，病原菌可经淋巴循环进入血液，发生内源性传染。患病动物通过排泄物、分泌物向体外排出大量病原菌，污染圈舍、用具、饲料和饮水，健康动物经消化道感染；或由咳嗽、喷嚏排出病原，通过呼吸道感染；也可经损伤的皮肤、黏膜及吸血节肢动物的传播发生感染。一般为散发性，家禽特别是鸭群发病时，可呈流行性。

【临床症状】

本病的潜伏期 2～9 d 或更长，根据病程长短可分为以下三种类型。

1. 最急性型

特征是败血症，常见于流行初期，以产蛋率高的鸡最常见。病鸡发病突然，无明显症状，仅见倒地挣扎，拍翅抽搐，经数分钟或数小时死亡。

2. 急性型

特征是败血症和剧烈下痢。病鸡体温高达 43 ℃以上，精神委顿，羽毛松乱，缩颈闭目，呆立不动；不采食，饮水增加。鸡冠、肉髯呈黑紫色。呼吸困难，口、鼻流出淡黄色泡沫样黏液。剧烈腹泻，排出铜绿色或灰黄色稀便。最后因衰竭昏迷死亡，病程 1～3 d。

3. 慢性型

多见于流行后期，表现为慢性呼吸道炎症和慢性消化道炎症等局部炎症。

(1)慢性呼吸道炎症。鼻孔流黏液性分泌物，鼻窦肿胀，喉部有少许分泌物蓄积而影响呼吸，有一定程度的呼吸困难。

(2)慢性消化道炎症。采食减少，常有腹泻。

(3)慢性关节炎。常见于腿和翼关节，关节肿胀，疼痛，跛行。

(4)鸡冠、肉髯苍白、肿胀。病鸡消瘦，精神委顿，病程 1 个月以上，病死率不高。

肉髯肿胀彩图

鸭霍乱多为急性型，鸭两脚麻痹或瘫痪，表现不愿下水，行动缓慢无力或不能行走。张口呼吸，口、鼻流黏液，频频摇头，故称“摇头瘟”。剧烈腹泻，排出灰白色或铜绿色混有血液的粪便，1～3 d 死亡。病程稍长者可见关节肿胀，跛行。雏鸭有多发性关节炎，多见于跗、腕及肩关节。雏鸭消瘦，发育迟缓。

成年鹅与病鸭症状相似，仔鹅发病以急性为主，食欲废绝，喙角及蹼呈紫色，眼结膜有出血斑点，喉头有黏液性分泌物，腹泻，常于发病后 1～2 d 死亡。

【病理变化】

1. 最急性型

病变不明显，仅见心外膜和心冠状沟部有针尖大出血点，肝脏可能有灰白色坏死灶。

2. 急性型

皮下组织、腹膜、肺脏、心冠脂肪、肠系膜脂肪、十二指肠的黏膜和浆膜等点状出血，以心冠脂肪出血点最为明显。心包增厚，心包液增多，呈不透明的淡黄色液体，混有纤维素凝块。肝脏稍肿，呈棕色或黄棕色，质脆，表面有灰白色或灰黄色针尖大坏死灶(图 3-3)。

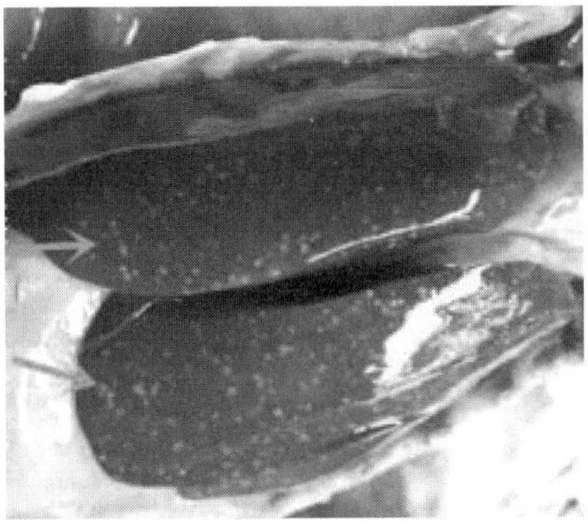
图 3-3　肝脏坏死

3. 慢性型

缺乏典型病变，仅见局限性病灶，如鼻窦炎、肺炎、气囊炎、化脓性关节炎、肠炎，有脓性或干酪样渗出物。

鸭、鹅的病变与鸡基本相似。多发性关节炎的雏鸭，其关节面粗糙，附有淡黄色的干酪样物或鲜红的肉芽组织。关节囊增厚，内有灰黄色黏稠或淡红色浆液状渗出物。肝脏脂肪变性和局灶性坏死。

【诊断要点】

1. 初步诊断

根据本病鸡、鸭、鹅可同时发病，表现剧烈下痢，剖检见各组织器官的广泛性出血和肝脏的坏死病变，一般可以确诊。但本病的慢性型常与大肠埃希菌病、葡萄球菌病等混合感染，在诊断中需进行病原学检查。

2. 病原学诊断

采取心血、心包液、肝脏组织等抹片、染色、镜检，如见两极浓染的卵圆形小球杆菌可确诊。还可进一步做细菌的分离培养，鉴定其血清型。也可取分离培养物，皮下接种于家兔(1 mL)或小鼠(0.2 mL)，接种的动物多在接种后 24～48 h 死亡，取其心血、肝脏组织涂片、染色、镜检。

3. 鉴别诊断

急性禽霍乱应注意与新城疫鉴别，鸭霍乱应注意与鸭瘟鉴别。

新城疫是由病毒引起的，抗菌药物治疗无效，只发生于鸡，水禽一般不感染，有神经症状，腺胃乳头出血，盲肠扁桃体出血、坏死，肝脏无坏死灶变化；禽霍乱是由多杀性巴氏杆菌引起的，肝脏有针尖大小坏死灶，可用抗菌药物治疗。

鸭瘟又称大头瘟，头颈部肿大，流泪，食道、泄殖腔黏膜有灰黄色假膜，肝脏的坏死灶外绕出血环，有些坏死灶中央还有出血点，抗菌药物治疗无效。

【防制】

平时加强饲养管理，消除诱因。一般从未发生禽霍乱的鸡场(群)不进行菌苗接种，在常发区和流行严重的地区，当药物预防的效果日渐降低时，才可考虑菌苗接种。预防药物有氨基糖苷类抗生素和喹诺酮类药物，饮水或混饲。在流行地区注射菌苗，菌苗种类较多，有禽霍乱G190E40 弱毒冻干苗、禽霍乱氢氧化铝甲醛苗、禽霍乱油乳剂灭活苗、禽霍乱-新城疫二联油乳剂苗等。

发病时，隔离和淘汰病禽，尸体深埋或焚烧处理，同群鸡进行药物预防，用 5%恩诺沙星、5%环丙沙星、强力抗治疗剂、菌克星、灭败灵、诺氟沙星等饮水。对污染的环境和用具进行彻底消毒。

任务五　沙门菌病

沙门菌病是由沙门菌属的细菌引起人、畜、禽疾病的总称。其特征是败血症和肠炎。

【病原】

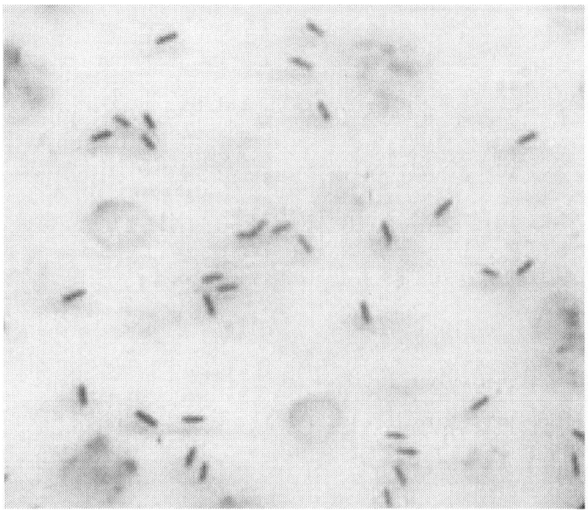

图 3-4　沙门菌

沙门菌为革兰阴性杆菌，两端钝圆，中等大小，长 1～3 μm，宽 0.4～0.6 μm，无荚膜，无芽孢；除鸡白痢沙门菌和鸡伤寒沙门菌外，其余均有周鞭毛（图 3-4）。除鸡白痢、鸡伤寒、猪伤寒、羊流产和甲型副伤寒等沙门菌在普通培养基上生长贫瘠外，其他沙门菌在各种普通培养基上均生长良好。在 SS 琼脂或麦康凯琼脂平板上形成无色透明或半透明、边缘整齐的小菌落。沙门菌根据其菌体抗原（O）、鞭毛抗原（H）和表面抗原（K）分成许多血清型，目前世界上已发现有 A 至 Z 和 O51 至 O67 共 42 个 O 群，58 种 O 抗原，63 种 H 抗原，已有 2 500 种以上的血清型，多数都为肠道沙门菌。沙门菌能够产生毒力很强的内毒素，引起动物发热、黏膜出血、白细胞增多和中毒性休克。其中肠炎沙门菌、鼠伤寒沙门菌和猪霍乱沙门菌可使人发生食物中毒。

沙门菌彩图

本菌对干燥、腐败和日光具有一定的抵抗力，在外界环境中可存活数日至数周，熏腌处理不能使其被杀死。对化学消毒剂敏感，常用的化学消毒剂都可以达到消毒的目的。

【流行病学】

1. 易感动物

人、畜、禽以及其他动物对沙门菌属中的许多血清型都有易感性，各种年龄畜禽均可感染，但以幼龄畜禽易感性高。

2. 传染源及传播途径

患病动物和带菌动物是主要的传染源，病原菌通过粪、尿等排出，污染饲料、饮水，经消化道感染，也可经交配或用患病公畜的精液进行人工授精时感染以及经胎盘发生垂直传播，鼠类可传播本病。另外，健康畜禽的消化道、淋巴组织和胆囊内存在本菌，在诱因（圈舍潮湿、拥挤、卫生状况不良、长途运输、饥饿、疲劳、气候骤变、寄生虫、病毒感染等）作用下，导致动物体抵抗力降低，沙门菌大量繁殖可引起内源性感染。

禽沙门菌病传播方式有水平传播和垂直传播，往往形成复杂的传播循环。最常见的是通过带菌卵传播，带菌卵来自康复鸡或带菌母鸡，或健康卵壳被病菌污染后成为污染卵，将带菌卵和污染卵孵化时，出现死胚及病雏，病雏通过其分泌物、排泄物等污染饲料、饮水、孵化器、育雏器等，又使与病雏共同饲养的健康雏鸡经消化道、呼吸道或眼结膜感染，耐过鸡可长期带菌，成年后产带菌卵，带菌卵再进行孵化，如此周而复始，使本病代代相传。本病在畜禽生产中呈散发性或地方流行性。

禽沙门菌病是由沙门菌属中的一种或多种沙门菌所引起禽类的急性或慢性疾病的总称。根据病原体的不同可分为鸡白痢、禽伤寒和禽副伤寒三种。

一、鸡白痢

鸡白痢是由鸡白痢沙门菌引起，主要侵害2～3周龄雏鸡和雏火鸡，以排白色糊状粪便为特征。雏鸡的发病率和死亡率很高，成年鸡呈慢性或隐性经过。

【临床症状】

1日龄雏鸡可发病，多于出壳后4～5 d开始发病，7～10日龄病雏增多，2～3周龄是发病和死亡的高峰期。最急性者，无明显症状突然死亡。病程稍长者表现精神委顿，绒毛松乱，两翅下垂，不愿走动，拥挤在一起，缩颈闭目昏睡。腹泻，排灰白色糊状粪便，肛门周围的绒毛被粪便所污染，干结后糊住了肛门(图3-5)，引起排便困难，常发出“叽叽”的尖叫声，最后因衰竭而死亡。病鸡有的出现眼盲；有的出现关节炎，肢关节肿胀，跛行；也有的发生肺炎，出现呼吸困难。病程短的1 d，长的4～7 d，病死率为40%～70%。耐过鸡生长发育不良，转为慢性感染鸡或带菌鸡。

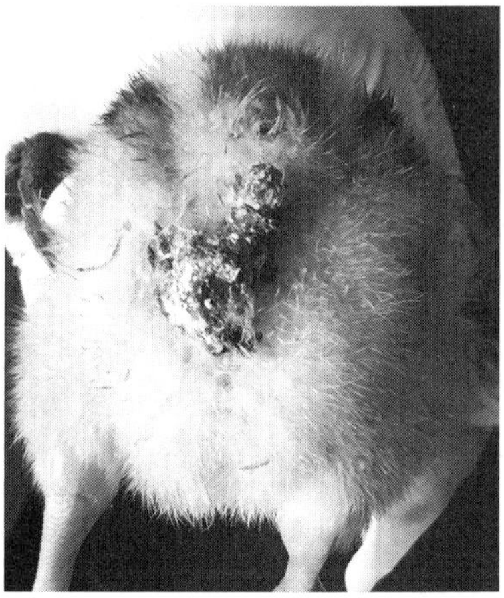
图3-5 糊肛

中雏与幼雏症状相似，但腹泻明显，粪便颜色不一，鸡冠苍白，病程较长，病死率为10%～20%。

成年鸡多为隐性感染，母鸡产蛋减少或停止，种蛋受精率和孵化率降低。少数病鸡表现精神委顿，食欲减少，鸡冠苍白，排灰白色、石灰渣样稀便。有些病鸡因卵黄性腹膜炎而使腹围增大，呈现“垂腹”现象。

【病理变化】

急性死亡的雏鸡一般无明显病变，仅见内脏器官充血。病程稍长者，在肝、心肌、脾、肺、肾、肌胃等形成黄白色坏死灶或大小不等的灰白色结节。肝、脾肿大，胆囊充盈。输尿管扩张，充满白色尿酸盐。盲肠中有白色干酪样栓塞物。常见腹膜炎。

育成鸡除具有上述病变外，还常见心包炎。肝脏肿大至正常的2～3倍，呈暗红色或深紫色，有的略带土黄色，质脆易碎，表面有散在或弥漫性红色或黄白色坏死灶。肠道多呈卡他性炎症。

成年鸡的病变主要见于生殖器官，卵泡变色、变形和变性，呈淡青色或铅黑色，表面凹凸不平，像“石头块”样，内容物呈油脂状或干酪样。有的卵泡从卵巢坠落于腹腔或黏附于腹膜上，外包结缔组织，卵泡破裂引起卵黄性腹膜炎，肠管和脏器粘连。公鸡睾丸肿大或萎缩，睾丸组织内有小坏死灶，输精管扩张，内有渗出物。

【诊断要点】

根据临床症状、病理变化和流行特点做出初步诊断，确诊需从病变脏器分离出沙门菌。成年鸡没有明显的临床症状，除进行细菌学诊断外，还可用血清学方法检出阳性病鸡。

1. 细菌的分离和鉴定

无菌采取病死鸡的心、肝、脾、肺、卵巢或睾丸等病料，接种于普通琼脂平板培养基，于37 ℃培养18～24 h后，形成细小、光滑、半透明菌落。于载玻片上加生理盐水1滴，挑取可疑菌落于盐水中涂抹，再加1滴沙门菌多价血清，混匀。如在2 min内发生凝集作用，则属于沙门菌。再挑取菌落与D组血清做凝集反应，出现凝集的为鸡白痢沙门菌。

2. 血清学检查

常用的方法有全血平板凝集反应和血清试管凝集反应，其中以全血平板凝集反应简便易行，适用于现场检疫，但只适用于性成熟的鸡，对性未成熟的病鸡检出率低。

【防制】

预防本病的原则是杜绝病原传入，清除鸡群内带菌鸡与慢性感染鸡，执行严格的卫生防疫制度，建立健康的种鸡群。

1. 孵化环节

孵化前1周，对孵化室和孵化设备进行一次彻底消毒。清扫孵化室，擦洗孵化设备和用具，用甲醛熏蒸消毒孵化室。挑选的健康种蛋应来自健康种鸡群，入孵前用甲醛熏蒸消毒30 min。

2. 育雏阶段

先严格消毒育雏室，在2～3周龄时用抗菌药物(诺氟沙星、环丙沙星、庆大霉素等)饮水或拌饲，剂量为治疗量的一半。为防止长期应用单一的预防药物引起耐药菌株的出现，应将交替使用药物。

3. 成年鸡(种鸡)

每年定期检疫，检出的阳性鸡淘汰处理，使鸡群逐步净化。

4. 治疗

雏鸡群发病时，全群鸡用药物饮水或拌饲。用药前最好做药敏试验，选择最敏感的药物可收到更好的效果。

二、禽伤寒

禽伤寒由鸡伤寒沙门菌引起，主要特征是腹泻，肝、脾肿大。主要感染鸡和火鸡，特别是生长期和产蛋期的母鸡。

【临床症状】

潜伏期4～5 d，雏鸡和雏火鸡的症状与鸡白痢相似。中雏和成年鸡呈急性暴发时，体温升高至43～44 ℃，精神委顿，羽毛松乱，采食减少。鸡冠和肉髯呈暗紫色或苍白皱缩，排黄绿色稀便。一般经5～10 d死亡，病死率达5%～30%。亚急性或慢性病例，腹泻，生长发育不良，病死率低，耐过者长期带菌。

【病理变化】

雏鸡病变与鸡白痢相似。肺、心肌和肌胃有灰白色的小坏死灶。成年鸡最急性病例眼观变化不明显，病程长的可见肝、脾、肾脏肿大，肝脏呈淡绿色或青铜色，俗称“青铜肝”，表面有粟粒大小的灰白色坏死灶。胆囊充盈。卵泡出血、变形，常有卵黄性腹膜炎和卡他性肠炎。公鸡睾丸有大小不等的坏死灶。

【诊断要点】

根据流行病学、临床症状和病理变化可做出初步诊断，确诊需进行细菌的分离和鉴定，还可用血清学方法检查，血清学检查方法同鸡白痢。

【防制】

参照鸡白痢。

三、禽副伤寒

在沙门菌属中，除鸡白痢沙门菌和鸡伤寒沙门菌外，凡是对禽有致病性的沙门菌所引起的传染病称为禽副伤寒，其中以鼠伤寒沙门菌最为常见。各种禽类均可感染，以鸡、火鸡和鸭最为常见，常于出壳后2周之内发病，6～10日龄达高峰，病死率可达10%～20%。1月龄以上的家禽很少死亡，成年鸡呈隐性或慢性经过。禽副伤寒呈地方流行性，特征是下痢和内脏器官的局灶性坏死。

【临床症状】

潜伏期为12～18 h或稍长，2周龄以内的幼禽发病多呈急性败血症，日龄较大的禽呈亚急性、慢性或隐性经过。经带菌卵感染或孵化器内感染的雏禽，多在出壳后1周内发病死亡，症状不明显。多数病例表现嗜睡，垂头闭眼，翅膀下垂，绒毛松乱，怕冷扎堆，食欲减退，饮水增加，呈现白色水样下痢，肛门周围污染严重。病程1～4 d。

雏鸭可见颤抖、喘息和眼睑肿胀，常猝然倒地死亡，故又称“猝倒病”。

成年禽症状不明显，有时出现厌食、倦怠、水样下痢，大多数能自行康复，但长期带菌。

【病理变化】

急性死亡的病雏，一般无明显病变。病程稍长者可见消瘦、脱水，卵黄凝固。肝、脾充血，有条纹状出血和针尖大小的坏死灶。肾脏充血。心包炎并伴发心包粘连。十二指肠呈出血性炎症，盲肠内有干酪样物。

雏鸭感染沙门菌时，肝脏呈青铜色，有灰白色坏死灶，气囊膜浑浊并有纤维素样斑点。北京鸭感染鼠伤寒沙门菌时，肝、脾肿大，有坏死灶，盲肠内有干酪样物质。

成年鸡可见肝、脾、肾充血肿胀，有出血性或坏死性肠炎，伴有心包炎、腹膜炎。产蛋鸡的卵巢化脓、坏死，输卵管发生坏死、增生。

【诊断要点】

根据临床观察和尸体剖检可做出初步诊断，确诊必须进行实验室诊断。急性病例采取病变内脏器官，慢性病例采取盲肠或泄殖腔内容物进行病原菌的分离和鉴定。

【防制】

防制本病必须对孵化场和养鸡场实施严格的卫生防疫措施，方法参照鸡白痢。

任务六　大肠埃希菌病

大肠埃希菌病是由致病性大肠埃希菌引起幼龄动物的一种传染病，呈现肠炎、败血症或毒血症。

【病原】

大肠埃希菌是革兰染色阴性、中等大小的杆菌(图3-6)，有鞭毛，有荚膜或微荚膜，无芽孢，一些菌株的菌体表面有一层具有黏附性的纤毛，黏附性的纤毛是一种毒力因子。多数菌株在普通培养基上，生长形成光滑、湿润、凸起的乳白色菌落。在血液琼脂平板上，某些致病性菌株形成β型溶血。对碳水化合物发酵能力强，能发酵乳糖并产酸，在麦康凯琼脂培养基和远藤氏琼脂培养基上生长形成红色菌落。常用的化学消毒剂都可将其杀死。

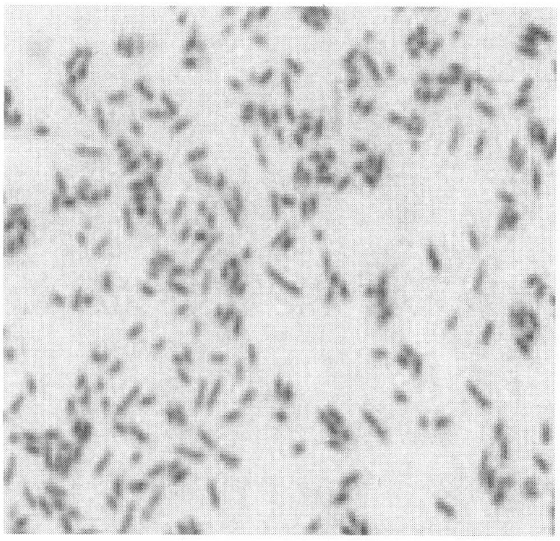

图 3-6　大肠埃希菌

致病性和非致病性大肠埃希菌在形态、染色、培养特性和生化反应方面没有区别，但其抗原结构不同。大肠埃希菌的抗原结构由已知菌体抗原(O)171 种、表面抗原(K)103 种和鞭毛抗原(H)64 种构成，它们之间可组合成几千个血清型，如 O8∶K25∶H9、O8∶K88、O166∶H27。按其对人和动物的致病性分为肠毒素性大肠埃希菌(ETEC)、肠致病性大肠埃希菌(EPEC)、肠侵袭性大肠埃希菌(EIEC)、肠出血性大肠埃希菌(EHEC)。EHEC 主型为 O157∶H7，如 1996 年在日本暴发流行的大肠埃希菌病，主要是由 O157∶H7引起的，造成上万人发病，死亡 20 余人，引起了全人类的恐慌。

大肠埃希菌彩图

禽大肠埃希菌病是多种家禽共患的传染病，引起雏鸡发病的血清型主要为 O1∶K1、O2∶K1，其次为 O8∶K1、O15、O18 等；引起雏鸭发病的血清型为 O119、O78、O14、O147、O2 等；引起母鹅发病的血清型为 O141∶K85、O7∶K1等。

【流行病学】

大肠埃希菌在自然界分布广泛，饲料、饮水、器具以及禽舍的空气、尘埃常被其污染，家禽可通过呼吸道和消化道感染，也可通过污染的蛋壳侵入卵黄囊而引起禽胚感染死亡。各年龄的家禽均可感染，以幼龄家禽最易感。当环境卫生和饲养管理不良、气候骤变或鸡群存在传染性法氏囊病、包涵体肝炎时，容易引起本病的大群暴发，并常与新城疫、败血支原体病、传染性支气管炎、鸡球虫病、鸭霍乱等混合感染。

【临床症状和病理变化】

潜伏期数小时至 3 d。根据症状及病变分为大肠埃希菌急性败血症、死胚、初生雏败血症和脐炎、气囊炎、卵黄性腹膜炎和输卵管炎、出血性肠炎、全眼球炎、关节炎和滑膜炎、大肠埃希菌性肉芽肿等。

1. 大肠埃希菌急性败血症

鸡、鸭发病最常见，多见于雏鸡和 6～10 周龄的幼鸡发病，病死率达 5%～10%，常在应激严重的情况下发生。受感染的鸡突然死亡，死亡鸡多为营养良好的鸡(肌肉丰满，嗉囊内充盈)。鸭的败血症主要发生于 2～8 周龄的幼鸭，冬末春初散发。

剖检：一般无明显病变，有的可见肝脏呈铜绿色，脾脏肿大，胸肌出血。有时可见纤维素性心包炎并发肝周炎(图 3-7)，心包膜表面附有多量灰白色纤维蛋白，心包腔内充满淡黄色纤维素性渗出液，肝浆膜上附有一层白色纤维蛋白膜，易剥离，肝脏呈紫褐色。

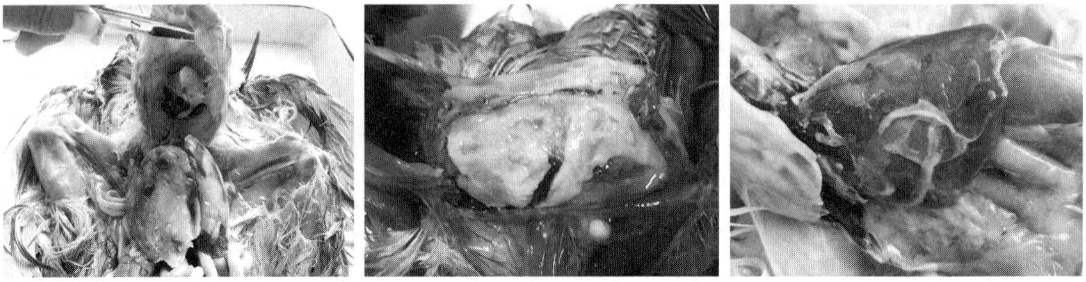

图 3-7　肝周炎

2. 死胎、初生雏败血症和脐炎

内源性带菌或外源性污染的种蛋在孵化过程中，大肠埃希菌大量繁殖引起感染，多数鸡胚在孵化的后期或雏鸡出壳前死亡，勉强出壳的雏鸡在出壳几天内死亡。有的在出壳 2～3 d 内发生败血症死亡；有的病雏腹部膨胀，发生脐炎，脐孔闭合不全，卵黄吸收不良；有的还发生腹膜炎。死亡率达 10%～12%。

3. 气囊炎

常为继发感染所致，鸡群感染新城疫、传染性支气管炎、支原体感染或接种这些病的疫苗时，造成呼吸道损伤，大肠埃希菌趁机侵入，并在气囊增殖。主要发生于 5～12 周龄的肉鸡，以 6～9 周龄为发病高峰期。病鸡表现呼吸困难和咳嗽等症状，死亡率达 8%～10%。

剖检：气囊膜增厚、浑浊；囊腔内有白色或淡黄色干酪样渗出物。有时也可出现心包炎、肝周炎以及输卵管炎(在输卵管内出现淡黄色干酪样渗出物)。

4. 卵黄性腹膜炎和输卵管炎

主要发生于产蛋期的母鸡，采食减少，鸡冠萎缩，肛门周围羽毛上粘着蛋白或蛋黄状物质，产蛋量急剧减少或停产，死亡率时高时低，与气候变化和治疗情况有关。多见于饲养管理不良和环境污染严重的鸡场。

剖检：打开腹腔有腥臭味，并积有多量的黄色液体，卵泡变色、变形，呈褐色或灰色，有的卵泡脱落于腹腔，蛋黄液广泛分布于肠系膜表面，使肠系膜发生炎症，肠道互相粘连，病程稍长的在腹腔器官及肠系膜上有纤维蛋白物附着，卵黄凝固成块状，沉积于腹腔中后部。输卵管膨大，黏膜出血，壁变薄，管内有条索状的干酪样物。

5. 出血性肠炎

病鸡消瘦，排出带血的粪便。主要病变为肠黏膜充血、出血或溃疡，肠道内容物稀薄，并混有黏液和血性物。严重时肠浆膜可见小出血点。

6. 全眼球炎

鸡舍内空气中大肠埃希菌密度过高，感染雏鸡引起单侧性或双侧性眼球炎，开始可见眼睑肿胀、闭合、突出，眼眶内积脓液或干酪样物，角膜浑浊，后期失明。

7. 关节炎及滑膜炎

多发生于幼雏及中雏，跗关节周围呈竹节状肿胀，病雏跛行，有的发生腱鞘炎，行走困难。剖检关节液浑浊，关节腔内有脓液或干酪样物。

8. 大肠埃希菌性肉芽肿

多发于产蛋期将近结束的母禽，生前无特征症状，病鸡主要表现消瘦，衰弱。主要病变是在肝、十二指肠、盲肠、肠系膜等部位出现肉芽肿结节，粟粒大至核桃大，灰白色，外观与马立克病的肿瘤结节相似。

【诊断要点】

大肠埃希菌病在多数情况下为继发性疾病，与原发疾病的症状混合在一起，使症状出现多样化和复杂化，本病没有特征性症状，在诊断中应注意与其他疾病相鉴别。大肠埃希菌急性败血症易与沙门菌、支原体、巴氏杆菌引起的病变相混淆；死胎、初生雏败血症及脐炎易与雏鸡白痢的病变相混淆；气囊炎易与支原体引起的病变相混淆；卵黄性腹膜炎易与沙门菌病相混淆；出血性肠炎易与新城疫、禽霍乱引起的病变相混淆；大肠埃希菌肉芽肿易与马立克病、淋巴性白血病、沙门菌病引起的病变相混淆；眼球炎、关节炎易与支原体、葡萄球菌引起的病变相混淆。确诊需进行病原菌的分离鉴定。

【防制】

1. 加强种鸡的饲养管理

大肠埃希菌病是一种条件性疾病，在良好的饲养管理条件下，该病可以不发生或少发生，因此提高种鸡饲养管理水平是预防本病的关键，尤其是要加强种蛋的收集、保存和孵化过程中的卫生消毒工作。

2. 重视消毒

常用于环境消毒的药物有百毒杀、二氯异氰尿酸钠和过氧乙酸等，坚持带鸡消毒制度。

3. 免疫接种

对于发病的鸡场，如果药物一时难以控制，可以考虑疫苗接种预防，用本场分离的菌株制成大肠埃希菌多价苗，能有效地防制本病的发生。首免于 4 周龄时接种，18 周龄时进行二免。种鸡在开产前接种疫苗，在产蛋期大肠埃希菌病的发病明显减少，种蛋受精率和孵化率提高，发病率也明显降低。

4. 治疗

治疗药物有庆大霉素、阿米卡星、新霉素、诺氟沙星、环丙沙星、恩诺沙星等，有条件的鸡场最好做药敏试验，选择高敏药物以便获得理想的治疗效果。值得注意的是：20 日龄以上鸡群单纯感染大肠埃希菌病的较少，常与某些病原体混合感染，所以在确诊的基础上还要选择对另一种病原体有效的药物；若有发病诱因存在，应注意消除诱因，以提高疗效。

任务七　鸡葡萄球菌病

鸡葡萄球菌病主要由金黄色葡萄球菌引起鸡的一种传染病，临床类型有急性败血症、脐炎和关节炎等。其特征是腱鞘、关节和滑液囊局部化脓、创伤感染、败血症、脐炎和细菌性心内膜炎。表现化脓性关节炎，皮炎，常呈急性败血症。

【病原】

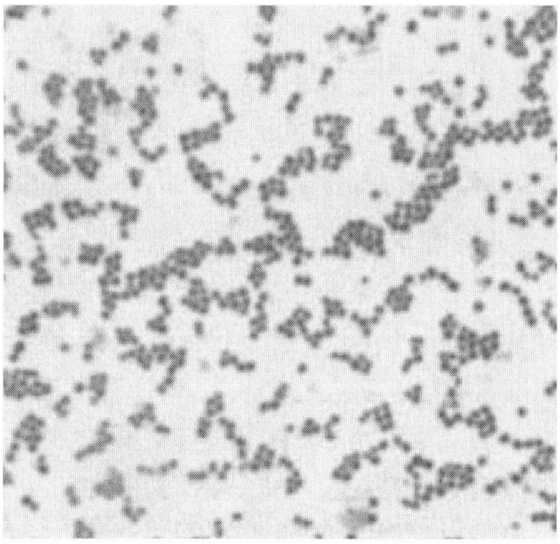

图 3-8 葡萄球菌

葡萄球菌呈革兰阳性，球形，大小为 0.4～1.2 μm，呈葡萄串状排列(图 3-8)；无鞭毛，无芽孢，一般不形成荚膜；在脓汁或液体培养基上生长时呈单个、成对或短链状，容易被误认为是双球菌或链球菌。在普通培养基上生长良好，在血液琼脂或血清琼脂培养基上以及有葡萄糖存在时生长更佳，并能产生几种不同的脂溶性色素，据此将葡萄球菌分为金黄色葡萄球菌、柠檬色葡萄球菌和白色葡萄球菌。葡萄球菌能产生多种酶和毒素，根据生化特性和血浆凝固酶以及产生的色素不同，又将葡萄球菌分为金黄色葡萄球菌、表皮葡萄球菌和腐生性葡萄球菌。其中金黄色葡萄球菌多为致病菌，表皮葡萄球菌偶尔致病，腐生性葡萄球菌一般为非致病菌。鸡的葡萄球菌病主要由金黄色葡萄球菌引起。

葡萄球菌的抵抗力较强，80 ℃经 30 min 才能杀死，煮沸可迅速死亡，3%～5%的石炭酸、70%酒精、1%～3%龙胆紫都有良好的消毒效果。对青霉素、金霉素和红霉素等高度敏感，但易产生耐药性。

葡萄球菌彩图

【流行病学】

各种品种、各种年龄的鸡均可感染，以 40～60 日龄的中雏发病最多。鸡的品种对本病发生有一定关系，虽然肉用鸡和蛋用鸡都可发生，在蛋用鸡中以轻型鸡发生较多，黄褐色蛋用鸡的发生相对较少。在饲养方式中以笼养鸡发病较多。笼网刺伤、刺种疫苗、粗糙的地面擦伤、啄癖、带翅号和断喙等外伤是主要的感染途径；有时与鸡痘并发；经脐带感染是雏禽的感染途径之一。

饲养管理条件差(如环境卫生差、高密度饲养、通风不良)时可促进本病的发生，死亡率也增加。本病一年四季均可发生，北方地区以 7—10 月份发病最多。

【临床症状】

临床类型有急性败血症、脐炎、关节炎和眼炎。

1. 急性败血症

病鸡出现全身症状，精神不振或沉郁，不爱跑动，常呆立一处或蹲伏，两翅下垂，缩颈，眼半闭呈嗜睡状。羽毛蓬松零乱，无光泽。病鸡饮欲、食欲减退或废绝。少部分病鸡下痢，排出灰白色或黄绿色稀粪。较为典型的症状是，腹胸部甚至波及嗉囊周围，大腿内侧皮下浮肿，潴留数量不等的血样渗出液体，外观呈紫色或紫褐色，有波动感，局部羽毛脱落，或用手一摸即可脱掉。其中有的病鸡可见自然破溃，流出茶色或紫红色液体，与周围羽毛粘连，局部污秽，有部分病鸡在头颈、翅膀背侧及腹面、翅尖、尾、脸、背及腿等不同部位的皮肤出现大小不等的出血、炎性坏死，局部干燥结痂，暗紫色，无毛；早期病例，局部皮下湿润，暗紫红色，溶血，糜烂。以上表现是葡萄球菌病常见的病型，多发生于中雏，病鸡在 2～5 d 死亡，快者 1～2 d 呈急性死亡。

2. 脐炎

脐炎俗称“大肚脐”，是孵出不久雏鸡发生脐炎的一种葡萄球菌病的病型，对雏鸡造成一定危害。由于某些原因，鸡胚及新出壳的雏鸡脐环闭合不全，葡萄球菌感染后，即可引起脐炎。病鸡除一般病状外，可见腹部膨大，脐孔发炎肿大，局部呈黄红紫黑色，质稍硬，间有分泌物。脐炎病鸡可在出壳后 2～5 d 死亡。

3. 关节炎

病鸡可见到关节炎症状，多个关节炎性肿胀，特别是趾、跖关节肿大为多见，呈紫红或紫黑色。有的出现破溃，并结成污黑色痂；有的出现趾瘤，脚底肿大；有的趾尖发生坏死，呈黑紫色，较干涩。发生关节炎的病鸡表现跛行，不喜站立和走动，多伏卧，一般仍有饮欲、食欲，多因采食困难，饥饱不匀，病鸡逐渐消瘦，最后衰弱死亡，尤其在大群饲养时为明显。此型病程多为 10 余天。有的病鸡趾端坏疽，干脱。

4. 眼炎

上下眼睑肿胀，闭眼，有脓性分泌物粘连，用手掰开时，则见眼结膜红肿，眼内有多量分泌物，并见有肉芽肿。时间较久者，眼球下陷，后可见失明。有的可见眼眶下窦肿胀。最后病鸡多因饥饿、被踩踏、衰竭死亡。

【病理变化】

1. 急性败血症

胸、腹皮下出血和水肿，切开皮肤，皮下组织呈弥漫性紫红色，积有多量红色或黄色胶胨液。肌肉有出血斑或条纹状出血。肝脏、脾脏肿大，可见白色坏死点。心包积液较多，心冠脂肪和心外膜有时出血。

2. 脐炎

脐部肿大，紫红或紫黑色，有暗红色或黄红色液体，时间稍久则为脓样干固坏死物。肝有出血点。卵黄吸收不良，呈黄红或黑灰色，液体状或内混絮状物。

3. 关节炎

关节肿大，滑膜增厚、充血、出血，有淡黄色浑浊渗出液，病程长者渗出液呈干酪样，软骨糜烂易脱落，脱落后关节面可见溃疡灶。

【诊断要点】

1. 初步诊断

根据创伤史、临床症状和病理变化可做出初步诊断。

2. 细菌学诊断

根据不同病型采取病料(皮下渗出液、肝、脾、关节液、眼分泌物、脐炎部、雏鸡卵黄囊和肝、死胎等)涂片、染色、镜检，可见多量的葡萄球菌。根据细菌形态、排列和染色特性等，可做出诊断。

细菌分离培养与鉴定：将病料接种到普通琼脂培养基、5%绵羊血液琼脂平板和高盐甘露醇琼脂上进行分离培养。菌落颜色：金黄色者为致病菌。溶血试验：溶血者多为致病菌。

分离得到的葡萄球菌的毒力强弱及致病性如何，尚需进行试验方可确定。凝固酶试验凝固酶阳性者多为致病菌，生化反应分解甘露醇者也多为致病菌。

【防制】

(1)防止发生外伤。创伤是引起发病的重要原因，因此，在鸡饲养过程中，尽量避免和消除使鸡发生外伤的诸多因素，如笼架结构要规范化，装备要配套、整齐，防止铁丝等尖锐物品引起皮肤损伤，从而堵截葡萄球菌的侵入和感染门户。

(2)做好皮肤外伤的消毒处理。在断喙、带翅号(或脚号)、剪趾及免疫刺种时，要做好消毒工作。除发现外伤要及时处理外，还需针对可能发生的原因采取预防措施。

(3)搞好鸡舍卫生及消毒工作。做好鸡舍、用具、环境的清洁卫生及消毒工作，减少环境中的含菌量，消除传染源，降低感染机会。

(4)加强饲养管理。供给足够的维生素和矿物质；禽舍内要适时通风、保持干燥；鸡群不宜过大，避免拥挤；有适当的光照；适时断喙，防止互啄现象，可防止或减少啄伤的发生，并使鸡只有较强的体质和抗病力。

(5)做好孵化过程的卫生及消毒工作。要注意种卵、孵化器及孵化全过程的清洁卫生及消毒工作，防止工作人员(特别是雌雄鉴别人员)感染葡萄球菌，引起雏鸡感染或发病，甚至散播疫病。

(6)预防接种。发病较多的鸡场，为了控制该病的发生和蔓延，可用葡萄球菌多价苗给20日龄左右的雏鸡注射。

【治疗】

一旦鸡群发病，要立即全群给药治疗。一般可使用以下药物治疗。

庆大霉素：发病鸡数不多时，可用硫酸庆大霉素针剂，按每千克体重3 000～5 000 U，肌内注射，2次/d，连用3 d。

卡那霉素：硫酸卡那霉素针剂，按每千克体重1 000～1 500 U，肌内注射，2次/d，连用3 d。

红霉素：按0.01%～0.02%药量加入饲料中喂服，连续3 d。

土霉素、四环素、金霉素：按0.2%的比例加入饲料中喂服，连用3～5 d。

链霉素：成年鸡按每只10万U，肌内注射，2次/d，连用3～5 d，或按0.1%～0.2%浓度饮水。

黄芩、黄连、焦大黄、板蓝根、茜草、大蓟、建曲、甘草各等份。用法：混合粉碎，每只鸡口服2 g，1次/d，连服3 d。

任务八　鸡坏死性肠炎

鸡坏死性肠炎又称肠毒血症，是由魏氏梭菌引起的一种急性传染病。主要表现为病鸡排出黑色间或混有血液的粪便，病死鸡以小肠后段黏膜坏死为特征。

【病原】

魏氏梭菌为革兰染色阳性两端钝圆的粗大杆菌，单个或成对排列，短链较少，无鞭毛，不能运动，在自然界分布极广，土壤、饲料、污水、粪便及人畜肠道内均可分离到。该菌在动物体内或含血液的培养基中可形成荚膜，在自然界中形成芽孢较慢，芽孢呈卵圆形，位于菌体中央或近端，不比菌体大，但人工培养后常不形成芽孢。此菌为严格厌氧菌，易于生长，发育迅速。在血液琼脂培养基上形成圆形、光滑隆起的大菌落，表面有辐射状条纹，呈现双重溶血环，内环完全溶血，外环不完全溶血。该菌可产生外毒素，用液体培养物离心后的上清液接种小鼠，每只腹腔接种 0.5 mL，在 18～24 h 内死亡。

【流行特点】

自然条件下仅见鸡发生本病，肉鸡、蛋鸡均可发生，尤以平养鸡多发，育雏和育成鸡多发。肉用鸡发病多见于 2～8 周龄。

一年四季均可发生，但在炎热潮湿的夏季多发。

该病的发生多有明显的诱因，如鸡群饲养密度大，通风不良，饲料的突然更换饲料、蛋白质含量低、不合理地使用药物添加剂，以及球虫病的发生等均会诱发本病。一般情况下该病的发病率、死亡率不高。

【临床症状】

本病一般多发生于 2～6 周龄的鸡，尤其是 2～5 周龄的散养肉鸡多见。

本病临床症状表现为突然发生，往往没有明显症状突然死亡。病程稍长可见病鸡精神沉郁，羽毛粗乱，闭眼昏睡、食欲不振或废绝，贫血，排出黑色间或混有血液的粪便或见有脱落的肠黏膜。一般情况下发病鸡只较少，如治疗及时，1～2 周即告停息。死亡率 2%～3%，如有并发症或饲养管理混乱则死亡率明显增加。患慢性病病鸡生长受阻，排灰白色稀粪，衰竭死亡，耐过后发育不良。

【病理变化】

打开新鲜病尸腹腔后，即可闻到一股疾病特有的尸腐臭味。最具特征的变化在肠道，尤其是空肠和回肠最明显。肠道表面呈灰黑色或黑绿色，肠道扩张，充满气体，是正常肠管的 2～3 倍。肠壁充血，有时可见出血点，黏膜坏死，呈大小不等、形状不一的麸皮样坏死灶，有的形成伪膜，易剥落。肠腔内有黑褐色内容物，呈液状。肝脏充血肿大，靠近胆囊部位发黑，胆囊肿大。脾脏肿大、坏死、出血。

【诊断】

根据流行病学特点和特征病理变化可做出初步诊断。确诊需进行实验室诊断。

1. 病料涂片镜检

刚病死鸡可采取肠道肠黏膜刮取物涂片或肝脏触片，革兰染色，镜检可见到革兰阳性短粗、两端钝圆的大肠埃希菌，呈单个散在或成对排列。着色均匀，有荚膜。

2. 病原菌的分离鉴定

以肠内容物的纯培养物接种小鼠，腹腔接种每只 0.8 mL，10 h 后可致死小鼠，病变与自然病例相同。用相同方法接种鸡，可见临床上出现黑红色粪便，但不能致死，剖杀后可见小肠下 1/3 处有轻度病变。

【防制】

1. 预防

预防本病主要是加强饲养管理，做到全进全出。正确使用抗生素，防止肠道菌群失去平衡;在发病的季节添加适量有效药物预防本病的发生,可利用微生态制剂维持消化道生态菌群的平衡,减少产气荚膜梭菌在肠道中的繁殖;采取有效措施减少各种应激因素的影响。

2. 治疗

当鸡群发生坏死性肠炎时,抗生素治疗有较好的效果。如新霉素(10%硫酸新霉素)混饮,每升水中加 50~74 mg,连用 5~7d;庆大霉素混饮,每千克体重 10 mg,2 次/d,连用 5 d。对重症禽每只肌内注射青霉素 5 万 U 和链霉素 4 万 U,2 次/d,连用 2~3 d,疗效甚佳。在治疗的期间,注意做好鸡舍的卫生、消毒等工作。

课程思政元素

实施"减抗"行动　　促进畜牧业高质量发展

农业农村部门统筹用药安全与产业发展,狠抓兽用抗菌药综合治理和行业监管,实现用药总量和单位动物产品产出用药量"双降"、兽药产值和质量抽检合格率"双增",成效显著。切实加强兽用抗菌药综合治理,立足饲料、养殖、屠宰等产业链重点环节,抓实抓细规范用药监管,深入实施养殖"减抗"行动,全面提升畜禽绿色健康养殖水平,促进畜牧业高质量发展,有力维护畜牧业生产安全、动物源性食品安全、公共卫生安全和生物安全。

实训十一　大肠埃希菌病的诊断

一、实训内容

提供病鸡或病死鸡,按大肠埃希菌病的实验室诊断流程进行操作。

二、实训目标

熟悉大肠埃希菌病实验室诊断的程序和方法。

三、材料准备

剪刀、镊子、普通肉汤、普通琼脂平板、鲜血琼脂平板、远滕氏培养基、麦康凯培养基、伊红-亚甲蓝琼脂平板、革兰染液、微量生化试验管、0.5%石炭酸生理盐水、单价 O 因子血清、酒精棉、酒精灯、消毒盘、玻璃笔、工作服等。

四、方法步骤

以诊断鸡大肠埃希菌病为例。

(一)病料采集

采集病鸡的心、心血、肝,感染的鸡胚,脐炎的卵黄物质,眼型的眼内脓性或干酪样物质,关节炎的关节脓液,输卵管炎、腹膜炎的干酪样物等。

(二)检验程序

1. 染色镜检

以无菌操作的方法抹片或直接触片，革兰染色、镜检可见两端钝圆，成对或单个存在的阴性短杆菌。

2. 分离培养

将病料分别划线接种于鲜血琼脂平板和麦康凯平板培养基，37 ℃培养 24～48 h 后，分离出革兰阴性、中等大小、有鞭毛、不形成芽孢、散在或成双的杆菌。

无菌操作，选取典型菌落做纯培养。纯培养物在普通肉汤、普通琼脂平板、鲜血琼脂平板、远滕氏培养基、麦康凯培养基或伊红亚甲蓝琼脂平板上，37 ℃温箱中培养 24 h，观察菌落特点(表 3-1)。

表 3-1　大肠埃希菌纯培养的特点

培养基名称	培养时间/h	菌落特点
普通肉汤	18～24	肉汤均匀浑浊，管底有黏性沉淀物，表面有菌环
普通琼脂平板	24	边缘整齐，表面光滑、湿润、低而隆凸的无色菌落
鲜血琼脂平板	24	圆形，光滑，边缘整齐，乳白色菌落，β 溶血或不溶血
远滕氏培养基	24	深红色，具有金属光泽，中等大小，不透明，边缘整齐，表面光滑、湿润、低凹的圆形菌落
麦康凯培养基	24	粉红色菌落
伊红-亚甲蓝琼脂平板	24	深紫色、隆凸、表面湿润、带有蓝绿色金属光泽的菌落

3. 生化试验

从麦康凯或远滕氏培养基上，挑取单个可疑菌落接种于生化培养基中，37 ℃培养 24～72 h 后，观察结果(表 3-2)。

表 3-2　大肠埃希菌的生化特性结果

项目	葡萄糖	乳糖	麦芽糖	甘露醇	蔗糖	山梨醇	阿拉伯胶糖	鼠李糖	硫化氢	明胶	MR	VP	尿素	枸橼酸盐	靛基质	蛋白胨水
结果	⊕	⊕	⊕/×	⊕	⊕/－	⊕	⊕	⊕	－	－	＋	－	－	－	＋	＋

注："⊕"表示产酸产气；"⊕/－"表示部分菌株能发酵；"－"表示阴性；"＋"表示能利用或阳性；"⊕/×"表示发酵迟缓。

4. 致病性试验(动物试验)

判断分离出的大肠埃希菌是否具有致病性，以及测定毒力大小。

用大肠埃希菌 18 h 的肉汤纯培养物，给 3～5 日龄的雏鸡腹腔注射，0.2～0.3 mL/只；用灭菌生理盐水轻轻洗去麦康凯平板培养物 1∶10 稀释，给小鼠腹腔注射，0.2 mL/只。然后观察实验动物的发病和死亡情况，从而判断大肠埃希菌是否具有致病性，进而根据死亡只数及时间来判断大肠埃希菌毒力的强弱，其间设对照组。

5. 注射菌种的回收

取死亡小鼠和雏鸡的组织、触片、染色、镜检及划线接种，应分离到与接种菌完全一致的病原菌。

6. 血清型鉴定

(1)菌体抗原的制备。取经形态学检查、培养特性检查和生化试验鉴定为致病性的大肠埃希菌，接种于普通琼脂平板上，37 ℃培养 24 h 后，用 0.5 mL 0.5%石炭酸生理盐水洗下，并收集于青霉素瓶中，121 ℃加热处理 2 h，以破坏其 K 抗原。

(2)单价 O 因子血清可到有关的生物制品研究所购买。

(3)O 因子血清凝集试验。先将冻干的 O 因子血清用 0.5%石炭酸生理盐水做 5 倍(4～8 倍)稀释，用微量加样器吸取 15 μL 单因子血清分别滴于玻板上，后用接种环取经处理的大肠埃希菌菌体抗原一环与单因子血清混合，同时做盐水对照，观察有无自凝现象，30 s 后，若有凝集颗粒出现，则判为阳性，5 min 内不出现凝集颗粒，判为阴性。

五、考核评价

要求会采集病料，能按流程正确操作，操作熟练，结果判定正确。

实训十二 鸡白痢的检疫

一、实训内容

提供成年蛋鸡，或联系种鸡场，进行鸡白痢检疫；并为 300～500 只鸡的种鸡场，拟订一份鸡白痢的检疫计划。

二、实训目标

熟悉鸡白痢沙门菌病血清学诊断的操作方法及结果判定。

三、材料准备

玻璃板或一次性反应纸(50 压圈)、20 号或 22 号注射针头、100 μL 移液器及吸头、干燥的灭菌试管或采血管、干棉球和酒精棉球、酒精灯、消毒盘、记号笔、纱布、牙签或火柴梗、工作服、鸡白痢全血凝集反应抗原、鸡白痢阴性血清和阳性血清。

四、方法步骤

(一)快速全血平板凝集反应

1. 操作方法

在干净的玻璃板上划格、编号，或在一次性反应纸上直接加样；将抗原充分摇匀，用移液器吸取抗原，垂直滴 50 μL 于玻片上；用消毒棉球擦拭消毒冠尖或翅静脉处，用消毒针头随即刺破被检鸡的鸡冠或翅静脉。如从鸡冠采血，于冠尖稍下 3～4 mm 处垂直刺入，挤压，稍等片刻，血液流出。如是从翅下静脉采血，斜刺血管，使血液流出，以移液器吸取 50 μL 血液混入抗原内，随即搅拌均匀，并使散开至直径约 1.5 cm 为宜。采血后要用干棉球压迫止血。

每批鸡检查开始时，必须做阴性血清和阳性血清对照。

2. 结果判定

在阴性血清对照和阳性血清对照正确的前提下判定结果。

(1)2 min 内(不超过 5 min)出现明显的颗粒凝集或块状凝集，液体透明，判为阳性反应，记录为"＋"。

(2)2 min 内不出现凝集或仅呈均匀一致的细微颗粒或在边缘由于临干形成有细絮状物等均判为阴性，记录为"－"。

(3)除上述两种情况外，不易判定为阳性或阴性时，可判为疑似反应，记录为"±"。

3. 注意事项

(1)抗原用前充分振荡，过期不能使用。

(2)鸡白痢全血平板凝集反应抗原，只适用于成年母鸡和一年以上公鸡，对幼龄鸡不敏感。

(3)反应温度应在 20～25 ℃室温进行。

(4)采血针需经消毒后再用。

(二)血清试管凝集反应

1. 鸡血清样品

以采血器刺入鸡翅静脉，采集 2 mL 血液，斜放凝固以析出血清，分离出血清，置 4 ℃待检。

2. 抗原

试管凝集反应抗原，必须具有各种代表性的鸡白痢沙门菌菌株的抗原成分，对阳性血清有高度凝集力，对阴性血清无凝集力。固体培养中洗下的抗原需保存于 0.25％～0.50％石炭酸生理盐水中，使用时将抗原稀释成每毫升含菌 10 亿个，并把 pH 调至 8.2～8.5，稀释的抗原限当天使用。

3. 操作方法

在试管架上依次摆放 3 支试管，吸取稀释抗原 2 mL 置第 1 管，吸取各 1 mL 分别置第 2、3 管。先吸取被检血清 0.08 mL 注入第 1 管，充分混合后再吸取 1 mL 移入第 2 管，充分混合后吸取 1 mL 移入第 3 管，混合后吸出混合液 1 mL 舍弃，最后将试管摇振数次，使抗原血清充分混合，置 37 ℃温箱中 20 h 后观察结果。

4. 结果判定

试管 1、2、3 的血清稀释倍数依次分别为 1∶25、1∶50、1∶100，凝集阳性者，抗原显著凝集于管底，上清液透明；阴性者，试管呈均匀浑浊；可疑者，介于前两者之间。在鸡 1∶50 以上倍数稀释凝集者为阳性。在火鸡 1∶25 以上倍数稀释凝集者为阳性。

五、考核评价

要求保定、采血、加样等操作熟练，结果判定准确；鸡白痢检疫计划表设计恰当。

执业兽医资格考试真题精选

1. 引起沙门菌病的主要传播途径是(　　)【2011】

A. 消化道　B. 呼吸道　C. 皮肤创伤

D. 深部创口　E. 生殖系统

2. 禽大肠埃希菌病最常见的病理变化是(　　)【2011】

A. 肝周炎和心包炎　B. 急性败血症和输卵管炎　C. 气囊炎和卵黄性腹膜炎

D. 滑膜炎和关节炎　E. 急性败血症和卵黄性腹膜炎

3. 鸡,35 日龄,初步诊断为大肠埃希菌病,用庆大霉素治疗 3 d,疗效欠佳,经实验室确诊为大肠埃希菌病并发支原体感染,应加用的治疗药物是 (　　)【2012】

A. 杆菌肽　B. 土霉素　C. 头孢赛呋

D. 莫能菌素　E. 磺胺嘧啶

4. 可垂直传播的疾病是(　　)【2013】

A. 口蹄疫　B. 鸡白痢　C. 鸭病毒性肝炎

D. 牛流行热　E. 犬细小病毒病

5. 引起雏鸡卵黄囊炎和脐炎最常见的病原是 (　　)【2013】

A. 大肠埃希菌　B. 巴氏杆菌　C. 副猪嗜血杆菌

D. 鸡败血支原体　E. 新城疫病毒

6. 鸡白痢检疫最常用的方法是(　　)【2013】

A. 细菌染色镜检　B. 平板凝集试验　C. 补体结合试验

D. 易感动物接种　E. 病理组织学检查

7. 禽霍乱肝脏上的坏死灶属于(　　)【2014】

A. 凝固性坏死　B. 液化性坏死　C. 干酪样坏死

D. 脂肪坏死　E. 湿性坏疽

8. 产蛋母鸡感染鸡白痢沙门菌后,一般表现为 (　　)【2014】

A. 无任何影响　B. 急性败血症　C. 慢性腹泻

D. 产蛋量下降　E. 以上都不是

(9～11 题共用备选答案)【2015】

A. IgG　B. IgM　C. IgA　D. IgD　E. IgE

9. 10 日龄雏鸡接种传染性法氏囊病疫苗,最早产生抗体的免疫球蛋白类型是(　　)

10. 猪传染性胃肠炎疫苗免疫妊娠母猪,新生仔猪吸吮初乳获得的抗体的免疫球蛋白类型是(　　)

11. 新城疫灭活疫苗再次免疫蛋鸡群,14 d 后产生的血清抗体的免疫球蛋白类型是(　　)

12. 8 日龄雏鸡,排稀薄、糊状粪便。病料接种麦康凯琼脂,长出无色透明的小菌落,菌落涂片革兰染色镜检见红色杆菌。该病最可能的病原是(　　)【2015】

A. 大肠埃希菌　B. 沙门菌　C. 巴氏杆菌

D. 李氏杆菌　E. 布鲁氏菌

13. 3 月龄鸡,呼吸困难,鸡冠、脚鳞出血,肛门拭子经抗生素处理后接种鸡胚,尿囊液有

血凝性。为确定该病原是否为高致病力毒株，OIE 规定的试验是(　　)【2015】

A. 雏鸡致病力试验　　B. 鸡胚致病力试验　　C. 细胞感染试验

D. 空斑试验　　E. 唾液酶水解试验

(14～16 题共用题干)【2015】

某鸡场 15 日龄的海兰褐雏鸡，排白色糨糊状粪便。剖检见肝脏肿大，表面有大小不等的灰白色坏死点。肝脏病料接种麦康凯培养基有菌落生长。

14. 此病最可能的诊断是(　　)

A. 禽霍乱　　B. 雏鸡白痢　　C. 大肠埃希菌病

D. 鸡传染性鼻炎　　E. 鸡毒支原体感染

15. 该鸡群感染的病原可能是(　　)

A. 埃希菌　　B. 沙门菌　　C. 巴氏杆菌

D. 副鸡嗜血杆菌　　E. 鸡毒支原体

16. 祖代鸡场对该病的控制措施是(　　)

A. 鸡群消毒　　B. 抗生素治疗　　C. 加强饲养管理

D. 高免血清治疗　　E. 净化

(17～19 题共用备选答案)【2018】

100 日龄鸡群，呼吸困难，流鼻液，一侧或两侧眼结膜潮红，眼睑和眶下窦肿胀；剖检见呼吸道黏膜充血、肿胀，鼻窦内有渗出物，其他脏器无异常。

17. 该病的病原可能是(　　)

A. 副鸡嗜血杆菌　　B. 禽流感病毒　　C. 传染性喉气管炎病毒

D. 传染性支气管炎病毒　　E. 新城疫病毒

18. 该病最可能的诊断是(　　)

A. 传染性鼻炎　　B. 禽流感　　C. 传染性喉气管炎

D. 传染性支气管炎　　E. 新城疫

19. 治疗该病应选用(　　)

A. 抗生素　　B. 高免血清　　C. 干扰素

D. 转移因子　　E. 微生态制剂

20. 26 周龄鸡，排黄绿色稀粪，口流泡沫样黏液，2 d 后死亡。剖检见肝脏有针尖大小灰白色坏死点。肝脏涂片，亚甲蓝染色见两极着色的细菌。该病最可能的病原是(　　)【2016】

A. 链球菌　　B. 大肠埃希菌　　C. 沙门菌

D. 巴氏杆菌　　E. 波氏杆菌

项目三执业兽医资格考试真题精选参考答案

项目四
家禽寄生虫病

学习目标

知识目标

掌握禽前殖吸虫病、禽后睾吸虫病、鸡蛔虫病、鸡绦虫病、鸡球虫病的发病特点，检测方法，以及防制措施。

能力目标

学会家禽常见寄生虫病实验室诊断方法，根据实际情况制订预防办法。

思政目标

注重培养良好的职业精神、劳动精神，科学规范使用驱虫药物，保障养禽业高质量发展和动物源性食品安全。

学习内容

任务一　禽前殖吸虫病

禽前殖吸虫病是由前殖科、前殖属的前殖吸虫寄生于禽的输卵管、泄殖腔、法氏囊及直肠引起的一种疾病。以输卵管炎、产蛋机能紊乱为特征，有的因继发腹膜炎而死亡。主要分布在南方地区。

【病原】

前殖吸虫的主要种类有卵圆前殖吸虫、透明前殖吸虫、楔形前殖吸虫和鲁氏前殖吸虫。虫体形态、大小因虫种不同而异，多呈梨形或椭圆形，大小为(2.8～9) mm×(1～4) mm。虫卵呈椭圆形，棕褐色，一端有卵盖，另一端有一小突起，内含胚细胞。

【发育史】

前殖吸虫发育过程需要两个中间宿主，第一中间宿主是淡水螺，补充宿主是蜻蜓(幼虫、稚虫、成虫)。成虫在家禽体内产卵，卵随粪便及泄殖腔的排泄物排出体外。虫卵(或虫卵遇水孵出毛蚴)被淡水螺吞食后，毛蚴在螺体内发育为胞蚴和尾蚴。尾蚴离开螺体游于水中，钻入蜻蜓幼虫体内,经 70 d 形成囊蚴。家禽由于啄食带有囊蚴的各期蜻蜓而感染。蜻蜓被消化,囊蚴逸出,经肠进入泄殖腔,移行到输卵管或法氏囊。成虫在鸡体内需 1～2 周发育成熟,3～6 周后排出;在鸭体内需 3 周发育成熟,18 周后排出(图 4-1)。

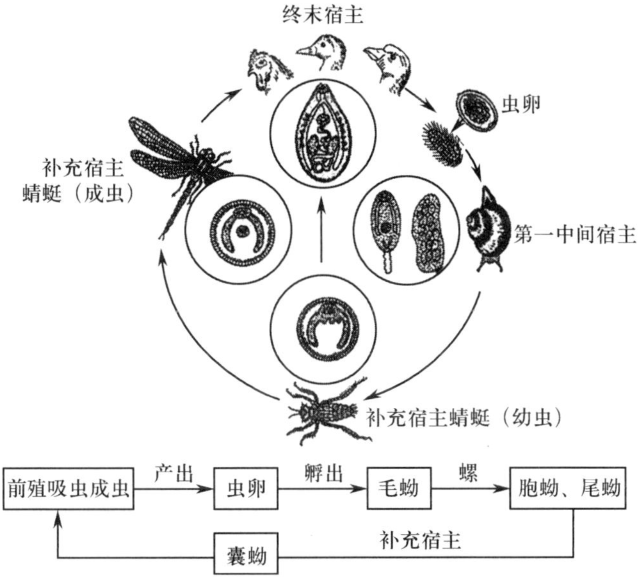

图 4-1　禽前殖吸虫发育史及图解

【流行特点】

1. 易感动物

主要寄生于鸡、鸭、鹅、野鸭及其他鸟类,前殖吸虫是家禽常见的寄生虫。

2. 地理分布

本病主要流行于南方各省(自治区)。在流行地区,蜻蜓的种类多、数量大与该病的感染率和感染强度有密切关系,给家禽感染提供了方便,尤其是农村放养和散养家禽更易遭受感染。此外,前殖吸虫还可感染多种野禽,因此本病在野禽之间流行,形成自然疫源地,给防制工作带来困难。

【症状及病变】

本病主要危害鸡,特别是产蛋鸡。前殖吸虫寄生于输卵管中,虫体本身的机械刺激以及代谢产物的作用,使局部黏膜充血或出血。由于卵壳腺的破坏,形成蛋壳的石灰质分泌降低或亢进,产薄壳蛋、畸形蛋或排出石灰样液体。破坏蛋白腺,引起蛋白分泌增多,加剧输卵管的炎症,严重时导致输卵管破裂,以致输卵管内的炎性物质、卵黄、蛋白、石灰质进入腹腔,引起腹膜炎而死亡。

鸡在发病初期表现食欲减退,消瘦,羽毛松乱、脱落。产畸形蛋或排出石灰样液体。严重病例腹部膨大、下垂、压痛,泄殖腔突出,肛门潮红。后期体温上升,衰竭死亡。

鸭感染后临床表现不明显。

剖检可见输卵管炎症,黏膜增厚、充血、出血,在黏膜上有虫体。有时可见腹膜炎,腹腔内有大量渗出物或黄色浑浊液体,脏器粘连。

【诊断】

根据临床症状初步诊断，结合剖检病变，在输卵管和泄殖腔中发现虫体；粪便检查发现虫卵，即可确诊。

【防制】

1. 预防

(1)预防驱虫。在流行地区每年定期驱虫。

(2)消灭中间宿主。利用药物或改良土壤法消灭中间宿主。

(3)粪便堆积发酵，消灭虫卵。

(4)防止鸡群啄食蜻蜓，避免在早晨、傍晚和雨后到池塘边放牧。

2. 治疗

可选用下列药物。

丙硫咪唑：每千克体重 120 mg，拌料饲喂。

吡喹酮：每千克体重 60 mg，拌料饲喂。

任务二 棘口吸虫病

棘口吸虫病是由棘口科的棘口吸虫寄生于家禽肠道引起的疾病。主要危害雏禽，引起肠炎、出血和腹泻。

【病原】

棘口吸虫种类多，危害家禽的主要是卷棘口吸虫，呈长叶状，大小为(7～13) mm×(1.3～1.6) mm，体表有小刺。活虫呈肉红色，固定后为灰白色。头冠发达，有头棘 37 个，其中两侧的头棘称为角棘。口吸盘位于虫体前端，比腹吸盘小。虫卵呈椭圆形，金黄色。

【发育史】

卷棘口吸虫的发育需要两个中间宿主，第一中间宿主是淡水螺，补充宿主也为水生动物类。成虫寄生在家禽的盲肠和直肠中，虫卵随粪便排出，落入水中，经 10 d 左右，孵出毛蚴，毛蚴钻入中间宿主，经胞蚴、雷蚴、子雷蚴，发育为尾蚴，从毛蚴发育为尾蚴，需 70～80 d。尾蚴离开螺体，侵入补充宿主体内，尾部脱离形成囊蚴。用水生动物饲喂家禽时，家禽因吞食带有囊蚴的补充宿主而感染。在家禽的直肠和盲肠内经 16～22 d 发育为成虫(图 4-2)。

图 4-2 卷棘口吸虫发育史

【流行特点】

本病在我国各地普遍发生，对雏禽危害较大。家禽感染来源主要是以水生动物为饲料。

棘口吸虫也是人兽共患寄生虫，多种哺乳动物如猪、犬、猫以及人等都可以遭受感染。

【症状及病变】

本病轻度感染时症状不明显。严重感染时，由于虫体的机械性刺激和毒素作用，引起黏膜炎症、出血。表现食欲减退，消化不良，消瘦，贫血，腹泻，粪便中混有黏液，可因衰竭而死亡。

剖检可见肠黏膜炎症，点状出血，肠内容物充满黏液，黏膜上附有虫体。

【诊断】

1. 临床诊断

根据症状和剖检情况做出诊断。剖检可见肠道有出血性炎症，并发现虫体即可确诊。

2. 虫卵检查

粪便检查用沉淀法，检出大量特征性虫卵确诊。

【防制】

1. 预防

(1)流行地区对家禽进行有计划预防性驱虫，减少病原扩散。

(2)粪便堆积发酵，杀灭虫卵。

(3)消灭中间宿主。应用药物杀灭或土壤改良法消灭中间宿主淡水螺。

(4)禁止用未经加工处理的贝类、鱼及蛙类等饲喂家禽。

2. 治疗

可选用下列药物。

氯硝柳胺：每千克体重 50～60 mg，拌料饲喂。

硫双二氯酚：每千克体重 150～200 mg，拌料饲喂。

任务三　禽后睾吸虫病

禽后睾吸虫病是由多种后睾吸虫寄生于禽类肝和胆管引起的一种疾病。

【病原】

禽后睾吸虫病的主要病原有鸭对体吸虫、鸭后睾吸虫和东方次睾吸虫。

1. 鸭对体吸虫

鸭对体吸虫是一种大型吸虫，体窄长，后端尖细，大小为(14～24) mm×(0.88～1.12) mm。虫卵呈卵圆形，顶端有小盖，另端有小突起。

2. 鸭后睾吸虫

鸭后睾吸虫虫体较长，体表光滑，前端与后端较细，大小为(7～23) mm×(1.0～1.5) mm。虫卵呈椭圆形。

3. 东方次睾吸虫

东方次睾吸虫呈叶状，体表有小刺，大小为(2.4～4.7) mm×(0.5～1.2) mm。虫卵呈浅黄色，椭圆形，有卵盖，含毛蚴。

【发育史】

大多数后睾吸虫的第一中间宿主是螺，第二中间宿主是淡水鱼。成虫在终末宿主的胆囊或胆管内产卵，虫卵随粪便到达外界环境，孵出的毛蚴侵入中间宿主，经无性繁殖发育为尾蚴，尾蚴离开螺进入补充宿主发育为囊蚴，家禽由于吞食带有后睾吸虫囊蚴的鱼类而感染。

【流行特点】

后睾吸虫主要感染鸭，1 月龄以上的雏鸭感染率较高，感染强度可达数百条。鸡和鹅偶见感染。

【症状及病变】

后睾吸虫寄生于禽的肝、胆囊及胆管内，影响肝胆功能。初期表现精神沉郁，食欲下降，缩颈闭眼，病鸭在水中游动无力，随着病情发展，食欲废绝，逐渐消瘦，病鸭羽毛松乱，眼结膜发绀，呼吸困难，贫血，腹泻，粪便呈草绿色或灰白色，病禽因极度衰竭而死。

剖检肝肿大，有不同程度的炎症或坏死，常呈橙黄色，有花斑，肝结缔组织增生，细胞变性萎缩，引起肝硬化；胆囊肿大，胆汁变质，囊壁增厚，胆管增生变粗。

【诊断】

根据流行特点、临床症状、病理剖检和粪便检查进行综合诊断。粪便检查用饱和盐水漂浮法发现虫卵即可确诊。

【防制】

1. 预防

(1)疫病高发区应避免到水边放牧，不用淡水鱼饲喂家禽；同时应注意灭螺。

(2)根据流行季节，进行计划驱虫，减少病原扩散。

(3)粪便堆积发酵，借助生物热杀灭虫卵。

2. 治疗

可选用下列药物。

丙硫咪唑：每千克体重 75～100 mg，拌料饲喂。

吡喹酮：每千克体重 15 mg，拌料饲喂。

任务四　禽戴文绦虫病

禽戴文绦虫病主要由戴文属和赖利属的绦虫寄生于禽类的小肠引起的疾病。节片戴文绦虫寄生于鸡、鸽、鹌鹑的十二指肠内。赖利属的绦虫寄生于鸡和火鸡的小肠中，分布较广，对鸡危害严重。

【病原】

禽戴文绦虫病主要病原有 4 种，即戴文属的节片戴文绦虫(图 4-3)，赖利属的棘沟赖利绦虫、四角赖利绦虫和有轮赖利绦虫(图 4-4)。

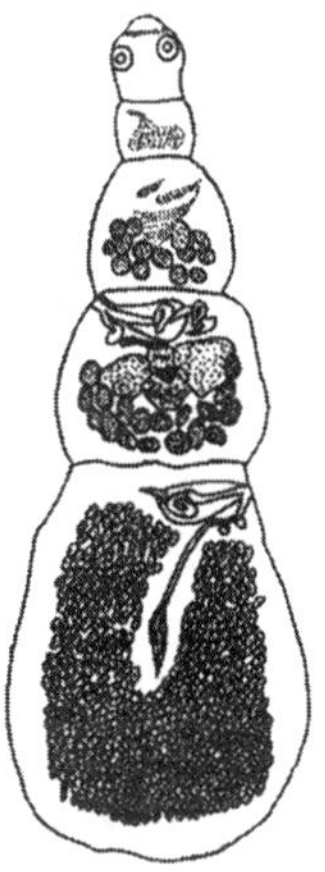

图 4-3　禽节片戴文绦虫

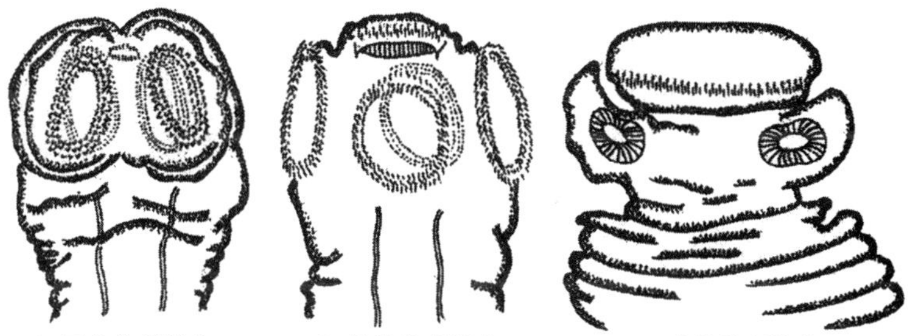

图 4-4　禽赖利绦虫头节

1. 节片戴文绦虫

节片戴文绦虫虫体短小，长 0.5～3 mm，由 3～5 个节片组成，孕卵节片中子宫破裂形成的卵袋中只有一个虫卵，虫卵直径 24～33 μm。

2. 棘沟赖利绦虫

棘沟赖利绦虫是禽类的大型绦虫，大小为(10～28.9) cm×(1～4) mm，头节小，呈球形，直径 0.15～0.25 mm，有 4 个圆形吸盘，顶突上有 200～240 个小钩。成节每一节片有一套生殖器官，虫卵圆形，直径 24～33 μm。

3. 四角赖利绦虫

四角赖利绦虫外形和大小与棘沟赖利绦虫相似，头节呈椭圆形，直径较小，头节上有 4 个长椭圆形的吸盘。

4. 有轮赖利绦虫

有轮赖利绦虫长 2～5.3 cm，宽 1～2 mm，头节短而宽，顶突宽大，吸盘较小。

【发育史】

节片戴文绦虫的中间宿主是蛞蝓及陆地螺，有轮赖利绦虫的中间宿主是家蝇及多种甲虫，棘沟赖利绦虫、四角赖利绦虫的中间宿主是蚂蚁。成虫寄生于禽类肠道，孕卵节片随粪便排出到外界，释放出虫卵，虫卵被中间宿主吞食，虫卵在中间宿主肠道孵出六钩蚴，移行到适宜的组织，发育成具有感染性的似囊尾蚴，禽类啄食带有似囊尾蚴的中间宿主而感染，中间宿主在消化道内被消化，释放出似囊尾蚴，用吸盘和顶突固着在小肠壁上，经 19～23 d 发育为成虫(图 4-5)。

【流行特点】

禽戴文绦虫病主要侵害幼禽，常为混合感染。中间宿主活动季节即本病的流行季节。

【症状及病变】

戴文绦虫是对幼禽致病性最强的一类绦虫。虫体头节钻入肠黏膜，引起肠炎，病禽食欲减退，贫血，消瘦，羽毛松乱，呼吸困难，行动迟缓，严重者死亡。剖检可见肠道黏膜增厚，出血，内

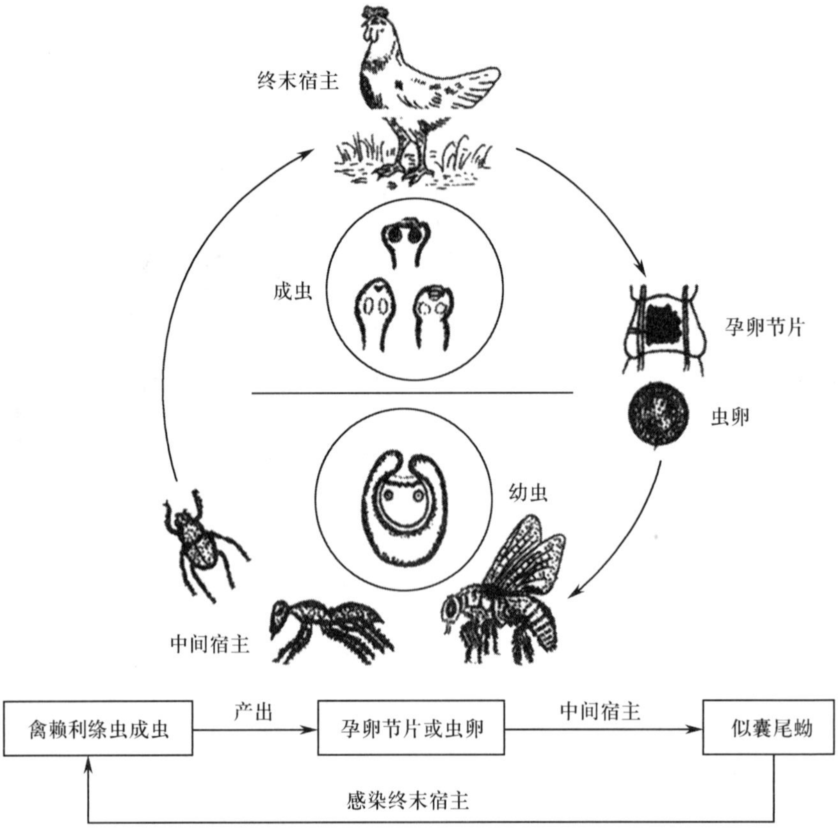

图 4-5 禽赖利绦虫发育史及图解

容物中含有大量脱落的黏膜和虫体。

赖利绦虫为大型虫体，大量感染时虫体积聚成团，导致肠阻塞，甚至肠破裂而引起腹膜炎；虫体以小钩和吸盘固着于肠黏膜，引起损伤，出血炎症，影响消化机能。虫体吸收大量营养并产生代谢产物，患鸡营养不良，有时出现神经症状。剖检可见肠道黏膜增厚，出血，黏膜上附着虫体。临床常见粪便稀且有黏液，带有很多节片，食欲下降，饮水增多，行动迟缓，羽毛松乱，头颈扭曲，蛋鸡产蛋量下降或停产，最后衰竭死亡。

【诊断】

根据临床表现，粪便检查发现虫卵或节片，剖检病鸡发现虫体便可确诊。

【防制】

1. 预防

(1)消灭中间宿主。根据中间宿主的生活习性，对鸡舍内外中间宿主进行扑杀，以减少中间宿主的滋生。

(2)对鸡进行定期驱虫，及时清除鸡粪并做无害化处理。

(3)定期检查鸡群，治疗病鸡；新引进的鸡应驱虫后再合群。

2. 治疗

可选用下列药物。

氯硝柳胺：每千克体重 80～100 mg，拌料饲喂。

丙硫咪唑：每千克体重 10～20 mg，拌料饲喂。

硫双二氯酚：每千克体重 80～100 mg，拌料饲喂。

任务五　膜壳绦虫病

膜壳绦虫病是由膜壳科的绦虫寄生于家禽肠道引起的疾病，主要侵害鸭、鹅。

【病原】

膜壳绦虫病主要病原有矛形剑带绦虫（图 4-6）、冠状双盔带绦虫、片形皱褶绦虫。

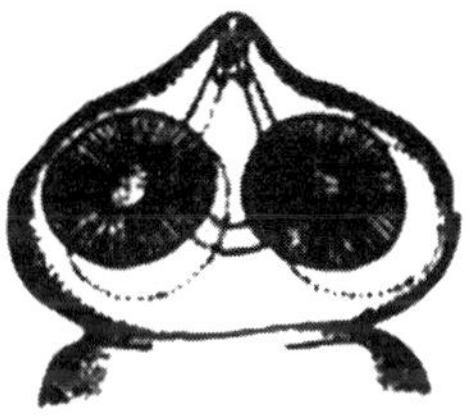

图 4-6　矛形剑带绦虫

1. 矛形剑带绦虫

矛形剑带绦虫呈矛形，大小为（30～130）mm×（8～18）mm。虫卵呈椭圆形，淡黄色，内含六钩蚴。

2. 冠状双盔带绦虫

冠状双盔带绦虫虫体大小为（128～190）mm×3 mm。

3. 片形皱褶绦虫

片形皱褶绦虫虫体大小相差较大，大小为（200～420）mm×5 mm。虫卵呈椭圆形，两端稍尖，薄而透明。

【发育史】

膜壳绦虫的中间宿主种类较多，包括许多甲壳类动物、蚯蚓等。虫体寄生于家禽肠道，虫卵或孕卵节片随终末宿主粪便排到外界，落入水中被中间宿主吞食，6 周左右发育为成熟的似囊尾蚴，鹅、鸭等禽类吞食带有似囊尾蚴的中间宿主后，似囊尾蚴进入小肠，翻出头节，用吸盘固着于肠黏膜上，经 19 d 发育为成虫（图 4-7）。

【流行特点】

本病呈世界性分布，多种水禽感染，雏鹅感染率高。水禽活动范围较大，中间宿主种类繁多，传播途径难以阻断，是本病流行的重要原因。

【症状及病变】

当大型虫体寄生时，阻塞肠道，消化功能发生障碍；虫体夺取宿主营养，造成机体营养不良；宿主吸收虫体代谢产物，对神经和血液系统具有毒性作用，而出现神经症状。膜壳绦虫以吸盘和小钩固着肠壁，造成肠黏膜的机械性损伤，发生炎症，表现为腹泻，排绿色粪便，有时带有绦虫节片。病禽食欲废绝，消瘦，行动迟缓。当出现中毒症状时，运动发生障碍，失去平衡，常常突然倒地，若病情持续发展，最终死亡。

【诊断】

参照禽戴文绦虫病诊断方法。

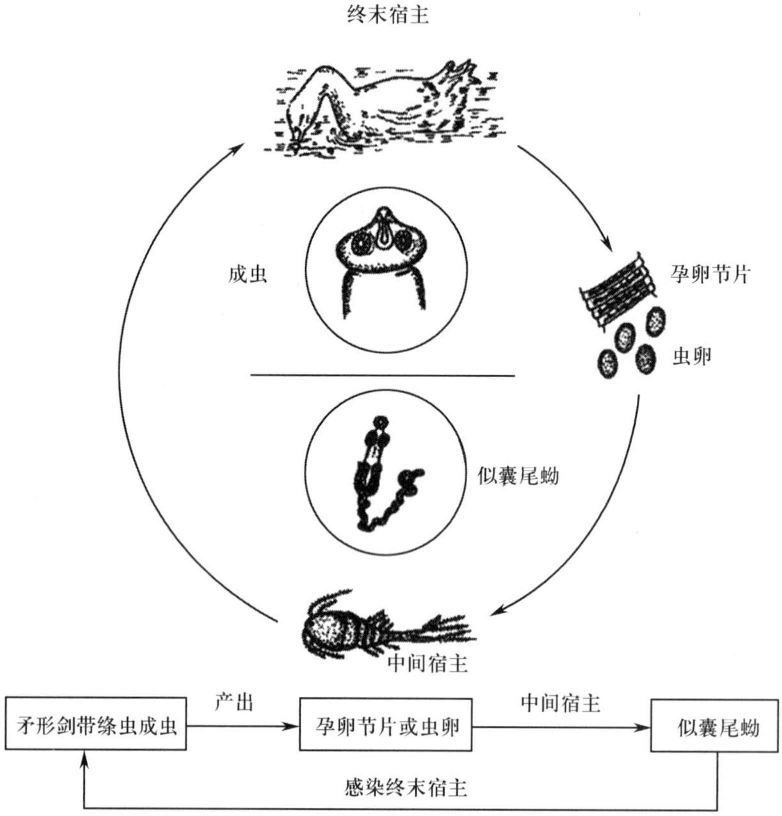

图 4-7 矛形剑带绦虫发育史及图解

【防制】

1. 预防

(1)定期驱虫,消灭病原。在多发区,每年分别在春季放牧开始前和秋季放牧结束后进行有计划的 2 次驱虫。

(2)清洁禽舍,处理粪便。将禽舍和运动场上的粪便堆积发酵杀死虫卵。

(3)幼禽与成禽分开饲养。防止成年禽排出的虫卵感染幼禽。

(4)选择牧场以减少感染。不在中间宿主活动的地方放牧。

2. 治疗

可选用下列药物。

丙硫咪唑:每千克体重 10～20 mg,拌料饲喂。

氯硝柳胺:每千克体重 80～100 mg,拌料饲喂。

硫双二氯酚:每千克体重 80～100 mg,拌料饲喂。

任务六　禽蛔虫病

禽蛔虫病是由禽蛔虫寄生于小肠引起的疾病。鸡蛔虫主要引起鸡、珍珠鸡及其他野禽的蛔虫病，鹅蛔虫仅引起鹅发病，而鸽蛔虫主要引起鸽、孔雀等发病。其中以鸡的蛔虫病较为严重，遍及各地，主要危害雏鸡，影响生长发育，甚至大批死亡。

【病原】

鸡蛔虫是鸡体内最大的线虫，呈黄白色，表皮有横纹，雄虫长 26～70 mm，雌虫长 65～110 mm。虫卵呈椭圆形，深灰色，卵壳厚而光滑，内含卵细胞。

【发育史】

虫卵随鸡粪便排出体外，在适宜的温度、湿度条件下，经 1～2 周发育成感染性虫卵，污染饲料和饮水，被鸡吞食而感染。虫卵在小肠内孵出幼虫，幼虫钻入肠黏膜内，经发育 1 周后再回到肠腔内发育为成虫。从感染到发育为成虫需 35～50 d，成虫生存期为 9～14 个月。

【流行特点】

1. 虫卵抵抗力

鸡蛔虫卵对外界环境和常用的消毒剂具有较强的抵抗力，但对干燥和高温敏感，直射阳光、粪便堆积发酵，虫卵迅速死亡。温度和湿度对虫卵发育影响较大，在阴凉潮湿的地方，可生存较长时间。

2. 年龄特点

3～4 月龄内的鸡易遭受侵害，病情较重。成年鸡多为带虫者。

3. 贮藏宿主

蚯蚓可作为贮藏宿主，禽啄食蚯蚓易遭受感染。

【症状及病变】

成虫和幼虫对宿主都有危害作用。幼虫侵入肠黏膜时，破坏肠黏膜，造成出血和炎症，肠壁上常有颗粒状化脓灶或结节形成。成虫大量寄生时，相互缠结，可发生肠阻塞，甚至引起肠破裂和腹膜炎(图 4-8)。雏鸡表现生长发育不良，精神萎靡，羽毛松乱，行动迟缓，呆立不动，消瘦，贫血，鸡冠苍白，腹泻便秘交替，消化不良，最后衰竭而死。成年产蛋鸡产蛋量下降。

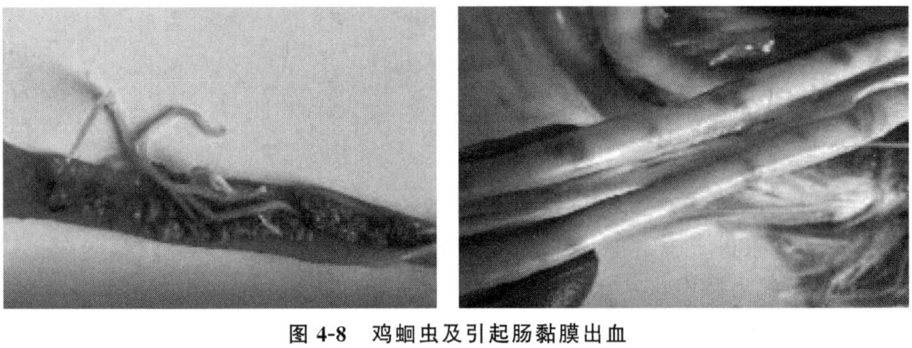

图 4-8　鸡蛔虫及引起肠黏膜出血

【诊断】

1. 临床诊断

根据临床表现和剖检发现大量虫体做出诊断。

2. 虫卵检查

采用漂浮法检查发现大量虫卵，即可确诊。

【防制】

1. 预防

(1)预防性驱虫。有蛔虫病的鸡场，每年进行 2～3 次定期驱虫。

(2)加强鸡的饲养管理。雏鸡和成年鸡分开饲养，防止成年鸡排出的虫卵感染雏鸡。饲喂全价饲料，补充维生素 A 和 B 族维生素，可防止或减轻感染。

(3)鸡的粪便应及时清除，堆积发酵。

2. 治疗

可选用左旋咪唑、噻苯唑、伊维菌素等驱虫药物。

任务七 禽毛细线虫病

禽毛细线虫病是由毛首科毛细属的多种线虫寄生于禽类消化道引起的疾病。我国各地都有分布，严重感染时，可引起家禽死亡。

【病原】

毛细线虫主要种类包括有轮毛细线虫、鸽毛细线虫、膨尾毛细线虫和鹅毛细线虫。虫体细小，呈毛发状。虫卵两端有卵塞。

1. 有轮毛细线虫

有轮毛细线虫雄虫长 15～25 mm，雌虫长 25～60 mm。

2. 鸽毛细线虫

鸽毛细线虫雄虫长 8.6～10 mm，雌虫长 10～12 mm。

3. 膨尾毛细线虫

膨尾毛细线虫雄虫长 9～14 mm，雌虫长 14～26.4 mm。

4. 鹅毛细线虫

鹅毛细线虫雄虫长 10～13.5 mm，雌虫长 16～26.4 mm。

【发育史】

毛细线虫的发育有直接发育和间接发育两种方式，鸽毛细线虫属直接发育型，终末宿主吞食感染性虫卵后，幼虫进入十二指肠黏膜内发育，在肠腔内经 20～26 d 发育为成虫。有轮毛细线虫和膨尾毛细线虫属间接发育型，中间宿主为蚯蚓，卵在中间宿主体内孵化为幼虫，蜕皮一次，变为第 2 期幼虫(具有感染性)，禽啄食带有第 2 期幼虫的蚯蚓后，蚯蚓被消化，幼虫释放出来。有轮毛细线虫的幼虫在嗉囊和食道内钻入黏膜，于感染后 19～26 d 发育到性成熟。膨尾毛细线虫的幼虫在小肠中钻入黏膜，于感染后 22～24 d 发育到性成熟。成虫生存约 10 个月(图 4-9)。

图 4-9　毛细线虫发育史

毛细线虫的寄生部位比较严格，有轮毛细线虫寄生于鸡的嗉囊和食道。鸽毛细线虫寄生于鸽、鸡的小肠。膨尾毛细线虫寄生于鸡、鸽的小肠。鹅毛细线虫寄生于鹅和野鹅小肠的前半部和盲肠。

【症状及病变】

病禽食欲不振，精神萎靡，消瘦，贫血，腹泻。严重感染时，雏鸡和成年鸡均可发生死亡。剖检变化：轻度感染时，局部出现轻微炎症和增厚；严重感染时，炎症加剧，出血，有黏液或脓性分泌物，局部黏膜溶解、脱落或坏死，消化道黏膜上有大量虫体。

【诊断】

根据临床症状、结合剖检变化，发现虫体，粪便中检出虫卵即可做出诊断。

【防制】

1. 预防

(1)预防性驱虫。本病严重的鸡场，应进行定期驱虫。

(2)及时清洁禽舍，粪便堆积发酵，杀灭虫卵。

(3)禽舍应建在通风干燥的地方，以抑制虫卵的发育和中间宿主蚯蚓的滋生。

2. 治疗

可选用下列药物。

左旋咪唑：每千克体重 25 mg，拌料饲喂。

甲苯咪唑：每千克体重 70～100 mg，拌料饲喂。

任务八　禽胃线虫病

禽胃线虫病是由锐形科锐形属和四棱科四棱属的多种线虫寄生于禽类的食道、腺胃、肌胃和肠道引起的疾病，本病遍及全国各地。

【病原】

禽胃线虫病主要病原有小钩锐形线虫、旋锐形线虫和美洲四棱线虫等。虫体细小，毛发状。各种禽胃线虫的大小不同，雄虫和雌虫长度在几毫米至十几毫米。

【发育史】

禽胃线虫的中间宿主是昆虫(如蚱蜢、甲虫)，虫卵随宿主粪便排出体外，被中间宿主吞食后，在体内发育为感染性幼虫，禽类啄食带有感染性幼虫的中间宿主而受感染，感染性幼虫进入鸡体内，发育为成虫。

【症状及病变】

轻度感染时不显症状，严重感染时，病禽消化不良，食欲下降，沉郁，翅下垂，出现消瘦和贫血等。严重者可引起死亡。

虫体在寄生部位形成溃疡及出血，同时使寄生部位的腺体遭受破坏，有时形成结节，影响胃肠的功能，严重者造成胃肠破裂。

【诊断】

根据临床症状、粪便检查发现虫卵和尸体剖检发现虫体，即可诊断。

【防制】

1. 预防

(1)在高发区进行预防性驱虫。
(2)消灭中间宿主。
(3)做好禽舍的清洁卫生，将粪便堆积发酵处理，杀死虫卵。

2. 治疗

可选用下列药物。
丙硫苯咪唑：每千克体重 10～15 mg，拌料饲喂。
甲苯咪唑：每千克体重 30 mg，拌料饲喂。

任务九　鸡异刺线虫病

鸡异刺线虫病是由鸡异刺线虫寄生于鸡的盲肠内引起的疾病，又称盲肠虫病。本病分布于世界各地。

【病原】

鸡异刺线虫，白色，虫体小细线状，雄虫长 7～13 mm，尾端尖细，有 2 根不等长的交合刺，雌虫长 10～15 mm。虫卵呈椭圆形，灰褐色，壳厚，内含卵细胞。

【发育史】

虫卵随粪便排出体外，在适宜的温度、湿度条件下，经 2 周发育为感染性虫卵。鸡采食被感染性虫卵污染的饲料和饮水后而受感染。虫卵在小肠孵出幼虫，移行至盲肠，钻入黏膜内，经过 3～5 d 后，重返肠腔，发育为成虫。从感染至发育为成虫需 24～30 d。成虫存活约 1 年。

【流行特点】

1. 易感动物

各种家禽都可以感染，不同年龄的家禽均有易感性，但幼禽最易感染。

2. 抵抗力

虫卵对外界抵抗力强，潮湿环境中可存活 9 个月，干燥环境中 16～18 d。

3. 保虫宿主

蚯蚓是保虫宿主，鸡啄食这种含感染性虫卵的蚯蚓后，也能感染异刺线虫病。异刺线虫还是火鸡组织滴虫的传播媒介，组织滴虫可侵入异刺线虫的卵内，并随卵排出体外，鸡啄食这种虫卵后，可同时感染两种寄生虫病。

【症状和病变】

病鸡食欲减退，营养不良，发育停滞，严重者可引起死亡。

异刺线虫寄生在盲肠黏膜上，能机械性的损伤盲肠组织，引起盲肠炎和腹泻，盲肠肿大，肠壁增厚和形成结节。同时虫体分泌毒素和代谢产物使宿主中毒。

【诊断】

粪便中发现虫卵，或剖检时在盲肠发现虫体即可确诊。

【防制】

参照禽蛔虫病的防治措施。

任务十　禽螨病

家禽常见的外寄生虫螨，属于刺皮螨，主要有鸡刺皮螨（鸡螨）、鸡突变膝螨、鸡新勋恙螨等，可引起鸡只贫血、体重减轻、产蛋下降，甚至死亡。

一、鸡刺皮螨

【病原】

鸡刺皮螨又称鸡螨或鸡红螨。虫体呈椭圆形，有 4 对足，均长在躯体的前半部。雌虫成虫的大小约为 0.7 mm×0.4 mm。前端有长鞘样针锥形的螯肢，刺破鸡皮吸吮鸡血，因虫体内经常含有吸入的血液，外观呈红色故称“红螨”。螨有昼伏夜出的特点，白天躲藏在鸡笼、地板、墙壁等的缝隙中，夜间出来活动，爬到鸡身上吸血，所以又称“栖架螨”。

【发育史】

鸡刺皮螨的发育史为:卵→幼虫→第一期若虫→第二期若虫→成虫。

雌螨在吸饱血后,一般都回到鸡舍的笼具上、料槽上或墙壁缝隙中经过 12～24 h 后产卵,20～25 ℃温度条件下,经 2～3 d 即孵出幼虫,第一期若虫开始吸血,吸血后经 3～4 d 蜕皮变为第二期若虫,第二期若虫吸血再经 0.5～4 d 发育为成虫。从卵到成虫约需要 7 d 时间。

成螨的耐饥能力很强 4～5 个月不吸血仍能存活,在适应的条件下饥饿的螨虫会有强烈的活动和迁移。螨虫没有明显的季节性只要温度适应一年四季都会有,但是在干燥的环境下容易死亡。

【临床症状】

鸡刺皮螨主要集中在鸡体的肛门周围、腹部,其次为头、颈、背、胸、腿、翅膀内侧等处。早期症状不明显,不易被发现,如大量寄生并使鸡受到侵害时病鸡不安,出现贫血,消瘦,产蛋量下降,甚至幼鸡由于失血过多而死亡。

【防制】

(1)搞好鸡舍环境卫生,及时清除鸡粪,定期对鸡舍进行消毒工作,地面、笼具、网架、天花等全面喷雾,杀灭环境中的活虫源。

(2)在日常饲养管理中关注鸡群是否患病,留意鸡体变化,一旦发现患鸡螨,立即采取防治措施。用 0.25%敌敌畏乳剂、蝇毒磷、马拉硫磷、敌虫菊酯或溴氢菊酯等杀虫剂喷雾,带鸡使用,对鸡体、垫料、鸡巢、墙壁、栖架等设施采用浓液喷雾,要特别注意确保鸡体皮肤喷湿,否则控制效果不会理想。

二、鸡突变膝螨

【病原】

鸡突变膝螨又称鳞足螨,属疥螨科。螨几乎呈球形,足短,表皮具有明显的条纹,而且背部的横纹无中断之处。雌虫长 0.4 mm,雄虫长 0.2 mm。常发现于要被淘汰的年龄较大的鸡。寄生于鸡的脚、腿的无毛处,有时也可寄生于鸡冠和鸡髯上。

【临床症状】

该螨的全部生活史均在皮肤内完成。虫体穿入皮下,在皮下组织中形成隧道。寄生于鸡腿无毛处及脚趾部皮内,引起患肢发痒,皮肤发炎,表面形成大量的皮屑和痂皮。外观上鸡脚极度肿大,好似附着一层石灰,故又称鸡石灰脚。重症鸡腿瘸,行走困难,食欲降低,生长缓慢,产蛋减少。

【防制】

对突变膝螨的防制应先从淘汰和隔离病禽着手。向鸡群中增添新鸡时,必须先用植物油将其腿部皮肤泡松,然后刮取样品送诊断室镜检。如发现有本螨时,必须进行治疗。在治疗前,先将病鸡的脚浸入温肥皂水中,使痂皮泡软,除去痂皮,涂上 20%的硫黄软膏或 2%的石炭酸软膏,间隔数天再涂一次。或者将病禽的脚浸入温的杀螨剂溶液中。鸡舍必须经常扫,可用杀螨剂喷雾栖架。

三、鸡新勋恙螨

【病原】

鸡新勋恙螨，成虫乳白色，体长 1 mm，幼虫很小，长约 0.4 mm，肉眼难见到，饱食后呈橘黄色，分头、胸中和腹部，有 3 对足，背板上有 5 根刚毛。

【生活史】

鸡新勋恙螨在发育过程中，仅幼虫营寄生生活；成虫多生活于潮湿的草地上，以植物液汁和其他有机物为食。雌虫受精后，产卵于泥土上，约 2 周时间孵出幼虫。幼虫遇到鸡或其他鸟类时，便爬至其体上，刺吸体液和血液；饱食时间 1～30 多天。在鸡体上的寄生时间可达 5 周以上。幼虫饱食后落地，数日后发育为若虫，再过一定时间发育为成虫。由卵发育为成虫，需 1～3 个月。

【临床症状】

由于鸡新勋恙螨成群地口刺病鸡，引起皮肤严重损伤，出现洞状小点或脓肿，继而变为结节状溃疡，似驻痘疹病灶，故又称“鸡螨痘”。病鸡疼痛不安，瘙痒，羽毛脱落，幼鸡生长停滞，消瘦，精神委顿，甚至死亡。

【防制】

(1)运动场如有杂草，应及时除去。保持干燥、平整、无积水。

(2)进苗 10 d 前，运动场应用敌百虫、灭虫菊酯、敌敌畏等杀虫药物喷洒杀虫；鸡舍内用灭虫菊酯或敌百虫喷洒。

(3)放养后，应每 10 d 一次，对鸡舍、运动场及垫料用敌百虫、灭虫菊酯等药物喷洒杀虫。

(4)鸡群出现虫体后，垫料喷洒药物，用 0.5%的敌百虫或敌敌畏喷洒垫料，喷至垫料略为潮湿即可，隔 2～3 d 再进行一次，即可全面杀死鸡体表的幼虫。运动场全面铲除杂草，喷洒杀虫剂。用 0.1%～0.5%敌百虫或其他有效药物对大环境进行全面杀虫。需持续喷洒 3～5 d，间隔 10 d 再持续喷洒 3～5 d，以防复发。

(5)可在饲料中添加适量的阿维菌素或伊维菌素用于预防。

任务十一　鸡球虫病

鸡球虫病是由艾美耳属的多种球虫寄生于鸡的肠黏膜上皮细胞所引起的疾病。主要危害 50 日龄内的雏鸡，成年鸡多为带虫者，影响蛋鸡产蛋和肉鸡增重。世界各地普遍发生，特别是集约化养鸡场，造成的经济损失极大。

【病原】

艾美耳球虫卵囊呈椭圆形、圆形或卵圆，囊壁两层，囊内含一团原生质，孢子化卵囊中有 4 个孢子囊，每个孢子囊中有 2 个子孢子(图 4-10、图 4-11)。目前，世界公认的鸡球虫有 7 种。

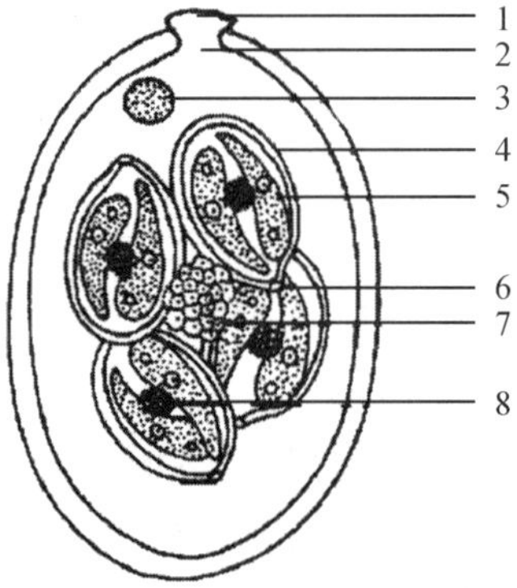

1. 极帽 2. 微孔 3. 极粒 4. 孢子囊 5. 子孢子 6. 斯氏体 7. 外残体 8. 内残体

图 4-10 艾美耳球虫孢子化卵囊结构

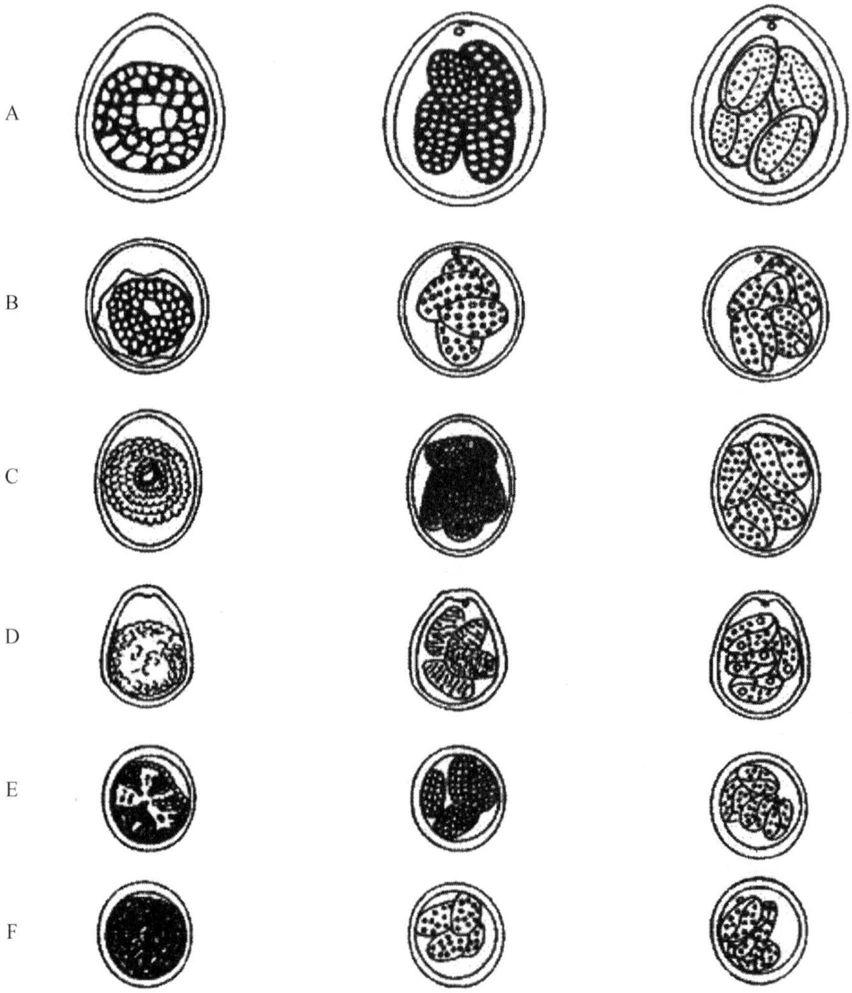

A. 巨型艾美耳球虫 B. 柔嫩艾美耳球虫 C. 基前艾美耳球虫

D. 堆型艾美耳球虫 E. 毒害艾美耳球虫 F. 和缓艾美耳球虫

图 4-11 鸡球虫形态图

1. 巨型艾美耳球虫

卵囊大，是鸡球虫中最大的，呈卵圆形，一端圆钝，一端较窄，大小为(21.75～40.5) μm×(17.5～33.0) μm，平均为30.76 μm×23.9 μm，卵囊黄褐色，囊壁浅黄色，寄生于小肠，以中段为主。

2. 柔嫩艾美耳球虫

卵囊多为宽卵圆形，少数为椭圆形，大小为(19.5～26.0) μm×(16.5～22.8) μm，平均为22.0 μm×19.0 μm；原生质呈淡褐色，卵囊壁为淡黄绿色；主要寄生于盲肠及其附近区域。

3. 布氏艾美耳球虫

卵囊大小为(20.7～30.3) μm×(18.1～24.2) μm，平均为24.6 μm×18.8 μm，寄生于小肠后部、盲肠近端和直肠。

4. 堆型艾美耳球虫

卵囊呈卵圆形，大小为(17.7～20.2) μm×(13.7～16.3) μm，平均为18.3 μm×14.6 μm，卵囊壁为淡黄绿色，主要寄生于十二指肠和空肠，偶尔寄生于小肠后段。

5. 早熟艾美耳球虫

卵囊呈卵圆形或椭圆形，大小为(19.8～24.7) μm×(15.7～19.8) μm，平均为21.3 μm×17.1 μm，原生质无色，卵囊壁呈淡绿色，寄生于十二指肠和小肠前1/3部位。

6. 毒害艾美耳球虫

卵囊呈卵圆形，大小为(13.2～22.7) μm×(11.3～18.3) μm，平均为20.4 μm×17.2 μm；卵囊壁光滑、无色；在裂殖生殖阶段主要寄生于小肠中1/3段，严重时可扩展到整个小肠。

7. 和缓艾美耳球虫

小型卵囊，近球形，卵囊大小为(11.7～18.7) μm×(11.0～18.0) μm，平均为15.6 μm×14.2 μm，卵囊壁为淡黄绿色，初排出时的卵囊，原生质团呈球形，几乎充满卵囊，寄生于小肠前半段。

各种球虫的致病性不同，以柔嫩艾美耳球虫的致病性最强，其次为毒害艾美耳球虫，临床上多为混合感染。

【发育史】

鸡球虫的发育过程与其他动物球虫发育过程相同，包括孢子生殖、裂殖生殖和配子生殖3个阶段。卵囊随宿主粪便排出体外，在合适的温度和湿度条件下，进行孢子发育，卵囊内形成4个孢子囊，每个孢子囊内再形成2个子孢子，这时的卵囊称为孢子化卵囊(也称感染性卵囊)，污染饲料和饮水，鸡吞食被孢子化卵囊污染的饲料或饮水而感染，孢子化卵囊在胃肠消化液的作用下卵囊壁破裂，子孢子释出，侵入其寄生部位的肠上皮细胞，进行裂殖生殖；各种球虫的裂殖生殖代次不同，经数代裂殖生殖后，最后一代裂殖子侵入上皮细胞进行配子生殖，形成大配子体(雌性)和小配子体(雄性)，大、小配子结合成合子，围上卵囊壁形成卵囊。重复上述发育过程。球虫发育过程中的裂殖生殖阶段和配子生殖阶段，在宿主上皮细胞内进行，称为内生性发育，而孢子发育在外界环境中进行，称为外生性发育(图4-12)。

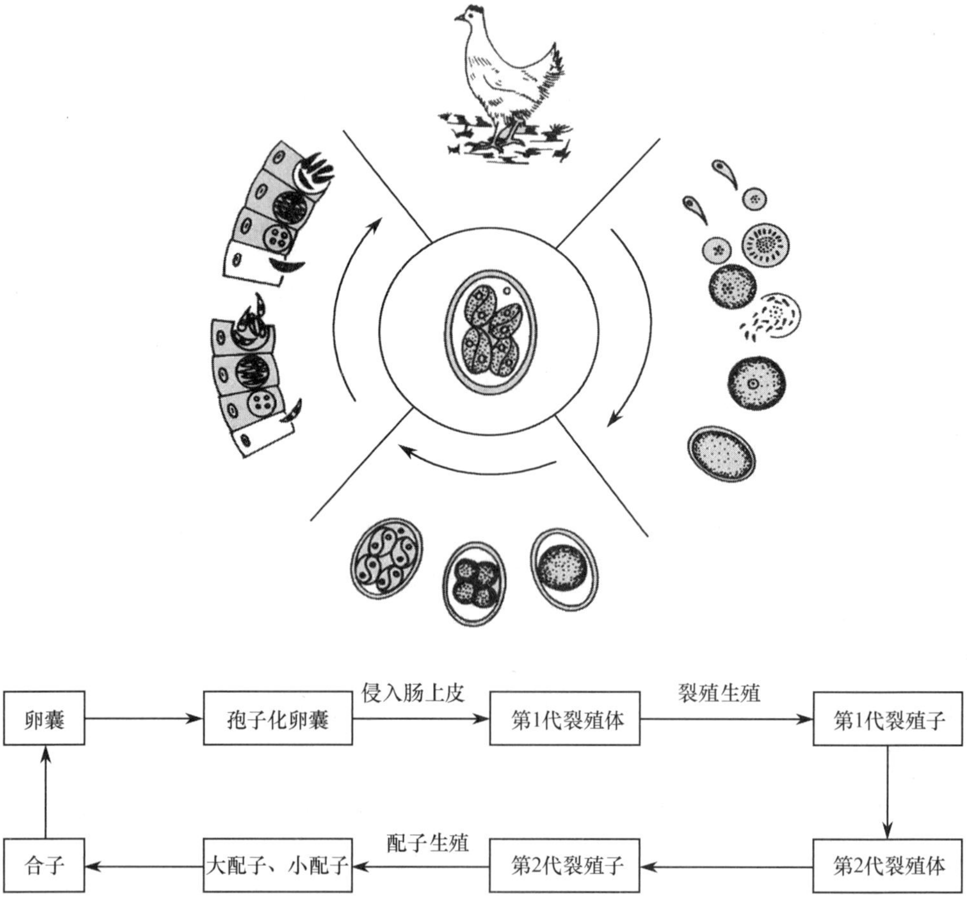

图 4-12　鸡球虫发育史及图解

【流行特点】

1. 感染来源和感染途径

鸡是各种鸡球虫的唯一宿主，病鸡、耐过鸡和带虫鸡都是感染来源。耐过鸡长期带虫，排出卵囊时间达 7 个月之久，因而是主要传染源。球虫卵囊通过污染饲料、饮水、土壤或器具等经消化道感染鸡。其他动物、昆虫、尘埃及饲养人员，也可机械地传播球虫病。

2. 繁殖力和抵抗力

鸡感染 1 个孢子化卵囊，1 周后可排出上百万个卵囊。卵囊对恶劣的外界环境条件和消毒剂具有很强的抵抗力，在温暖潮湿的土壤中可以存活 15～18 个月。一般消毒剂无效。但卵囊对高温和干燥敏感，当温度在 18～40 ℃，湿度 21%～30%，经 1～5 d 死亡。

3. 发病年龄

所有日龄和品种的鸡都有易感性，但其免疫力发展很快，并能限制其再感染。柔嫩艾美耳球虫病一般暴发于 3～6 周龄的雏鸡，2 周龄以内的雏鸡很少发病，毒害艾美耳球虫常危害 8～18 周龄的鸡。成年鸡是带虫者，多为混合感染。

4. 流行季节

在我国北方4—9月份为流行季节，以7—8月份最为严重，南方各地及舍饲的鸡场中，一年四季均可发生，尤其是温暖、潮湿的季节流行。

5. 诱因

鸡舍潮湿、饲养密度过大、卫生条件差、饲料品质不良、营养缺乏，特别是维生素A和维生素K缺乏，能促使本病的发生。

【症状及病变】

急性型：多发于3～6周龄的雏鸡。病鸡精神萎靡，缩头闭眼，离群呆立，食欲不振，渴欲增强，嗉囊积液，污肛，随着肠上皮的损伤和机体中毒的加剧，出现腹泻，血便，迅速消瘦、贫血、鸡冠苍白，共济失调，翅膀轻瘫、卧地。病末期病鸡昏迷或强直痉挛，严重者死亡，死亡率高达80%。耐过鸡生长迟缓。

慢性型：通常发生于2月龄以上的鸡。症状与急性型相似，症状较轻，病期较长，可达数周至数月。患鸡精神不振，翅下垂，间歇性腹泻，脱水、消瘦，足、翅轻瘫，产蛋鸡产蛋减少，肉鸡生长缓慢，死亡率低。

特征性的病变是出血性肠炎(图4-13)。急性病例多见于盲肠高度肿胀，肠壁充血，黏膜出血外观呈棕红色，腊肠状，其内容物为血凝块与脱落上皮形成的干硬栓塞物(图4-14)。慢性病例多见于小肠肿胀、肠壁充血、出血、坏死，以及灰白色的病灶和粟状结节。

图4-13　鸡球虫病盲肠肿大出血

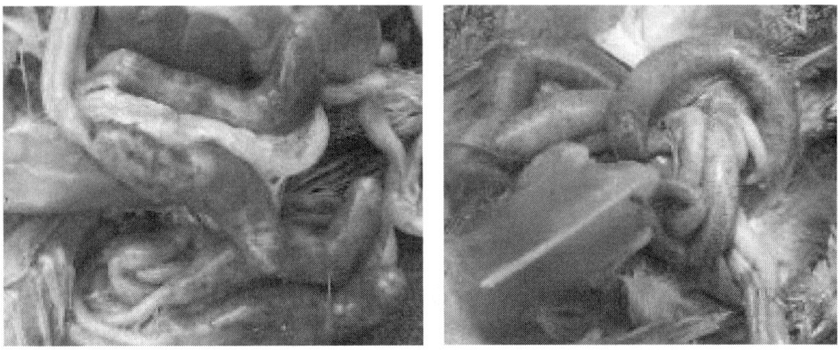

图4-14　肠黏膜出血

【诊断】

1. 临床诊断

根据流行特点、临床症状、病理变化等多方面因素综合判断，做出临床诊断。

2. 卵囊检查

取病变肠黏膜涂片镜检，可发现卵囊或裂殖体和裂殖子。粪便检查时，用饱和盐水漂浮法和直接涂片法检查，根据病变和卵囊的大小、形状等可初步鉴定虫种。一般情况下多为两个以上虫种混合感染。鸡球虫病较为常见，鸡的带虫现象非常普遍，所以仅在粪便和肠壁刮取物中检获卵囊，不足以作为鸡球虫病的诊断依据。

【防制】

1. 预防

(1)加强饲养管理,消除发病诱因。

(2)药物预防。鸡球虫病主要在于预防,在高发年龄段和发病季节,定期或连续添加抗球虫药物混饲或饮水。为防止耐药性的产生宜采用穿梭用药和轮换用药,可选用下列药物。

马杜拉霉素(如克球王、杀虫王、抗球王、灭球王、加福):每千克饲料 5～6 mg,无休药期。

那拉菌素:每千克饲料 50～70 mg,无休药期。

盐霉素:每千克饲料 50～60 mg,无休药期。

拉沙洛菌素:每千克饲料 75～125 mg,休药期为 3 d。

氨丙啉:每千克饲料 125 mg,无休药期。

尼卡巴嗪:每千克饲料 125 mg,休药期为 4 d。

球痢灵:每千克饲料 125 mg,休药期为 5 d。

莫能菌素:每千克饲料 100～121 mg,无休药期。

克球多:每千克饲料 125 mg,无休药期;若每千克饲料 250 mg,混饲,休药期为 5 d。

氯苯胍:每千克饲料 33 mg,休药期为 5 d。

常山酮:每千克饲料 3 mg,休药期为 5 d。

杀球灵:每千克饲料 1 mg,无休药期。

氯氰苯乙嗪:每千克饲料 1 mg,无休药期。

百球清:每升饮水中加入 2.5%百球清 1 mL,连用 3 d。

(3)免疫预防。目前,有两类球虫疫苗:强毒虫苗和早熟弱毒虫苗,国外有 4 种商品化疫苗:美国的 Coccivac、加拿大的 Immucox、英国的 Paracox、捷克的 Livacox,国内研制的球虫苗,其效果与进口球虫苗相当。

2. 治疗

鸡场一旦暴发球虫病,应立即用抗球虫药物对病鸡进行隔离治疗。

知识拓展

鸡球虫苗免疫接种

1. 物品清单

(1)疫苗、饲料、稀释液(纯净水或蒸馏水)、喷雾器、水桶、塑料布、铁敏、磅秤、料舀子、料盘、量筒、免易宝(红色,20 L/片)、搅棒等。

(2)饲料用量根据免疫当天鸡采食量的 1/3 料量来计算,水量根据采食量的 15%计算,为提高拌料均匀度,选用免易宝做指示剂。实际需要的料量应根据鸡的日龄、品种做出相应的调整,让鸡只充分采食 6 h 以上。

2. 免疫接种

(1)免疫前停料 2～3 h,保证正常供水,统计料盘数量。

(2)称好的饲料平铺在准备好的塑料布上,厚度≤3 cm。

(3)量筒内加入计算好的稀释液,按照说明书加入免易宝作用 5 min。

(4)按需从冰箱内取出球虫疫苗,检查核对疫苗种类、厂家、批次、有效期和物理性状等,填写免疫信息记录表。

(5)颠倒混匀疫苗,拉开疫苗瓶的铝盖,打开瓶塞并将疫苗倒入量筒内,用稀释液冲洗疫苗瓶、瓶盖 3~5 次,将疫苗溶液倒入喷雾器中,使用搅棒搅拌均匀。

(6)手持喷雾器喷杆持续加压,喷头距离饲料 20 cm,匀速移动,疫苗混悬液均匀喷洒在饲料上。

(7)喷完饲料,用手或铁锨搅拌饲料,保证均匀、无结块。

(8)重复喷雾拌料 8~10 遍,并将疫苗悬液全部喷完。所有疫苗悬液喷完后,应将饲料笼堆,饲料搅拌,再笼堆,再搅拌,如此反复 10 遍以上,直到所有饲料混匀为止。

(9)将饲料平均分配到每个料盘,料盘根据鸡群密度均匀摆放,确保鸡群同步开食。

(10)每隔 1 h 赶一次鸡群,刺激采食。

(11)料盘内的饲料采食完后,添加新饲料。

3. 注意事项

(1)禁止使用结冰的球虫疫苗。

(2)疫苗悬液不要超过喷雾器容积的 1/2,便于喷雾期间摇晃均匀。

(3)建议采用单喷头、低功率喷雾器,避免饲料出现潮湿结决,也防止过早的喷完疫苗,造成喷雾不匀。

(4)禁止踩入塑料布内,确保免疫用的饲料干净、卫生。

(5)饲料出现潮湿、结块,是局部喷雾过量的原因,应及时碾碎、拌匀。

(6)采食完拌有疫苗的饲料大约需 6 h,应及时观察鸡只采食情况,记录采食时间,填写免疫信息记录表。

(7)免疫后应加强饲养管理,根据鸡群状况,实时扩群,同时注意鸡舍垫料湿度和温度的管理。

任务十二 禽组织滴虫病

禽组织滴虫病是由火鸡组织滴虫寄生于禽类的盲肠和肝脏引起的疾病,也称“黑头病”或“盲肠肝炎”。多发于雏火鸡和鸡,也可感染珍珠鸡、孔雀、鹌鹑等。

【病原】

火鸡组织滴虫为多形性虫体,大小不一,近圆形或变形虫样。分有鞭毛和无鞭毛两种形态,寄生在盲肠腔中的虫体,常见一根鞭毛,虫体大小为 5~16 μm;寄生在盲肠上皮细胞和肝细胞中的虫体无鞭毛,大小为 8~17 μm,生长后可达 12~21 μm(图 4-15)。

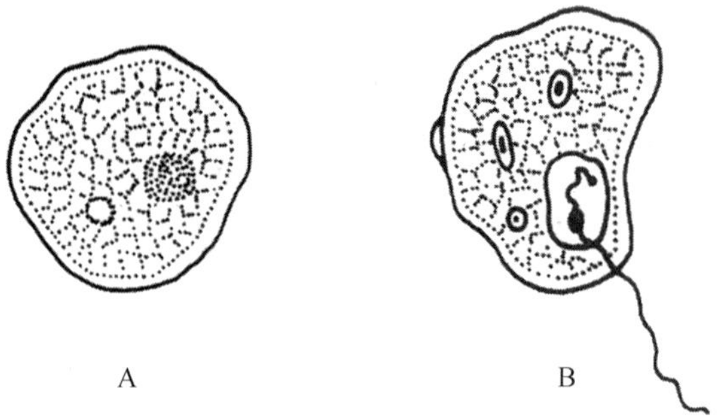

A. 肝病灶内虫体 B. 盲肠腔内虫体

图 4-15 火鸡组织滴虫

【发育史】

火鸡组织滴虫以二分裂法繁殖，虫体在自然环境中很快死亡。但寄生于盲肠的火鸡组织滴虫被鸡异刺线虫吞食，进入异刺线虫卵内，得到虫卵的保护，能在虫卵及其幼虫中存活6个月以上。当鸡感染异刺线虫时，同时感染组织滴虫。

【流行特点】

自然情况下，火鸡最易感，尤其是3～12周龄的雏火鸡。鸡和火鸡的易感性随年龄而变化，鸡在4～6周龄易感性最强，许多鹌鹑、珍珠鸡都是组织滴虫的宿主。火鸡组织滴虫感染禽类后，多与肠道细菌协同作用而致病，单一感染时，多不显症状。鸡常常作为组织滴虫的隐性宿主，可以散播组织滴虫给其他更易感的禽类，如火鸡，引起发病。

【症状及病变】

潜伏期为7～12 d，最短5 d，本病是由组织滴虫侵入盲肠壁繁殖后进入血流和寄生于肝脏引起的。病禽呆立，眼半闭，头下垂，畏寒，翅下垂，步态蹒跚，腹泻，食欲不振。病末期，有些病禽因血液循环障碍，鸡冠、肉髯发绀，呈暗黑色，因而有"黑头病"之称。病程1～3周，病愈鸡的体内仍有组织滴虫，带虫时间长达数周或数月。成年鸡很少出现症状。

病变主要是盲肠炎和肝炎。剖检见一侧或两侧盲肠肿胀，肠壁肥厚，肠腔内充满浆液性或出血性内容物，有时形成干酪状的盲肠肠芯，间或盲肠穿孔，引起腹膜炎。肝脏肿大，呈紫褐色，表面出现黄绿色圆形、溃疡病灶，直径可达1 cm，单独存在或融合成片状（图4-16）。

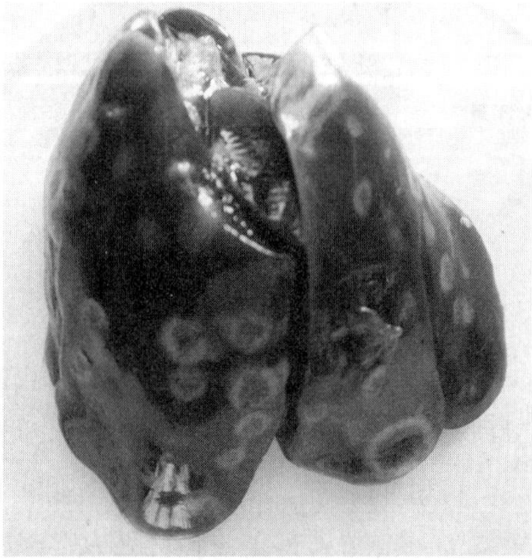

图 4-16 组织滴虫病禽肝脏

【诊断】

根据流行特点和临床症状及结合本病的病变，可做出初步诊断。刮取盲肠黏膜或肝脏组织检查，发现虫体即可确诊。

当并发有球虫病、沙门菌病、曲霉菌病或毛滴虫病时，需进行鉴别诊断。

【防制】

1. 预防

(1)杀灭异刺线虫卵。鸡异刺线虫是组织滴虫的传播媒介,利用阳光照射和干燥可最大限度地杀灭异刺线虫卵。

(2)成年禽应定期驱除异刺线虫。

(3)鸡和火鸡分开饲养,成年禽和幼禽分群饲养。

2. 治疗

可选用下列药物。

甲硝唑:每千克饲料 500 mg,每日 3 次,连用 5 d;预防量为每千克饲料 250 mg,休药期 5 d。

洛硝哒唑:预防量为每千克饲料 500 mg,休药期 5 d。

任务十三　禽住白细胞原虫病

禽住白细胞原虫病是由住白细胞虫属的原虫寄生于鸡的血液和内脏器官的组织细胞内所引起的一种疾病。主要危害雏鸡,发病率和死亡率都很高,成年鸡多为带虫者,影响生长发育及产蛋性能,严重时也可引起大批死亡。

【病原】

禽住白细胞原虫病病原主要有两种,即沙氏住白细胞虫和卡氏住白细胞虫(图 4-17)。

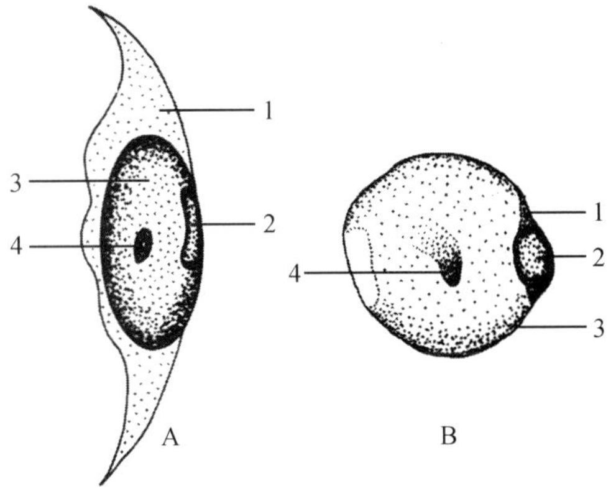

A. 沙氏住白细胞虫　B. 卡氏住白细胞虫
1. 宿主细胞质　2. 宿主细胞核　3. 配子体　4. 核

图 4-17　禽住白细胞虫

沙氏住白细胞虫,寄生于鸡。其配子体见于白细胞内,呈长圆形,大配子体大小为 22 μm×6.5 μm,胞质深蓝色,核较小,核仁明显;小配子体大小为 20 μm×6 μm,胞质淡蓝色,核较大,核仁不明显。宿主细胞呈纺锤形,胞核呈狭长带状,位于虫体一侧。

卡氏住白细胞虫,寄生于鸡。其配子体见于白细胞和红细胞内,近似于圆形,大配子体大小为 12～14 μm,小配子体为 10～12 μm,配子体几乎占据整个宿主细胞。宿主细胞膨大为圆形,胞核成狭带状位于虫体一侧。

【发育史】

当吸血昆虫吸食含有配子体病禽的血液后，配子体在昆虫体内进行配子生殖和孢子生殖，产生许多子孢子，子孢子移行到唾液腺。在吸血昆虫吸食禽血液时，将子孢子注入禽体内，子孢子侵入肝脏进行裂殖生殖，产生裂殖子随血液或淋巴液侵入全身各种器官的组织细胞再进行裂殖生殖，经数代裂殖生殖后，裂殖子侵入白细胞(尤其是单核细胞)，发育为大、小配子体。但卡氏住白细胞虫在到达肝脏之前有一段在血管内皮细胞内裂殖生殖的过程；也可在红细胞内形成配子体。

【流行特点】

禽住白细胞虫的传播媒介为库蠓和蚋。本病发生与库蠓和蚋活动的季节性相一致。当气温在 20 ℃以上时，库蠓和蚋繁殖快，活力强，住白细胞原虫的发生和流行也就严重。热带和亚热带地区全年都可发生该病。鸡的年龄与鸡住白细胞虫的感染率成正比，与发病率却成反比。一般 2～4 月龄鸡和 5～7 月龄鸡的感染率和发病率都高，而 8～12 月龄的成年鸡或一年以上的种鸡，虽感染率高，但发病率不高，血液中虫数较少，大多数呈无症状的带虫者。

【症状及病变】

潜伏期 6～10 d。雏鸡和仔鸡发病严重，死亡率高。重者表现为发热、食欲不振，羽毛松乱，贫血、鸡冠苍白、呼吸困难，1～2 d 后，因咯血、出血而死亡。轻者，精神萎靡，食欲下降，发热，卧地不动，腹泻，1～2 d 内死亡或康复。本病的特征性症状是死前鸡冠和肉垂苍白、贫血，口流鲜血，常因呼吸困难而死亡。育成鸡和成年鸡感染后一般死亡率不高。病鸡鸡冠苍白、消瘦、拉白色或绿色水样稀便，发育受阻，成年鸡产蛋率下降，甚至停产。

剖检变化全身性出血，各内脏器官和组织有出血点或出血斑，肾、肺严重出血，肝脾明显肿大，胃肠黏膜有时可见溃疡。胸肌、腿肌、心肌及肝脾等器官上有灰白色小结节。

【诊断】

1. 临床诊断

根据流行特点、临床症状和剖检病变做出初步诊断。

2. 实验室诊断

采病禽血液涂片，吉姆萨液染色，在显微镜下发现配子体，小结节涂片、染色，可见许多裂殖子。即可确诊。

【防制】

1. 预防

(1)防止库蠓进入鸡舍。鸡舍建筑应在高燥、向阳、通风的地方，远离库蠓滋生、繁殖地区。在流行季节，鸡舍的门、窗安装窗纱，阻止库蠓进入鸡舍。

(2)消灭库蠓。净化鸡舍周围环境，对鸡舍环境用 0.1%敌杀死、0.05%辛硫磷或 0.01%的速灭杀丁每 3～5 d 喷雾 1 次。每日库蠓出现的时间，早晨 6～7 时，下午 18～20 时，对鸡舍内部墙壁、门窗等用敌杀死喷雾，也可在黄昏时用黑光灯诱杀库蠓。

(3)淘汰病鸡。患病鸡群彻底淘汰，防止病原扩散。

(4)药物预防。采用治疗药物进行药物预防。

2. 治疗

本病尚无有效的治疗药物，可选择以下药物。

泰灭净(磺胺间甲氧嘧啶):治疗量每千克体重 100 mg,混饲,连用 2 周。预防量每千克体重 25～75 mg,混饲,连用 5 d。

磺胺二甲氧嘧啶(SDM):治疗量用 0.05%饮水 2 d,然后再 0.03%饮水 2 d。预防量为每千克体重 25～75 mg,混于饲料或饮水。

乙胺嘧啶:每千克体重 4 mg,配合磺胺二甲氧嘧啶每千克体重 40 mg,混饲,1 周后改用预防剂量,预防量每千克体重 1 mg,混饲。

克球粉:治疗量每千克体重 250 mg,混饲。预防量每千克体重 125～250 mg,混饲。

磺胺喹噁啉(SQ):预防量为每千克体重 50 mg,混于饲料或饮水。

为了防止药物中毒,磺胺类和呋喃类药物连续服用 5 d 后,停药 2～3 d。在同一鸡场,为防止产生抗药性,宜采取轮换用药或联合用药。

课程思政元素

科学规范使用抗生素

残留抗生素对人的影响是多方面的,一方面会引起肠道正常菌群失调,长期摄入含有抗生素的食品后,会使敏感菌群被杀灭或抑制,而耐药菌群却大量繁殖,导致长期腹泻或营养不良,严重时还可造成耐药菌感染,给临床治疗带来困难。另一方面会引起过敏和变态反应,青霉素、四环素、磺胺类及某些氨基糖苷类抗生素能使部分人群发生过敏反应和变态反应,氯霉素可破坏机体造血功能,诱发再生障碍性贫血。经常食用含抗生素的动物性食品,轻者出现皮肤瘙痒、荨麻疹、关节肿痛,重者导致血管性水肿、休克,并且会导致细菌耐药性进一步增强。滥用抗生素,造成养殖动物的抗病性降低、致病菌耐药性增强、产品中药物残留、危害食品安全等问题,必须科学规范使用抗生素,保障养殖业的健康发展。

实训十三　蠕虫病粪便检查技术

一、实训内容

提供家禽粪样、显微镜、粪筛、饱和盐水等材料,进行虫卵的检测。

二、实训目标

(1)掌握粪样的采集、保存方法。

(2)掌握离心沉淀法、漂浮法操作技术。

三、材料准备

1. 仪器及器材

天平,样品袋,粪筛,4.03×10^5 孔/in^2(1 in＝2.45 cm)尼龙筛,玻棒,镊子,玻璃杯,100 mL 烧杯,漏斗,离心机,离心管,试管,试管架,青霉素瓶,乳胶滴管,体视显微镜,载玻片,盖玻片,污物桶,纱布等。

2. 其他材料

被检家禽粪样，饱和盐水。

四、方法步骤

1. 粪便检查的意义

许多寄生虫的虫卵、卵囊或幼虫随终末宿主的粪便排出体外，进行体外发育。通过检查粪便，可以确定感染寄生虫的种类和感染强度。粪便检查在寄生虫病诊断、流行病学调查和驱虫效果评定上均具有重要意义。

2. 粪样采集及保存方法

实训指导教师带领学生到养殖场采集动物粪样。

(1)粪样采集：被检粪样应该是新鲜且未被污染，最好从直肠采取。大动物可以从直肠采集；小动物可将食指套上塑料指套，伸入直肠直接钩取粪便。大群饲养的动物只能采取自然排出的粪便，大动物要采取粪堆上部未被污染的部分，羊采集粪球，每份样品 10 g 左右。采取的粪便装入清洁的样品袋内。样品较多时进行编号、登记。

(2)粪样保存：采取的粪便应尽快检查，如果短时间保存，放在冷暗处或冰箱冷藏箱中保存。需要较长时间保存或当地不能检查需送检时，可将粪样浸入加热至 50～60 ℃、2%～4%甲醛溶液中，使其中的虫卵失去活力，不能发育，保持固有形态，还可以杀死粪便中的微生物。

3. 虫体及虫卵简易检查方法

(1)虫体肉眼检查法：适用于绦虫的检查，也可用于某些胃肠道寄生虫病的驱虫诊断。对于较大的绦虫节片和大型虫体，在粪便表面或分开粪便后即可观察。对于较小的绦虫节片和小型虫体，将粪样置于较大的容器中，加入 5～10 倍量的水(或生理盐水)，搅拌混匀后静置 10 min，倾去上层液，再加水、搅匀、静置，如此反复数次，直至上层液体透明为止，最后倾去上层液，每次取一定量的沉淀物放在黑色浅盘(或衬以黑色背景的培养皿)中观察，必要时可用放大镜或实体显微镜检查，发现虫体和节片则用分离针或毛笔取出，进一步鉴定。

(2)直接涂片法：适用于随粪便排出的蠕虫卵(幼虫)和球虫卵囊的检查。本法操作简便、快速，但检出率较低。取 50%甘油水溶液或普通水 1～2 滴放于载玻片上，取火柴头大小的被检粪样与之混匀，剔除粗粪渣，加盖玻片镜检。

(3)尼龙筛淘洗法：适用于体积较大的虫卵(如片形吸虫卵)的检查。本法操作迅速、简便。取 5～10 g 粪样置于烧杯，先加入少量的水，使粪便易于搅开。然后加入 10 倍量的水，用金属筛(6.2×10^4 孔/in^2)过滤于另一杯中。将粪液全部倒入尼龙筛网，先后浸入盛水的盆内，用光滑的圆头玻棒轻轻搅拌淘洗。最后用少量清水淋洗筛壁四周与玻棒，使粪渣集中于网底，用吸管吸取后滴于载玻片上，加盖玻片镜检。

4. 沉淀法

适合于密度较水的密度大的虫卵的检查，如吸虫卵和棘头虫卵。

(1)彻底洗净法：取 5～10 g 粪样置于烧杯中，加 10～20 倍量的水搅匀，羊粪可用镊子将粪球夹碎，用金属筛或纱布过滤，滤液静置 20 min 后倾去上层液，再加水洗混匀，静置沉淀，反复操作，直至上层液透明为止。最后倾去上层液，用吸管吸取沉淀物滴于载玻片上，加盖玻片镜检。

(2)离心沉淀法：取 3 g 粪样置于小杯中，加 10～15 倍水搅匀，用金属筛或纱布将粪液过滤于另一杯中，滤液加入离心管，用天平配平后放入离心机内，以 2 000～2 500 r/min 离心沉淀 1～2 min，取出后倾去上层液，加水混匀离心，反复水洗离心沉淀，多次操作，直至上层液透明为止。最后倾去上层液，用吸管吸取沉淀物滴于载片上，加盖玻片镜检。

5. 漂浮法

对于密度比水密度小的虫卵，用饱和溶液作为漂浮液，使虫卵、球虫卵囊浮于液体表面，进行集中检查。漂浮法对大多数较小的虫卵，如某些线虫卵、绦虫卵和球虫卵囊等有很高的检出率，但对吸虫卵和棘头虫卵检出效果较差。

（1）饱和盐水漂浮法：取 5～10 g 粪样置于 100～200 mL 烧杯中，先加入少量漂浮液将粪便充分搅匀，再加入约 20 倍的漂浮液搅匀，静置 40 min 左右，用直径 0.5 cm 左右的金属圈轻轻接触液面，提起后将液膜抖落于载玻片上，如此多次蘸取不同部位的液面，加盖玻片镜检。

（2）浮聚法：取 2 g 粪便置于烧杯中，先加入少量漂浮液将粪便充分搅开，再加入 10～20 倍的漂浮液搅匀，用金属筛或纱布将粪液过滤于另一杯中，然后将粪液加入青霉素瓶，用吸管加至液面凸出瓶口为止。静置 30 min 后，用盖玻片轻轻接触液面顶部，提起后放入载玻片上镜检。

最常用的漂浮液是饱和盐水溶液，其制法是将食盐加入沸水中，直至不再溶解为止，1 000 mL 水中约加食盐 400 g。用四层纱布或脱脂棉过滤后，冷却备用。为了提高检出率，还可用硫代硫酸钠、硝酸钠、硫酸镁、硝酸铵和硝酸铅等饱和溶液作为漂浮液，甚至可用于吸虫卵的检查，但易使虫卵和卵囊变形。因此，检查必须迅速，制片时可补加 1 滴水。

五、考核评价

（1）实训报告：写出离心沉淀法和浮聚法的操作方法，画出所观察到的虫卵形态图。

（2）考核评价：学生熟悉动物寄生虫病原的各种粪便检查技术，包括粪便的直接涂片、尼龙筛淘洗法、沉淀法和漂浮法检查技术。技能操作考核主要在粪便的直接涂片法、沉淀法、饱和盐水漂浮法（包括试管浮聚法）等项目中由学生随机抽取任一项进行独立操作，根据其操作过程及回答问题情况等给予评分。

实训十四　蠕虫卵形态观察

一、实训内容

提供家禽常见寄生虫虫卵的标本片，进行比较观察。

二、实训目标

能够识别家禽常见的吸虫卵、绦虫卵、线虫卵和棘头虫卵。

三、材料准备

1. 形态构造图

家禽常见蠕虫卵形态图；粪便中易与虫卵混淆的物质图。

2. 标本

家禽常见吸虫、绦虫、线虫和棘头虫卵的标本片。

3. 仪器及器材

生物显微镜、显微投影仪、载玻片、盖玻片、玻棒、纱布、污物桶等。

四、方法步骤

1. 实训内容

常见吸虫卵形态观察。
常见绦虫卵形态观察。
常见线虫卵形态观察。
常见棘头虫卵形态观察。

2. 示教讲解

教师用显微投影仪讲解家禽常见寄生虫虫卵形态特点，指出蠕虫卵的鉴别要领。主要依据虫卵的大小、形状、颜色、卵壳和内容物的典型特征来加以鉴别。

(1)吸虫卵：卵圆形，卵壳数层，多数吸虫卵一端有小盖，被一个明显的沟围绕着，有的吸虫卵还有结节、小刺、丝等突出物。卵内含有卵黄细胞所围绕的卵细胞或发育成形的毛蚴。

(2)绦虫卵：假叶目虫卵椭圆形，有卵盖，内含卵细胞及卵黄细胞。圆叶目虫卵形状不一，卵壳的厚度和构造也不同，内含一个具有三对胚钩的六钩蚴，六钩蚴被覆两层膜，内层膜紧贴六钩蚴，外层膜与内层膜有一定的距离，有的虫卵六钩蚴被包围在梨形器里，有的几个虫卵被包在卵袋中。

(3)线虫卵：椭圆形，卵壳多为四层，完整地包围虫卵，但有的一端有缺口，被另一个增长的卵膜封盖着。卵壳光滑，或有结节、凹陷等。卵内含未分割的胚细胞，或分割着的多数细胞，或一个幼虫。

(4)棘头虫卵：多为椭圆形，卵壳三层，内层薄，中间层厚，多数有压痕，外层变化较大，并有蜂窝状构造。内含长圆形棘头蚴，其一端有三对胚钩。

3. 分组观察

学生用玻棒蘸取所备虫卵浸渍标本于载玻片上，加盖玻片后镜检。观察时注意先用低倍镜找到虫卵，然后再转换高倍镜详细观察其形态构造。尤其要注意用玻棒蘸取一种虫卵浸渍标本后，一定要冲洗干净，用纱布擦拭后再蘸取另一种标本，以免混淆虫卵。

4. 家禽体内的常见蠕虫卵

家禽常见寄生蠕虫卵如图 4-18 所示。

5. 易与虫卵混淆的物质

(1)气泡：圆形无色，大小不一，折光性强，内部无胚胎结构。

(2)花粉颗粒：无卵壳构造，表面常呈网状，内部无胚胎结构。

(3)植物细胞：有的为螺旋形，有的为小型双层环状物，有的为铺石状上皮，均有明显的细胞壁(图 4-19)。

(4)豆类淀粉粒：形状不一，外被粗糙的植物纤维，颇似绦虫卵。可滴加卢戈尔氏碘液(碘

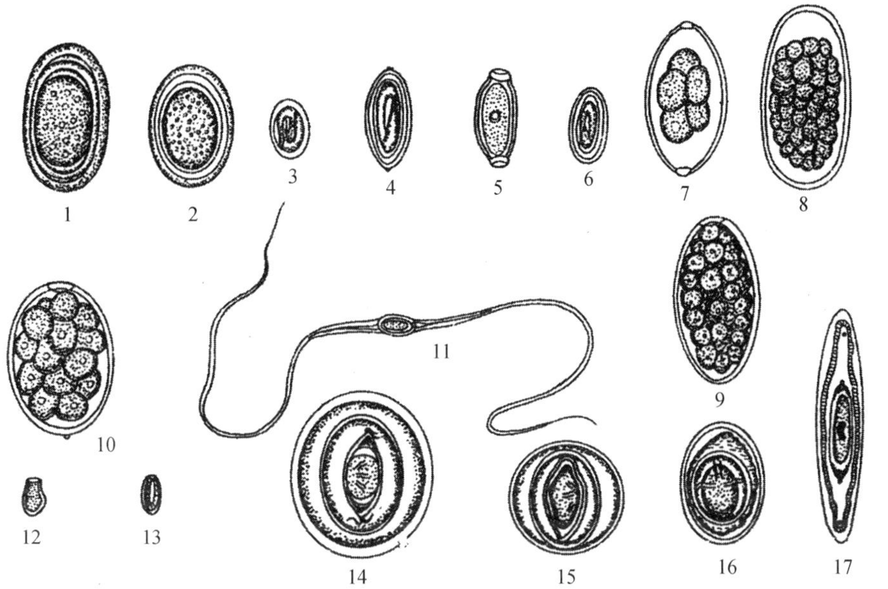

1. 鸡蛔虫卵　2. 鸡异刺线虫卵　3. 螺旋咽饰带线虫卵　4. 四棱线虫卵　5. 毛细线虫卵　6. 鸭束首线虫卵　7. 比翼线虫卵　8. 鹅裂口线虫卵　9. 隐叶吸虫卵　10. 卷棘口吸虫卵　11. 背孔吸虫卵　12. 前殖吸虫卵　13. 次睾吸虫卵　14. 矛形剑带绦虫卵　15. 膜壳绦虫卵　16. 有轮赖利绦虫卵　17. 鸭多型棘头虫卵

图 4-18　家禽体内的常见蠕虫卵

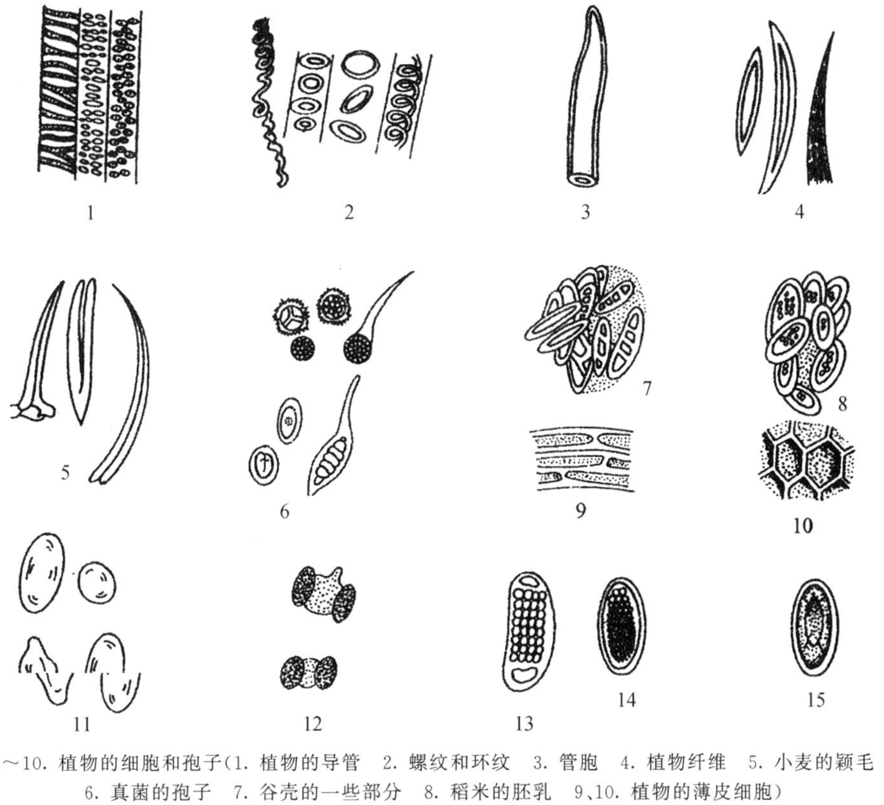

1～10. 植物的细胞和孢子(1. 植物的导管　2. 螺纹和环纹　3. 管胞　4. 植物纤维　5. 小麦的颖毛　6. 真菌的孢子　7. 谷壳的一些部分　8. 稻米的胚乳　9、10. 植物的薄皮细胞)
11. 淀粉粒　12. 花粉粒　13. 植物线虫的一种虫卵　14. 螨卵(未发育)　15. 螨卵(已发育)

图 4-19　易与虫卵混淆的物质

液配方为碘 0.1，碘化钾 2.0，水 100.0）染色加以区分，未消化前显蓝色，略经消化后呈红色。

（5）霉孢子：折光性强，内部无明显的胚胎构造。

五、考核评价

（1）识别主要吸虫卵、绦虫卵、线虫卵和棘头虫卵。

（2）实训报告：将观察的各种虫卵特征，按表 4-1 格式制表填入，并绘出简图。

表 4-1 主要虫卵鉴别

虫卵名称	大小	形态	颜色	卵壳特征	内容物

（3）评价方法：利用寄生虫标本室保存的虫卵的封片标本以及粪样的虫卵标本。选择无标签或未标记的虫卵标本进行辨认，根据识别的正确程度进行评判。

实训十五 虫卵计数技术

一、实训内容

提供虫卵检测的粪样、显微镜、天平、计数板、载玻片等材料，进行虫卵数量的测定。

二、实训目标

掌握虫卵计数的基本操作方法和要领。

三、材料准备

1. 仪器及器材

生物显微镜、虫卵计数板、盖玻片、玻棒、纱布、烧杯、污物桶等。

2. 检查材料

含有寄生虫虫卵的被检动物粪样。

四、方法步骤

虫卵计数法是测定每克粪便中的虫卵数或卵囊数，用于驱虫效果的评定。教师讲解虫卵计数的操作。然后学生分别操作两种虫卵计数方法。

1. 斯陶尔氏法

适用于吸虫卵、线虫卵、棘头虫卵和球虫卵囊的计数。在 100 mL 三角烧瓶的 56 mL 处和 60 mL 处各做一刻度标记。先向烧瓶中加入 0.1 mol/L 的氢氧化钠溶液至 56 mL 刻度处，再加入粪样使液面升至 60 mL 刻度处，然后放入数粒玻璃珠，用橡皮塞塞紧后充分振摇。边摇边用刻度吸管吸取 0.15 mL 粪液，滴于 2～3 片载片上，加盖片镜检，分别统计其虫卵数，所得总数乘以 100，即为每克粪便中的虫卵数。

2. 麦克马斯特氏法

适用于绦虫卵、线虫卵和球虫卵囊的计数。量取 58 mL 饱和盐水，取 2 g 粪样放入烧杯中，先向其中加少量饱和盐水，将粪便捣碎搅匀，然后再加入剩余的饱和盐水，充分振荡混合后过滤。边摇晃边用吸管吸取少量滤液，注入计数板的计数室内，放于显微镜载物台上，静置几分钟后，用低倍镜计数两个计数室内的全部虫卵，取其平均值乘以 200，即为每克粪便中的虫卵数。

五、考核评价

(1)实训报告：将虫卵计数结果填入虫卵计数记录表(表 4-2)。

表 4-2　虫卵计数记录

编号	畜别	年龄	性别	计数方法	检查结果(每克粪便虫卵数)					

(2)评价方法：根据实训操作过程中的认真程度，操作方法是否规范，实训报告完成情况，进行综合评定。

实训十六　鸡球虫病实验室诊断技术

一、实训内容

提供鸡球虫检测的粪样、显微镜、载玻片等材料，进行鸡球虫病的实验室诊断。

二、实训目标

掌握球虫病实验室技术；认识鸡球虫卵囊。

三、材料准备

1. 形态构造图

鸡球虫形态图。

2. 器材与药品

生物显微镜、样品袋、粪筛、玻棒、铁丝圈、镊子、烧杯、漏斗、载玻片、盖玻片、培养皿、试管

(或青霉素瓶)、移液管、污物桶、手术刀、手术剪、解剖刀、剥皮刀、肠剪等。饱和盐水、50%甘油水溶液。

3. 检查材料

球虫病鸡的粪便,或已存含有球虫孢子化卵囊的粪样。

四、方法步骤

指导教师示教以下检查方法后,学生分组进行操作。

1. 涂片法

在载玻片上加1滴50%甘油水溶液(或生理盐水、普通水),取少量粪便与甘油水溶液混合,然后除去粪便中的粗渣,加上盖玻片,先用低倍镜检查,发现卵囊后,换取高倍镜检查。

2. 漂浮法

操作方法见蠕虫病粪便检查技术。

3. 肠黏膜涂片法

选取病变明显的盲肠或小肠,剪开肠壁涂片,滴加甘油水溶液,混合均匀后加盖玻片镜检。

五、考核评价

(1)实训报告:鸡球虫病实验室检查操作方法及检查结果。

(2)评价方法:利用寄生虫标本室保存的鸡球虫病料,让学生制作标本进行检查、辨认,根据识别的正确程度以及操作的熟练程度进行评定。

实训十七 家禽寄生虫剖检技术

一、实训内容

提供实习动物(散养鸡)、解剖器械、寄生虫分离筛选的用具,按照家禽寄生虫剖检技术,检查寄生虫的感染情况。

二、实训目标

(1)初步掌握家禽寄生虫剖检的操作技术。

(2)初步鉴定常见寄生虫。

三、材料准备

1. 器材

手术刀、手术剪、镊子、眼科镊子、分离针、大瓷盆、小瓷盆、成套粪桶、提水桶、黑色浅盘、放大镜、平皿、酒精灯、毛笔、铅笔、记号笔、标本瓶、青霉素瓶、载玻片、压片用玻璃板等,实体显微镜,食盐。

2. 动物

散养鸡。

四、方法步骤

1. 宰杀

用颈动脉放血的方法宰杀。拔掉羽毛后检查皮肤和羽毛,发现虫体及时采集,皮肤有可疑病变时刮取材料备检。剥皮时要随时采集皮下组织中的虫体。

2. 摘出脏器

按照家禽常规剖检方法,使内脏完全暴露,并检查气囊内有无虫体。分离脏器时,首先分离消化系统(包括肝、胰),然后分离心脏和呼吸器官,最后摘出肾。器官摘出后,用生理盐水冲洗体腔,冲洗物反复水洗沉淀后检查。

3. 脏器检查

(1)食道和气管:剪开后检查其黏膜表面。

(2)肌胃:沿狭小部位剪开,倾去内容物,在生理盐水中剥离角质膜,检查内、外剥离面,然后将角质膜撕成小片,压片镜检。

(3)腺胃:剪开倾去内容物,检查黏膜面。如有紫红色斑点和肿胀时,则剪下做压片检查。内容物反复水洗沉淀后检查。

(4)肠管:按十二指肠、小肠、盲肠和直肠分别处理。肠管剪开后,将内容物和黏膜刮下物一起倾入容器内,反复水洗沉淀后检查。对有结节等病变的肠管,应刮取黏膜压片镜检。

(5)法氏囊和输卵管:按处理肠管的方法检查。

(6)肝、肾、心、胰、肺:分别处理。在生理盐水中剪碎洗净,捞出大块组织废弃,水洗物反复水洗沉淀后检查。病变部位压片镜检。

(7)鼻腔:剪开后观察表面,用水冲洗后检查沉淀物。

(8)眼:用镊子掀起眼睑,取下眼球,用水冲洗后检查沉淀物。

4. 收集虫体

经反复水洗沉淀的沉淀物中发现虫体后,用分离针挑出,放入盛有生理盐水的广口瓶中等待固定,同时用铅笔在一小纸片上写清动物种类、性别、年龄和虫体寄生部位后投入其中。同一器官或部位收集的所有虫体应放入同一广口瓶中。寄生于肺部的线虫应在略微洗净后尽快投入固定液中,否则虫体易于破裂。

当遇到绦虫以头部附着于肠壁上时,切勿用力猛拉,应将此段肠管连同虫体剪下浸入清水中,5～6 h 后虫体会自行脱落,体节也会自然伸直。

为了检获沉渣中小而纤细的虫体,可在沉渣中滴加浓碘液,使粪渣和虫体均染成棕黄色,然后用5%硫代硫酸钠溶液脱去其他物质的颜色。如果器官内容物中的虫体很多,短时间内不能挑取完时,可将沉淀物中加入3%福尔马林保存。

5. 结果登记

剖检结果记录在动物寄生虫剖检记录表中,对于发现的虫体,应按种类分别计算,最后统计寄生虫的总数、各种(属、科)寄生虫的感染率和感染强度。

五、考核评价

(1)实训报告:将剖检结果填入家禽寄生虫剖检记录表(表4-3)。

表 4-3 家禽寄生虫剖检记录表

<table>
<tr><td colspan="2">日期</td><td colspan="2"></td><td colspan="2">编号</td><td></td><td>畜种</td><td></td></tr>
<tr><td colspan="2">品种</td><td colspan="2"></td><td colspan="2">性别</td><td></td><td>年龄</td><td></td></tr>
<tr><td colspan="2">动物来源</td><td colspan="2"></td><td colspan="2">动物死因</td><td></td><td>剖检地点</td><td></td></tr>
<tr><td rowspan="6">主要剖检变化</td><td rowspan="6" colspan="4"></td><td rowspan="6">寄生虫总数</td><td>吸虫</td><td></td><td></td></tr>
<tr><td>绦虫</td><td></td><td></td></tr>
<tr><td>线虫</td><td></td><td></td></tr>
<tr><td>棘头虫</td><td></td><td></td></tr>
<tr><td>昆虫</td><td></td><td></td></tr>
<tr><td>蜱螨</td><td></td><td></td></tr>
<tr><td rowspan="8">寄生虫的种类和数量</td><td colspan="2">寄生部位</td><td>虫名</td><td colspan="2">数量</td><td>寄生部位</td><td>虫名</td><td>数量</td></tr>
<tr><td colspan="2"></td><td></td><td colspan="2"></td><td></td><td></td><td></td></tr>
<tr><td colspan="2"></td><td></td><td colspan="2"></td><td></td><td></td><td></td></tr>
<tr><td colspan="2"></td><td></td><td colspan="2"></td><td></td><td></td><td></td></tr>
<tr><td colspan="2"></td><td></td><td colspan="2"></td><td></td><td></td><td></td></tr>
<tr><td colspan="2"></td><td></td><td colspan="2"></td><td></td><td></td><td></td></tr>
<tr><td colspan="2"></td><td></td><td colspan="2"></td><td></td><td></td><td></td></tr>
<tr><td colspan="2"></td><td></td><td colspan="2"></td><td></td><td></td><td></td></tr>
<tr><td colspan="2">备注</td><td colspan="5"></td><td colspan="2">剖检者：</td></tr>
</table>

（2）考核评价：利用实验动物让学生剖检，查找寄生虫，并进行初步辨认，根据识别的正确程度以及操作的熟练程度进行评定。

实训十八 驱虫及驱虫效果评定

一、实训内容

提供常用驱虫药，小规模散养鸡场，制订驱虫计划并实施驱虫，并进行驱虫效果的评价。

二、实训目标

（1）熟悉驱虫药的选择与配制，掌握给药方法。
（2）了解驱虫工作的组织实施的一般程序。
（3）了解驱虫效果的评定方法。

三、材料准备

1. 表格

驱虫用各种记录表格。

2. 器材及药品

各种给药用具、称重或估重用具、粪便检查用具等。常用各种驱虫药。

3. 动物

现场的病鸡。

四、方法步骤

教师讲解驱虫药选择原则、驱虫技术、注意事项、驱虫效果评定方法等。首先示范常用的各种给药方法，然后在教师指导下，学生分组进行驱虫操作，并随时观察动物的不同反应，做好各项记录，按时评定驱虫效果。

1. 药物选择

原则是选择广谱、高效、低毒、方便和廉价的药物。广谱是指驱除寄生虫的种类多；高效是指对寄生虫的成虫和幼虫都有高度驱除效果；低毒是指治疗量不具有急性中毒、慢性中毒、致畸形和致突变作用；方便是指给药方法简便，适用于大群给药（如气雾、饲喂、饮水）；廉价是指与其他同类药物相比价格低廉。治疗性驱虫应以药物高效为首选，兼顾其他；定期预防性驱虫则应以广谱药物为首选，但主要还是依据当地主要寄生虫病选择高效驱虫药。

2. 驱虫时间

一定要依据当地动物寄生虫病流行病学调查的结果来确定。常有两种时机，一是在虫体尚未成熟前，以减少虫卵对外界环境的污染；二是秋、冬季节，有利于保护动物安全越冬。

3. 现场实施

（1）驱虫准备：驱虫前应选择驱虫药，计算剂量，确定剂型、给药方法和疗程。对药品的生产单位、批号等加以记载。在进行大群驱虫之前，应先选出少部分动物做试验，观察药物效果及安全性。将动物的来源、健康状况、年龄、性别等逐头编号登记。为使驱虫药用量准确，要预先称重或用体重估测法计算体重。为了准确评定药效，在驱虫前应进行粪便检查，根据其结果（感染强度）搭配分组，使对照组与试验组的感染强度相接近。

（2）投药前后：投药前后 1～2 d，尤其是驱虫后 3～5 h，应严密观察动物，注意给药后的变化，发现中毒应立即急救。驱虫后 3～5 d 内圈养，将粪便及时清扫采用生物热发酵处理。给药期向应加强饲养管理。

4. 驱虫效果评定

驱虫后要进行驱虫效果评定，必要时进行第 2 次驱虫。驱虫效果主要通过以下内容的对比来评定：对比驱虫前后动物的发病率与死亡率，对比驱虫前后动物各种营养状况的比例，观察驱虫后临床症状的减轻与消失，对比驱虫前后的生产性能。

驱虫指标评定一般可通过虫卵减少率和虫卵转阴率确定，必要时通过剖检计算出粗计驱虫率和精计驱虫率。

$$\text{虫卵减少率}=\frac{\text{投药前 1 g 粪便内某种寄生虫虫卵数}-\text{投药后 1 g 粪便内该寄生虫虫卵数}}{\text{投药前 1 g 粪便内某种寄生虫虫卵数}}\times 100\%$$

$$\text{虫卵转阴率}=\frac{\text{投药前某种寄生虫感染数}-\text{投药后该寄生虫感染数}}{\text{投药前某种寄生虫感染数}}\times 100\%$$

$$粗计驱虫率=\frac{驱虫前平均虫体数-驱虫后平均虫体数}{驱虫前平均虫体数}\times 100\%$$

$$精计驱虫率=\frac{排出虫体数}{排出虫体数+残留虫体数}\times 100\%$$

五、考核评价

(1)注意事项:为了比较准确地评定驱虫效果,对驱虫前、后粪便检查时,所有的器具、粪样数量以及操作步骤所用的时间要完全一致;驱虫后粪便检查的时间不宜过早,一般为 10~15 d;应在驱虫前、后各进行 3 次粪便检查。

(2)评价方法:根据药物的选择、药物的配制、驱虫效果的评定等情况,综合评判。

执业兽医资格考试真题精选

(1~2 题共用备选答案)【2012】

A. 地克珠利　　B. 莫能菌素　　C. 托曲珠利

D. 尼卡巴嗪　　E. 氯羟吡啶

1. 通过干扰球虫细胞内钠、钾离子的正常浸透而产生杀虫作用的抗球虫药是(　　)

2. 既能用于预防鸡球虫病,又能作用肉牛促生长使用的抗球虫药是(　　)

(3~4 题共用题干)【2012】

某 70 日龄散养鸡群,精神沉郁,食欲减退,排水样稀粪并带有少量血液,2 周内死亡率达 30%以上。剖检见小肠中断高度肿胀,肠壁充血、出血和坏死,从浆膜面可见病灶区有小的白斑和红斑点。

3. 该病可能的病原是(　　)

A. 鸡异刺线虫　　B. 毒害艾美尔球虫　　C. 柔嫩艾美尔球虫

D. 卡氏住白细胞虫　　E. 火鸡组织滴虫

4. 治疗该病的药物是(　　)

A. 吡喹酮　　B. 阿苯达唑　　C. 溴氰菊酯

D. 环丙沙星　　E. 磺胺二甲氧嘧啶

5. 鸡柔嫩艾美耳球虫病的病变主要出现在(　　)【2014】

A. 十二指肠　　B. 空肠　　C. 回肠

D. 盲肠　　E. 直肠

6. 下列哪一种鸡球虫称为盲肠球虫(　　)【2014】

A. 堆型艾美耳球虫　　B. 巨型艾美耳球虫　　C. 柔嫩艾美耳球虫

D. 毒害艾美耳球虫　　E. 布氏艾美耳球虫

(7~9 题共用题干)【2015】

秋季,某养殖户树林下放养的 1 500 只 3 月龄草鸡生长不良,腹泻、下痢、消瘦、贫血。近几天每天死亡十多只。磺胺氯吡嗪钠可溶性粉经饮水给药 5 d,未见效。

7. 首先可排除的疾病是(　　)

A. 组织滴虫病　　B. 鸡蛔虫病　　C. 鸡绦虫病

D. 鸡球虫病　　E. 前殖吸虫病

8.【假设信息】如病死鸡肠黏膜水肿、出血,有大量粟粒大小的结节。该病初步诊断为(　　)

A. 组织滴虫病　　B. 鸡绦虫病　　C. 毛细线虫病

D. 鸡球虫病　　E. 鸡蛔虫病

9.【假设信息】如肠道有粟粒大小的结节,进一步检查应采用的方法是(　　)

A. 粪检虫卵　　B. 取结节压片镜检　　C. 分离细菌

D. 接种鸡胚　　E. 间接血凝试验

10. 可以用于预防鸡球虫病的饲料药物添加剂是(　　)【2016】

A. 喹乙醇预混料　　B. 甲基盐霉素预混料　　C. 杆菌肽锌预混料

D. 土霉素钙　　E. 复方硝基酚钠预混料

11. 火鸡组织滴虫病的病变主要见于(　　)【2016】

A. 肌胃和腺胃　　B. 小肠和大肠　　C. 肺脏与肾脏

D. 盲肠与肝脏　　E. 心脏与脾脏

12. 目前鸡赖利绦虫病的确诊方法是(　　)【2016】

A. 血液涂片检查　　B. 粪便检查　　C. 皮屑检查

D. 抗原检测　　E. 抗体检测

(13～15 共用题干)【2016】

8 月份,某养殖场 2 000 只 30 日龄肉鸡,食欲不振,精神沉郁,羽毛松乱,腹泻,排水样稀粪,鸡冠苍白,病死率 20%,剖检可见皮下、肌肉与脏器出血,肌肉与内脏器官上见针尖至粟粒大小的白色结节。

13. 该病可初步诊断为(　　)

A. 隐孢子虫病　　B. 球虫病　　C. 组织滴虫病

D. 弓形虫病　　E. 住白细胞虫病

14. 确诊该病,首先应采取的检查方法是(　　)

A. 粪便虫卵检查　　B. 取结节压片镜检　　C. 盲肠黏膜刮片镜检

D. 鸡胚接种　　E. 间接血凝实验

15.【假设信息】如剖检还发现鸡的法氏囊充血、网状水肿、呈紫黑色,则还应采取检查法是(　　)

A. 粪便虫卵检查　　B. 取结节压片镜检　　C. 盲肠黏膜刮片镜检

D. 鸡胚接种　　E. 间接血凝实验

(16～18 题共用题干)【2016】

夏末,某养殖户地面圈养的 2 000 只三黄鸡,在 10 周龄后出现精神委顿,食欲不振甚至废绝,腹泻,排出大量深褐色带黏液的粪便。迅速死亡,一周内死亡率达 15%。

16. 下列疾病中最不可能的是（　　）

A. 前殖吸虫病　　B. 鸡球虫病　　C. 组织滴虫病

D. 坏死性肠炎　　E. 溃疡性肠炎

17.【假设信息】如剖检病死鸡，小肠中段肠管肿胀，黏膜出血，坏死，肠腔内有多量凝血块和脱落的黏膜碎片，该病可诊断为（　　）

A. 前殖吸虫病　　B. 鸡球虫病　　C. 组织滴虫病

D. 坏死性肠炎　　E. 溃疡性肠炎

18. 确诊该病，首先应采用的检查方法是（　　）

A. 血凝试验　　B. 接种小鼠　　C. 接种鸡胚

D. 分离细菌　　E. 刮取肠黏膜镜检

19. 某鸡场部分 40 日龄雏鸡呼吸困难，咳嗽，打喷嚏。粪便用饱和蔗糖液漂浮，涂片，高倍镜下见大量卵圆形卵囊，内含 4 个子孢子。该寄生虫是（　　）【2017】

A. 安氏隐孢子虫　　B. 贝氏隐孢子虫　　C. 火鸡隐孢子虫

D. 微小隐孢子虫　　E. 小鼠隐孢子虫

20. 某散养鸡群部分鸡食欲不振，下痢，消瘦，剖检见盲肠有大量线状虫体。虫体食道球发达，雄虫交合刺不等长，泄殖腔前有 1 个圆形吸盘，该病原是（　　）【2017】

A. 鸡蛔虫　　B. 锐形线虫　　C. 异刺线虫

D. 毛细线虫　　E. 四棱线虫

（21～23 题共用题干）【2017】

夏季，5 周龄散养鸡群食欲不振，腹泻，粪便带血，剖检见小肠中段肠管高度肿胀，肠腔内有大量血凝块，刮取肠黏膜镜检见多量裂殖体。

21. 该病可能是（　　）

A. 弓形虫病　　B. 隐孢子虫病　　C. 球虫病

D. 住白细胞虫病　　E. 组织滴虫病

22. 引起鸡群感染的是（　　）

A. 裂殖体　　B. 裂殖子　　C. 配子体

D. 刚排出的卵囊　　E. 孢子化卵囊

23. 预防该病的药物是（　　）

A. 伊维菌素　　B. 盐霉素　　C. 泰乐菌素

D. 左旋咪唑　　E. 链霉素

24. 鸡，5 周龄，下痢，冠呈暗黑色，剖检病见盲肠肿胀，有干酪样渗出；肝脏肿大，表面有中央凹陷边缘隆起的坏死灶；盲肠内容物检查发现直径约 10 μm、有一根鞭毛的虫体。该鸡群应选用的治疗药物是（　　）【2018】

A. 乙酰甲喹　　B. 地美硝唑　　C. 替米考星

D. 多西环素　　E. 磺胺喹噁啉

25. 雏鸡群，1 日龄，在饲料中加入马度米星预防球虫病，饲料中添加的药物浓度是每 1 000 kg 饲料添加(　　)【2019】

A. 1 g　　B. 2 g　　C. 3 g　　D. 5 g　　E. 10 g

(26～28 题共用备选答案)【2019】

A. 柔嫩艾美尔球虫　　B. 毒害艾美尔球虫　　C. 巨型艾美尔球虫

D. 毒害艾美尔球虫　　E. 和缓艾美尔球虫

26. 雏鸡群，3 周龄，食欲减退，精神不振，血便，大量死亡。剖检见盲肠肿大，内含大量新鲜血液。刮取病变部位肠黏膜镜检，见有多量香蕉形虫体。该鸡群感染的虫体是(　　)

27. 育成鸡群，8 周龄，食欲减退，精神不振，血便，大量死亡。剖检见小肠中 1/3 段高度肿胀，肠管显著充血、出血和坏死。刮取病变部位肠壁黏膜镜检见有多量香蕉形虫体。该鸡群感染的虫体是(　　)

28. 雏鸡群，3 周龄，精神不振，下痢，饲料转化率明显下降。剖检见十二指肠黏膜变薄，覆有横纹状白斑，呈梯状，肠道内含水样液体。刮取病变部位肠壁黏膜镜检，见有多量香蕉形虫体。该鸡群感染的虫体是(　　)

(29～31 题共用题干)【2019】

三黄鸡群，30 日龄，夏季，地面平养，部分鸡精神萎靡，排黄褐色稀便，剖检可见两侧盲肠肿胀，充满血性分泌物，肝肿大，出现黄绿色下陷的坏死灶。

29. 该病最可能诊断是(　　)

A. 肝片吸虫病　　B. 禽霍乱　　C. 球虫病

D. 组织滴虫病　　E. 马立克病

30. 该病的治疗药物是(　　)

A. 多西环素　　B. 马杜霉素　　C. 阿苯达唑

D. 二甲硝咪唑　　E. 氨丙啉

31. 可传播该病的寄生虫是(　　)

A. 鸡蛔虫　　B. 鸡异刺线虫　　C. 赖利绦虫

D. 鸡球虫　　E. 膝螨

(32～34 题共用题干)【2019】

肉鸡群，30 日龄，精神沉郁，羽毛松乱，排水样稀粪，粪中带血，死亡率达 15%。剖检见盲肠肿大 2～3 倍，肠腔内充满凝固的暗红色血块，盲肠黏膜上皮变厚、坏死，脱落。

32. 该病最可能的诊断是(　　)

A. 球虫病　　B. 新城疫　　C. 禽流感

D. 鸡白痢　　E. 马立克病

33. 确诊该病的方法是(　　)

A. 刮取肠道病变处黏膜镜检　　B. 血清 ELISA 检测　　C. 血清琼脂扩散试验

D. 血清生化鉴定　　E. 全血平板凝集试验

34. 鸡异刺线虫的寄生部位(　　)【2020】

A. 肌胃　　B. 腔上囊　　C. 直肠　　D. 小肠　　E. 盲肠

(35～37 题共用备选答案)【2020】

A. 螺　B. 蜱　C. 蚂蚁　D. 蝇　E. 蚊

35. 鸡群，5 周龄，消化不良，食欲减退，腹泻，消瘦。剖检小肠发现虫体，长约 25 cm，镜检见头节较小，有吸盘和顶突。顶突上有 1～3 行小钩；吸盘卵圆形，上有小钩。该虫体的中间宿主是(　　)

36. 鸡群，5 周龄，食欲减退，消化不良，腹泻，消瘦。剖检小肠发现虫体，长约 25 cm，镜检见头节较小，有吸盘和顶突。顶突上有 2 行小钩；吸盘呈圆形，上有小钩。该虫体的中间宿主是(　　)

37. 鸡群，5 周龄，食欲减退，消化不良，腹泻，消瘦、剖检小肠发现虫体，长约 4 cm，镜检见头节宽而厚，形似轮状，吸盘上无小钩。该虫体的中间宿主是(　　)

38. 用鸡球虫早熟株研制的疫苗是(　　)【2017】

A. 非特异性疫苗　B. 异源性疫苗　C. 致弱疫苗

D. 灭活疫苗　E. 强毒疫苗

(39～40 题共用题干)【2014】

某养鸡场散养的 1 000 只肉仔鸡，30 日龄起大批鸡精神委顿，食欲减退，双翅下垂，羽毛逆立，下痢至排大量血便，1 周内死亡率达 30%以上。

39. 该鸡群最可能的诊断是(　　)

A 鸡蛔虫病　B. 鸡球虫病　C. 组织滴虫病

D. 隐孢子虫病　E. 大肠埃希菌病

40. 病死鸡剖检病变主要发生在(　　)

A. 肝脏　B. 腺胃　C. 肌胃　D. 盲肠　E. 直肠

项目四执业兽医资格考试真题精选参考答案

项目五
家禽营养（缺乏）代谢病

学习目标

知识目标

掌握家禽维生素缺乏症、微量元素缺乏症、中毒性疾病及其他常见普通病的发病特点及防制措施。

能力目标

根据家禽养殖情况，制订科学的预防保健方案。

思政目标

注重培养良好的职业精神和风险意识，关爱生命。

学习内容

营养代谢病是营养紊乱疾病的总称，包括动物缺乏某些营养物质或供给不足，或因某些营养物质过量而干扰了另一些营养物质的吸收与利用，或因体内一个或多个代谢过程异常而引起的疾病。

任务一　维生素缺乏症

一、维生素 A 缺乏症

维生素 A 缺乏可引起以黏膜及皮肤角化变质、生长停滞、干眼病和夜盲症为主要特征的营养代谢性疾病。

维生素 A 的化学名为视黄醇，是最早被发现的维生素，与类胡萝卜素一样对热、酸、碱稳定。维生素 A 参与视网膜视紫质的合成与再生，维持正常暗适应能力，维持正常视觉。参与上皮细胞与黏膜细胞中糖蛋白的生物合成，维持上皮细胞的正常结构和功能。促进蛋白质的生物合成和骨细胞的分化，促进机体的生长和骨骼的发育。免疫球蛋白的合成也与维生素 A 有关，故维生素 A 具有增强机体抵抗力，增强机体抗感染的能力。维生素 A 可促进上皮细胞的正常分化并控制其恶变，从而有防癌作用。

【病因】

(1)供给不足或需求量增加。家禽自身不能合成维生素 A,必须从饲料中采食维生素 A 或胡萝卜素。不同生理阶段的鸡,对维生素 A 的需求量不同,应分别供给质量较好的成品料,否则就会引起严重的维生素 A 缺乏症。

(2)饲料调制加工不当。饲料长期贮藏、曝晒、高温等处理皆加速维生素 A 类物质氧化分解,导致维生素缺乏。

(3)日粮中蛋白质和脂肪不足,不能合成足够的视黄醛来结合蛋白质运送维生素 A;脂肪不足会影响维生素 A 类物质在肠道中的溶解和吸收。

(4)消化道吸收障碍,发生腹泻,或肝胆疾病影响饲料维生素 A 的吸收、利用及贮存。

【症状】

雏鸡和初开产的鸡常易发生维生素 A 缺乏症。雏鸡一般发生在 1～7 周龄,若 1 周龄的鸡发病,则与母鸡缺乏维生素 A 有关。成年鸡一般在 2～5 个月内出现症状。

雏鸡主要发生精神委顿,衰弱,羽毛松乱,运动失调,生长缓慢、消瘦。喙与小腿部黄色消失。眼睛流出泡沫样黏性分泌物,不久眼睑即肿胀,蓄积有干酪样的渗出物,角膜浑浊不透明,严重者角膜软化或穿孔,失明。

成年鸡发病呈缓慢经过,通常在 2～5 个月内出现症状,主要表现为食欲不佳,羽毛松乱,消瘦,爪、喙色淡,鸡冠苍白,趾爪蜷缩,两肢无力,步态不稳,往往用尾支地。母鸡产蛋量和孵化率降低。公鸡性机能降低,精液品质退化。鸡群的呼吸道和消化道黏膜抵抗力降低,易感染传染病等多种疾病,使死亡率增高。有些病鸡也可出现从眼睑和鼻孔流出透明或浑浊的黏稠性渗出物,与雏鸡症状相似。

严重维生素 A 缺乏可使小鸡肾功能障碍,尿酸盐正常排泄受阻,血液中尿酸含量升高,肾和输尿管内有白色尿酸盐沉着,肾脏呈灰白色并有纤细白线状的网,甚至输尿管极度扩大,心脏、肝、脾均有尿酸盐沉着。

【病理变化】

口腔黏膜有白色小结节或覆盖一层白色的豆腐渣样的薄膜,但剥离后黏膜完整无出血、溃疡现象。咽、食管黏膜上皮增生、角质化、脱落,黏膜有小脓包样病变,破溃后形成小的溃疡。支气管黏膜可能覆盖一层很薄的伪膜。结膜囊或鼻窦肿胀,内有黏性或干酪样渗出物。严重时肾脏呈灰白色,肾小管和输尿管充塞着白色尿酸盐沉积物。小脑肿胀,脑膜水肿,有微小出血点。

【诊断】

根据病史、临床症状和病理变化特征,以及饲料检测进行综合分析,可做出初步诊断。为了进一步确诊,则要测定血浆和肝脏维生素 A 含量,正常动物血浆中维生素 A 皆在 0.34 μmol/L 以上。另外,测定血液尿酸含量明显增高,以及用维生素 A 试验性治疗,疗效显著,皆可作为有力的诊断方法。

【防治】

(1)在采食不到青绿饲料的情况下,必须保证添加有足够的维生素 A,雏鸡与育成鸡日粮维生素 A 的含量应为 1 500 IU/kg,产蛋鸡、种鸡为 4 000 IU/kg。目前有些学者认为鸡维生素 A 的实际需要量应高于美国 NRC 饲养标准。

(2)全价饲料中添加合成抗氧化剂,防止维生素 A 贮藏期间氧化损失;防止饲料贮藏过久,不要预先将脂溶性维生素 A 掺入饲料或存放于油脂中。避免将已配好的饲料和原料长期贮藏。

(3)改善饲料加工调制条件,尽可能缩短必要的加热调制时间。

(4)已经发病的鸡可用添加治疗剂量的饲料治愈,治疗剂量可按正常需求量的 3～4 倍混料喂,连用 2 周后再恢复正常量,或在每千克饲料中维生素 A 5 000 IU,疗程 1 个月。在短期内给予大剂量的维生素 A,对急性病例疗效迅速而安全,但对慢性病例不可能完全康复。由于维生素 A 不易从机体内迅速排出,注意防止长期过量使用引起中毒。

二、B 族维生素缺乏症

(一)维生素 B_1 缺乏症

维生素 B_1 又称硫胺素,是机体碳水化合物代谢必需的物质,其缺乏会导致碳水化合物代谢障碍和神经系统病变,是以多发性神经炎为典型症状的营养缺乏性疾病。

【病因】

(1)饲料中硫胺素被破坏。饲料碱化、蒸煮加热等加工处理,饲料发霉或贮藏时间太长等造成维生素 B_1 分解损失。鸡食入鱼粉品质差,硫胺素酶活性太高也可破坏硫胺素。

(2)拮抗物质的作用。饲料中含有蕨类植物、抗生素等使维生素 B_1 缺乏。

【症状】

维生素 B_1 缺乏症典型症状是多发性神经炎。

雏鸡对维生素 B_1 缺乏十分敏感,饲喂缺乏硫胺素的饲粮后约经 10 d 即可出现多发性神经炎症状。病鸡突然发病,呈现"观星"姿势,头向背后极度弯曲呈角弓反张状,由于腿麻痹不能站立和行走,病鸡以跗关节和尾部着地,坐在地面或倒地侧卧,严重的衰竭死亡。

成年鸡一般在饲喂维生素 B_1 缺乏的日粮 3 周后发病。病初表现为食欲废绝,羽毛蓬乱,体重减轻,体弱无力,步态不稳,鸡冠呈蓝紫色,之后出现神经症状,其特征为外周神经发生麻痹,开始是脚趾的屈肌麻痹,接着向上发展,腿、翅膀和颈部的伸肌明显地出现麻痹。有些病例出现贫血和下痢。

【病理变化】

维生素 B_1 缺乏症致死雏鸡的皮肤呈广泛水肿,肾上腺肥大,母鸡比公鸡更明显。生殖器官呈现萎缩,睾丸比卵巢的萎缩更明显。心脏轻度萎缩,胃和肠壁萎缩。

【诊断】

主要根据家禽发病日龄、流行病学特点、饲料维生素 B_1 缺乏、临床上多发性外周神经炎的特征症状和病理变化做出诊断。

【防治】

(1)防止饲料发霉,不饲喂变质劣质鱼粉;适当多饲喂各种谷物、麸皮和青绿饲料。

(2)注意日粮配合,在饲料中添加适量维生素 B_1,满足鸡的需要量,每千克饲料添加量为

1～2 mg。

(3)发生维生素 B_1 缺乏症时，应用维生素 B_1 给病鸡肌内注射、皮下注射或口服硫胺素。注意防止病鸡因厌食而未食入添加维生素 B_1 的饲料，没能达到治疗目的。

(二)维生素 B_2 缺乏症

维生素 B_2 即核黄素，是动物体内 10 多种酶的辅基，与动物生长和组织修复有密切关系，鸡因体内合成核黄素很少，必须由饲料供应。维生素 B_2 缺乏症的典型症状为蜷爪麻痹症。

【病因】

(1)饲料补充核黄素不足。常用的禾谷类饲料中核黄素特别缺乏，又易被紫外线、碱及重金属破坏。

(2)药物的拮抗作用，如氯丙嗪可影响维生素 B_2 的利用。

(3)当动物处于低温等应激状态时，维生素 B_2 需求量增加。

(4)胃肠道疾病会影响核黄素转化吸收。

(5)饲喂高脂肪、低蛋白饲料时核黄素需求量增加。

(6)种鸡需求量比非种鸡需求量大。

【症状】

本病主要影响上皮组织和神经。雏鸡表现为生长发育缓慢，消瘦、衰弱，羽毛粗乱无光，绒毛较少，严重时贫血、下痢。最为明显的外部症状是蜷爪麻痹症状，趾爪向内蜷缩呈握拳状。两肢瘫痪，运动困难，眼睛发生结膜炎和角膜炎。后期，腿伸开卧地，不能走动。

成年鸡产蛋量下降明显，蛋白稀薄，种鸡孵化率明显降低，在孵化后 12～14 d 胚胎大量死亡，孵出雏鸡因皮肤机构障碍，绒毛无法突破毛鞘而呈结节状。

【病理变化】

消化道黏膜萎缩，肠道内有大量泡沫状内容物，重症鸡坐骨、肱骨神经鞘显著肥大，其中坐骨神经变粗为维生素 B 缺乏症典型症状。

【诊断】

通过对发病经过、日粮分析、足趾向内蜷缩、两腿瘫痪等特征症状，以及病理变化等情况的综合分析，即可做出诊断。

【防治】

(1)为预防本病，可在饲料中添加蚕蛹粉、干燥肝脏粉、酵母、谷类和青绿饲料等富含维生素 B_2 的原料。雏鸡一开食就应饲喂标准配合日粮，或在每千克日粮中添加 2～3 mg 核黄素以预防本病。

(2)一般维生素 B_2 缺乏症可不治自愈，对确定维生素 B_2 缺乏造成的坐骨神经炎，在每千克日粮中添加 10～20 mg 核黄素，个体内服维生素 B_2 0.1～0.2 mg/只，成年鸡 5～6 mg/只，出雏率降低的母鸡内服 10 mg/只，连用 7 d。

(三)维生素 B_6 缺乏症

维生素 B_6 又称吡哆素，是家禽重要的辅酶，其自身不能合成维生素 B_6，必须从饲料中摄取。维生素 B_6 缺乏症是以食欲减退、骨短粗和神经症状为特征的营养代谢病。

【病因】

维生素 B_6 的缺乏症一般很少发生，只有在饲料中极度缺乏或在应激条件下鸡对维生素 B_6 的需求量增加的情况下，才导致维生素 B_6 缺乏症的发生。

【症状】

维生素 B_6 缺乏时主要引起蛋白质和脂肪代谢障碍，血红蛋白合成受阻，以及神经系统的损害，导致鸡生长发育受阻，引起贫血和神经组织变性，因而具有生长不良、贫血及特征性神经症状。

雏鸡主要表现为神经症状，如兴奋不安、盲目奔跑、拍翅膀、头下垂。随着病情发展，还会出现全身性痉挛，运动失调，身体向一侧倾斜，头颈和腿抽搐，最后衰竭而死。此外，病鸡食欲不振，生长迟缓，羽毛蓬乱，无光泽，鸡冠苍白，贫血。

成年鸡主要表现食欲减退，消瘦，产蛋率下降，孵化率降低，贫血，鸡冠、肉垂、卵巢和睾丸萎缩，最后死亡。

【病理变化】

剖检可见皮下水肿，内脏器官肿大，脊髓和外周神经变性，有时也发生肝变性。

【防治】

(1)饲料中添加酵母、麦麸、肝粉等富含维生素 B_6 的饲料，可以防止本病的发生。雏鸡和产蛋鸡维生素 B_6 的正常需求量为每千克饲料 3 mg，种母鸡为每千克饲料 4.5 mg。

(2)在使用高蛋白饲料时应增加维生素 B_6 添加量。

(3)应激状态下宜另外添加维生素 B_6。

(4)已发病的成禽可肌内注射维生素 B_6 5～10 mg/只，或在每千克饲料中添加维生素 B_6 10～20 mg。

(四)维生素 B_{12} 缺乏症

维生素 B_{12} 缺乏症是由维生素 B_{12} 或钴缺乏引起的恶性贫血为主要特征的营养代谢性疾病。所以维生素 B_{12} 又称钴维生素。

【病因】

(1)饲料营养不全面，维生素 B_{12} 的供应不充足。如长期饲喂植物性饲料而不添加动物性饲料或添加剂，造成维生素 B_{12} 的缺乏。

(2)长期服用磺胺类、抗生素等抗菌药，影响肠道微生物合成维生素 B_{12}。

(3)由于维生素 B_{12} 仅在回肠中被吸收，当发生局限性回肠炎、肠炎时，也能造成维生素 B_{12} 的吸收不良。

(4)笼养和网养鸡不能从环境(垫草等)获得维生素 B_{12}。

(5)肉鸡和雏鸡对维生素 B_{12} 需求量高于其他阶段的鸡，必须加大添加量。

【症状】

本病主要表现为贫血，病鸡食欲减退，发育迟缓，可视黏膜苍白，羽毛蓬乱，无光泽，渐进性消瘦，运动障碍，发生软脚症，死亡率升高。成年鸡产蛋量下降，蛋重减轻，种蛋孵化率低，鸡胚多于孵化后期死亡。

【病理变化】

肌胃糜烂，肾上腺肿大，鸡胚腿肌萎缩，有出血点，骨短粗。胚胎出现出血和水肿。

【防治】

(1)种鸡每千克饲料中加入 4 μg 维生素 B_{12} 可使种蛋孵化率提高，并使孵出的雏鸡体内贮备足够的维生素 B_{12}，以使出壳后数周内有预防维生素 B_{12} 缺乏的能力。

(2)对雏鸡、生长鸡群，在饲料中增补鱼粉、肉屑、肝粉和酵母等，或正常饲料中添加氯化钴制剂，可防止维生素 B_{12} 缺乏。鸡舍的垫草也含有较多量的维生素 B_{12}。

(3)患鸡肌内注射维生素 B_{12} 2～4 μg/只，或在每千克饲料中按 4 μg 的治疗剂量进行添加治疗。

(五)叶酸缺乏症

叶酸缺乏症是由于动物体内缺乏叶酸而引起的以贫血、生长停滞、羽毛生长不良或色素缺乏为特征的营养代谢性疾病。叶酸对于正常的核酸代谢和细胞增殖极其重要，而饲料原料含量缺乏，如果补充量不足很容易发生叶酸缺乏症。

【病因】

(1)叶酸供给量不足。集约化或规模化鸡群又无青绿植物补充，家禽消化道内的微生物仅能合成一部分叶酸，有可能引起叶酸缺乏症。

(2)抗菌药物。如长期服用磺胺类药物、抗生素会影响肠道微生物合成叶酸，导致鸡体内叶酸缺乏。

(3)特殊生理阶段和应激状态下鸡对叶酸需求量增加，若在饲料中添加不足，更易导致叶酸缺乏。

(4)患有球虫病、消化吸收障碍病可引起叶酸缺乏症。

【症状】

雏鸡生长停滞、贫血，红细胞数量减少，血液稀薄，肌肉苍白，羽毛色素消失，出现白羽，羽毛生长缓慢，无光泽。有些还出现脚软弱症或骨短粗症。产蛋鸡产蛋率、孵化率下降，胚胎畸形，出现胫骨弯曲，下颌缺损，趾爪出血。

【病理变化】

病死鸡剖检可见肝、脾、肾贫血，胃黏膜有小点状出血，肠黏膜有出血性炎症。

【防治】

(1)添加酵母、肝粉、黄豆粉、亚麻仁饼等富含叶酸的物质，防止单一用玉米作为饲料，可防止叶酸缺乏。

(2)正常饲料中应补充叶酸，鸡对叶酸的需求量为：雏鸡每千克饲料 0.55 mg，成年鸡每千克饲料 0.25 mg，种鸡每千克饲料 0.35 mg。

(3)治疗时肌内注射叶酸，雏鸡 50～100 μg/只，育成年鸡 100～200 μg/只；若口服叶酸，则需在每 100 g 饲料中加入 500 μg 叶酸。若配合应用维生素 B_{12}、维生素 C 进行治疗，可有更好的疗效。

(六)烟酸缺乏症

烟酸又称尼克酸,烟酸缺乏症是由于烟酸和色氨酸同时缺乏引起的营养代谢性疾病。主要表现为癞皮病症状,故烟酸又称为抗癞皮病因子,也称为维生素 B_3。

【病因】

(1)烟酸的需要量未得到足够的供应。饲料中长期缺乏色氨酸,使禽体内烟酸合成量减少,如玉米等谷物类原料含色氨酸量很低,不额外添加即会发生烟酸缺乏症。

(2)长期使用某种抗菌药物,或鸡群患有热性病、寄生虫病、腹泻病,肝脏、胰腺和消化道等机能障碍时引起肠道微生物烟酸合成量减少。

(3)其他营养物如日粮中核黄素和吡哆醇的缺乏,也影响烟酸的合成,造成烟酸需求量的增加。

【症状】

烟酸缺乏时,病鸡以口炎、下痢、跗关节肿大为特征。多见于幼雏,均以生长停滞、羽毛稀少和皮肤角化过度而增厚为特征症状,发生严重化脓性皮炎,皮肤粗糙,舌发黑、色暗,口腔、食道发炎,呈深红色,食欲减退,生长抑制,并伴有下痢,胫骨变形弯曲,飞节肿大、短粗,腿弯曲,爪痉挛。成年鸡较少发生烟酸缺乏症,其症状为羽毛蓬乱无光,甚至脱落。产蛋量下降,孵化率降低。腿部及爪皮肤可见鳞状皮炎。

【病理变化】

剖检可见口腔、食道黏膜表面有炎性渗出物,胃肠黏膜萎缩、充血,十二指肠和胰腺溃疡。盲肠和结肠黏膜上有豆腐渣样覆盖物,肠壁增厚而易碎。肝脏萎缩并有脂肪变性。

【防治】

(1)避免饲料原料单一,尽可能使用富含 B 族维生素的酵母、麦麸、米糠、豆饼、鱼粉等,调整日粮中玉米比例。

(2)饲料中添加足量的色氨酸和烟酸,每千克日粮中烟酸需求量雏鸡为 26 mg,生长鸡 11 mg,蛋鸡为 10 mg。

(3)患病鸡口服烟酸 30～40 mg/只,或在每千克饲料中按 200 mg 添加治疗量的烟酸。

(七)胆碱缺乏症

胆碱缺乏症是由于胆碱缺乏而引起脂肪代谢障碍,大量脂肪在肝内沉积,所致的脂肪肝病,或称脂肪肝综合征。

【病因】

胆碱为乙酰胆碱和卵磷脂的有效成分,具有抗脂肪肝作用,同时也是甲基的供应体。鸡对胆碱的需求量比一般维生素多很多,胆碱可在体内合成,它对机体代谢有非常重要的作用。引起鸡胆碱缺乏症的病因有以下几方面。

(1)胆碱供给不足。由于维生素 B_{12}、叶酸、维生素 C 和蛋氨酸都可参与胆碱的合成,它们的缺乏易影响胆碱的合成。

(2)日粮中维生素 B_1 和胱氨酸增多时,能促进胆碱缺乏症的发生。

(3)日粮中长期应用抗生素和磺胺类药物也能抑制胆碱在体内的合成,引起胆碱缺乏症的发生。

(4)胃肠和肝脏疾病影响胆碱吸收和合成,可引起胆碱缺乏症。

【症状】

雏鸡表现为食欲减退,生长发育不良,腿关节肿大,典型的症状是骨短粗症。跗关节初期轻度肿胀,并有针尖大小的出血点;后期胫跗关节明显变平。跗骨弯曲呈弓形,关节脱位,患病鸡行动不协调,跟腱滑脱导致站立困难,常伏地不起,鸡冠和肉髯苍白。

成年鸡脂肪酸增高,母鸡明显高于公鸡。母鸡产蛋量下降,孵化率降低。有些鸡易出现脂肪肝,甚至因肝破裂而发生急性内出血,突然死亡。

【病理变化】

剖检可见肝脏、肾脏呈土黄色,有出血点和脂肪沉积,质地脆弱。肝脏肿大、肝包膜破裂,肝表面有凝血块。肾脏及其他器官有脂肪浸润和变性。

【防治】

本病以防为主,针对病因采取有力措施可以预防发病。

(1)饲料中添加足量的胆碱是预防该病的关键。蛋鸡的胆碱需求量为每千克饲料 400～1 200 mg,雏鸡的胆碱需求量可达 1 000～1 800 mg。

(2)治疗该病通常在每千克饲料中添加氯化胆碱 1 g、配合维生素 E 10 IU、肌醇 1 g,连续饲喂。也可以单只饲喂或肌内注射氯化胆碱 0.1～0.2 g/只,连用 10 d。

(八)泛酸缺乏症

泛酸又称遍多酸,泛酸缺乏症是指饲料中泛酸含量不足引起的鸡营养代谢病。泛酸存在于一切植物性饲料中,在一般日粮中不易缺乏。但鸡日粮尤其玉米豆粕型日粮中泛酸含量少,容易发生泛酸缺乏症。

【病因】

泛酸缺乏症通常与饲料中泛酸含量不足有关,尤其在饲料加工时经热、酸、碱处理等很易破坏。特别是当长时间处于 100 ℃以上高温加热且偏碱或偏酸情况下,损失更大。长期饲喂玉米,也可引起泛酸缺乏症。

【症状】

幼鸡生长受阻,消瘦,眼睑常被黏液渗出物黏着,口角、泄殖腔周围有痂皮。口腔内有脓样物质。小鸡泛酸缺乏时,特征性表现是羽毛生长阻滞和松乱。病鸡头部羽毛脱落,头部、趾间和脚底皮肤发炎,表层皮肤有脱落现象,并产生裂隙,以致行走困难,有时可见脚部皮肤增生角化,形成疣状赘生物。

成年鸡产蛋量和孵化率降低,鸡胚皮下出血、严重水肿,胚胎死亡率增加,大多死于孵化后的 2～3 d,孵出的雏鸡体轻而弱,24 h 内死亡率可达 50%左右。

【病理变化】

剖检时可见腺胃有灰白色渗出物,肝肿大,可呈暗的淡黄色至污秽黄色。脾脏轻度萎缩,肾脏轻度肿胀。

【防治】

(1)针对发病原因采取相应的预防措施,调整日粮中玉米比例,饲喂酵母、麸皮、米糠、新鲜青绿饲料等富含泛酸的饲料可以防止本病的发生。同时注意饲料配比,添加泛酸钙,蛋鸡需求量为每千克饲料 2.2 mg。

(2)患病鸡可在饲料中添加正常用量 2～3 倍的泛酸。对缺乏泛酸的母鸡所孵出的雏鸡,可立即腹腔注射 200 μg 泛酸,疗效明显。

三、维生素 D 缺乏症

维生素 D 是家禽正常骨骼、喙和蛋壳形成中所必需的物质。因此,当日粮中维生素 D 供应不足、光照不足或消化吸收障碍等皆可致病,使家禽的钙、磷吸收和代谢发生障碍,发生以骨骼、喙和蛋壳形成受阻为特征的维生素 D 缺乏症。

【病因】

维生素 D 缺乏症的发生有以下原因。

(1)日粮中维生素 D 缺乏。在生产实践中要根据实际情况灵活掌握维生素 D 用量,否则,易造成缺乏症或过多症。

(2)日光照射不足。日晒有利于饲料中维生素 D 的合成,也可促进动物皮肤自身合成维生素 D,防止维生素 D 缺乏症的发生。

(3)消化吸收功能障碍等因素影响脂溶性维生素 D 的吸收。患有肝肾疾病的鸡只也会发生。

【症状】

维生素 D 缺乏症主要表现为骨骼损害。

雏鸡表现为佝偻症,主要发生于 1 月龄左右雏鸡,发生时间与雏鸡饲料及种蛋情况有关。最初症状为腿软,行走不稳,喙和爪变软,容易弯曲,接着跗关节着地,常蹲坐,平衡失调。骨骼柔软或肿大,肋骨和肋软骨的结合处可摸到圆形结节(念珠状肿)。胸骨侧弯,胸骨正中内陷,使胸腔变小。脊椎在荐部和尾部向下弯曲。长骨质脆易骨折。生长发育不良,羽毛松乱,无光泽,有时下痢。

产蛋母鸡维生素 D 缺乏 2～3 月后表现缺钙症状。早期表现为薄壳蛋和软壳蛋数量增加,以后产蛋量下降,最后停产。种蛋孵化率下降。病重母鸡表现出"企鹅形"蹲坐姿势,喙、爪和龙骨逐渐变软,胸骨常弯曲。胸骨与脊椎骨接合部向内凹陷,产生肋骨沿胸廓呈内向弧形的特征。

【防治】

(1)保证饲料中含有足够量的维生素 D_3。雏鸡、育成鸡每千克日粮中维生素 D_3 需求量为 200 IU,产蛋鸡、种鸡日粮中维生素 D_3 需求量为 500 IU。

(2)饲料中维生素 A 的含量对维生素 D 的吸收有一定的影响,维生素 A 添加量太多会影响维生素 D 的吸收。一般应保持维生素 A 与维生素 D 为 5∶1的比例。

(3)调节饲料中的钙、磷含量和比例;钙、磷缺乏或比例失调会增加维生素 D 的需要量。一般钙、磷比例应保持在 2∶1左右。

(4)为防止饲料发霉,破坏维生素 D,可添加防霉剂。同时需要增加鸡日光照射的时间。

(5)患病鸡可补充维生素 D_3,饲料中使用维生素 D_3 粉或饮水中使用速溶多维,每千克饲料中添加治疗量为 1 500 IU。

(6)雏鸡缺乏维生素 D 时,可喂服鱼肝油 2～3 滴/只,3 次/d。患佝偻病的雏鸡,可喂服维生素 D_3 油或胶囊,10 000～20 000 IU/只,3 次/d。

(7)对患佝偻病严重的病鸡,可肌内注射维生素 D_2 戊酮酸钙注射液,每支 2 mL 含维生素 D_2 0.25 mg。一般按每千克体重肌内注射 0.1 mL。

四、维生素 E 缺乏症

维生素 E 缺乏症是以脑软化症、渗出性素质、白肌病和繁殖障碍为特征症状的营养代谢性疾病。

【病因】

维生素 E 缺乏症的发生很大程度上与饲料有关。因为维生素 E 不稳定,极易被氧化破坏,饲料中其他成分也会影响维生素 E 的状态,造成本病的发生。

(1)饲料中维生素 E 含量不足。当饲料配方不当或加工失误的情况下,常会导致本病的发生。

(2)饲料中维生素 E 被氧化破坏。在饲料中,受到矿物质和不饱和脂肪酸所氧化、工艺不当造成维生素 E 损失。籽实饲料一般条件下保存个 6 月维生素 E 损失 30%～50%。

(3)维生素 A、B 族维生素、硒等其他营养成分的缺乏,易引起维生素 E 缺乏症。

【症状和剖检变化】

维生素 E 缺乏可引起脑软化症,多发生于 3～6 周龄的雏鸡,发病后表现为精神沉郁,瘫痪,共济失调,头向后或向下弯,有时向一侧扭曲,两腿节律性痉挛,但肢、翅并无完全麻痹;出壳后弱雏增多,站立不稳;曲颈、头插向两腿之间等神经症状。成年鸡的主要症状为生殖能力的损害,产蛋率和种蛋孵化率降低,公鸡精子形成不全,繁殖力下降,受精率低。剖检可见小脑软化,出血,水肿和坏死。

维生素 E 和硒同时缺乏时,雏鸡会表现渗出性素质,病鸡翅膀、颈部、胸部腹部等部位水肿,皮下血肿。穿刺流出蓝绿色或紫红色液体。

维生素 E 缺乏和含硫氨基酸缺乏时,表现为白肌病,多发生于 4 周龄左右的幼鸡。胸肌、腿肌颜色变浅、苍白,有白色条纹,肌肉松弛无力,消化不良,运动失调,贫血。

【防治】

(1)饲料中添加足量的维生素 E,每千克鸡日粮中应含有维生素 E 10～15 IU。

(2)在饲料中添加抗氧化剂,为防止饲料贮藏时间过长,无机盐、不饱和脂肪酸被氧化破坏,可在饲料中添加硒,添加量为每千克饲料 0.25 mg。

(3)临床实践中,脑软化、渗出性素质和白肌病常交织在一起,若不及时治疗可造成急性死亡,通常在每千克饲料中添加维生素 E 20 IU,连用 2 周,同时应用硒制剂。渗出性素质时,可以肌内注射 0.1%亚硒酸钙,0.05 mL/只,或在每千克饲料中添加硒制剂 0.05 mg;白肌病严重时,在每千克饲料加入 0.1%亚硒酸钠 0.2 mg,蛋氨酸 2～3 g;脑软化症严重时,可用维生素 E 油或维生素 E 胶囊治疗,250～350 IU/(只·次),同时饮水中供给速溶多维。

(4)植物油中含有丰富的维生素 E,在饲料中混有 0.5%的植物油,也可达到治疗本病的效果。

五、维生素 K 缺乏症

维生素 K 缺乏症是以鸡血液凝固过程发生障碍,发生全身出血性素质为特征的营养代谢性疾病。

【病因】

(1)集约化饲养条件下,家禽较少或无法采食到青绿饲料,而且体内肠道微生物合成量不能满足机体对维生素 K 的需求量。

(2)饲料中存在抗维生素 K 物质,如霉变饲料中真菌毒素会破坏维生素 K。

(3)抗生素等药物添加剂的影响。由于饲料中添加抗生素和磺胺类或抗球虫药,抑制肠道微生物或合成维生素 K。

(4)疾病及其他因素,如球虫病、腹泻、肝病或胆汁分泌障碍,消化吸收不良,环境条件恶劣等均会影响维生素 K 的吸收利用。

【症状】

雏鸡饲料中维生素 K 缺乏,通常经 2~3 周出现症状。主要特征表现为出血,胸部、翅膀、腿部、腹膜,以及皮下和胃肠道有出血呈紫色斑点。出血持续时间长或大面积出血,表现为鸡冠、肉髯、皮肤苍白干燥。肠道出血严重的则发生腹泻,致使病鸡严重贫血,常发呆站立或久卧不起,不久死亡。种鸡维生素 K 缺乏,孵化率降低,死胚率升高。

【病理变化】

剖检可见肌肉苍白、皮下血肿,肌胃、肠、肺、脑等器官有出血点,肝脏有灰白色或黄色坏死灶。体腔内有积血,凝血不良。

【防治】

(1)预防维生素 K 缺乏症,可在每千克饲料中添加维生素 K 1~2 mg,并配合适量青绿饲料、鱼粉、肝脏等富含维生素 K 及其他维生素和无机盐的饲料。

(2)治疗时,可在每千克饲料中添加维生素 K 3~8mg,或肌内注射维生素 K 注射剂,0.5~3 mg/只,同时适当补充钙制剂。但应注意维生素 K 用量不可过大,以免中毒。

任务二 微量元素缺乏症

一、硒缺乏症

硒缺乏症是幼禽常见的微量元素缺乏症之一,肉用型、兼用型仔鸡多见。以胸腹部、腿部、颌下、颈部皮下疏松的部位发生浆液性渗出为主要特征,故又称渗出性素质病。硒和维生素 E 缺乏可引起骨骼发育不良、白肌病、渗出性素质为特征的营养代谢性疾病。

【病因】

(1)硒缺乏症呈明显的地方性,有些地区的土壤缺硒(含硒量低于 0.5 mg/kg),引起作物籽实缺硒，最终造成饲料缺硒而引发该病的发生。

(2)日粮中一般应补充硒(除极少数富硒地区外)，如果未按鸡正常需求量在日粮中补充机体所需要的硒，则会引发该病。

(3)气温和降水量影响饲料植物含硒量，寒冷多雨年份植物的含硒量低，干旱年份的植物含硒量高。

(4)饲料中含铜、锌、砷、汞、镉等拮抗元素过多，均能影响硒的吸收，促使发病。

【症状和剖检变化】

硒缺乏症有一定的地区性、季节性，多集中在冬春两季发生，寒冷多雨是常见发病诱因。

(1)渗出性素质：常以 2～3 周龄的雏鸡发病率高，到 3～6 周龄时发病率高达 80%～90%，多呈急性经过。病雏胸、腹部皮肤出现淡蓝色水肿，甚至可扩展至全身。病鸡精神高度沉郁，生长发育停止，冠髯苍白，伏卧不动，起立困难，站立时两腿叉开，运步障碍，排稀便或水样便，最后衰竭死亡。剖检可见水肿部有淡黄色的胶冻样渗出物或淡黄绿色纤维蛋白凝结物。

(2)白肌病：以 4 周龄幼雏易发，表现为全身软弱无力，贫血，肌麻痹而卧地不起，羽毛松乱，翅下垂，衰竭而亡。患病鸡主要病变在骨骼肌、心肌、胸肌、肝脏、胰脏及肌胃，其次为肾脏和脑。病变部位肌肉变性、色淡、呈煮肉样，呈灰黄色、黄白色的点状、条状、片状不等，横断面有灰白色、淡黄色斑纹，质地变脆、变软、钙化。心肌扩张变薄，多在乳头肌内膜有出血点，肾脏充血、肿胀，肾实质有出血点和灰色的斑状灶。胰脏变性，腺体萎缩，体积缩小有坚实感，色淡，多呈淡红或淡粉红色，严重腺泡坏死、纤维化。

(3)脑软化症：以动障碍和神经紊乱为主要症状，硒和维生素 E 缺乏皆可导致。具体症状请参阅维生素 E 缺乏症。

【诊断】

根据发病特点、临床症状与剖检病理变化，可做出初步诊断。注意与葡萄球菌病的鉴别诊断，表现皮肤溃烂，羽毛脱落，皮肤渗出。

【防治】

(1)每千克日粮中应含有 0.1～0.2 mg 的硒，通常以亚硒酸钠形式在日粮中添加，同时应补充 20 mg 维生素 E。注意要把添加量计算准确，搅拌均匀，防止中毒。

(2)患病禽可在每千克饲料中添加亚硒酸钠 0.1～0.15 mg，或用 0.1%的亚硒酸钠饮水，5～7 d 为一疗程。少数患病禽也可用 0.1%亚硒酸钠生理盐水注射，雏鸡为 0.1～0.3 mL/只，成年鸡 1 mL/只，同时喂服维生素 E 油 300 IU/只。

二、锰缺乏症

锰是动物必需的微量元素，家禽对其需要量相当高，对缺锰最为敏感。锰缺乏以骨短粗症、滑腱症为特征。锰在体内发挥着重要作用，与鸡的生长、骨骼的发育、蛋壳形成、正常生殖能力的维持等方面关系较为密切。

【病因】

(1)锰缺乏症呈地方性流行，缺锰地区的土壤中生长的作物籽实，含锰量很低；饲料原料中玉米、大麦的含锰量较少，糠麸中含量较多，所以在玉米为主要原料的饲料中必须添加无机锰满足鸡对锰的需求。

(2)饲料中钙、磷、铁、植酸盐过量会降低锰的利用率。

(3)饲料中B族维生素不足会增加鸡对锰的需求量。

(4)高磷酸钙的日粮会加重锰的缺乏,由于锰被固体矿物质吸附而造成可溶性锰减少。

(5)其他影响因素,如鸡患球虫病、胃肠道疾病及药物使用不当等都对锰的吸收利用有很大的影响。

【症状】

本病多发生于雏鸡和育成鸡,特别是体重大的品种。常见症状为骨短粗症和脱腱症。前者表现为胫跗关节肿大,腿骨变粗变短,后者表现为跗关节肿胀与明显错位,胫骨远端和跗骨近端向外扭转、外展。常单肢强直,膝关节扁平,节面光滑,导致腓肠肌腱从髁部滑脱。常因瘫痪无法站立而不能采食,直至饿死。成年母鸡产蛋量下降,蛋壳薄脆,种蛋孵化率低,胚胎畸形,骨短粗,翅缺损,头呈圆球形或呈鹦鹉嘴,胚胎水肿,腹部突出。孵出雏鸡骨软、营养不良,表现神经机能障碍、运动失调和头骨变粗等症状。

【防治】

(1)鸡每千克日粮中正常应含锰40～50 mg,常采用碳酸锰、氯化锰、硫酸锰、高锰酸钾作为锰补充剂。糠麸含锰丰富,日粮中添加糠麸对该病具有很好的预防作用。

(2)发病鸡每千克日粮中按0.12～0.24 g添加硫酸锰,也可用1∶3 000高锰酸钾溶液饮水,2～3次/d,连用4 d,可达到治疗效果。

(3)检验饲料,调整钙、磷含量充足,比例适当。保证日粮中B族维生素的添加量能够满足家禽的正常需求量。

三、锌缺乏症

锌缺乏症是由于缺乏锌引起以羽毛发育不良,生长发育停滞,骨骼异常,生殖机能障碍等为特征的微量元素缺乏症。锌是机体许多酶活化所必需的物质,参与机体内蛋白质、核酸代谢,在维持细胞膜结构完整性、促进创伤愈合等方面起着重要作用。

【病因】

(1)地方性缺锌。缺锌地区土壤含锌量很少,导致该地区生长的作物籽实缺锌,进而导致锌缺乏症。

(2)配方不当。一般饲料原料如玉米中锌含量很低,导致锌添加量不足以满足鸡的需要。

(3)钙、镁、铁、植酸盐过多,含铜量过低,不饱和脂肪酸缺乏,影响锌的吸收。

(4)其他因素,如棉酚可与锌结合,使锌失去生物活性等。

【症状】

雏鸡缺锌时食欲下降,消化不良,生长发育迟缓或停滞。羽毛发育异常,翼羽、尾羽缺损,严重时脱羽、无羽,新羽不易生长。常发生皮炎,皮肤角化呈鳞状,产生较多的鳞屑,趾部有炎性渗出物或皮肤坏死,创伤不易愈合。骨短、粗,关节肿大,成年鸡产蛋量降低,蛋壳薄,孵化率低,易发生啄蛋癖。

【防治】

(1)正常每千克日粮中应含有锌50～100 mg,预防本病可在饲料中增加鱼粉、骨粉、酵母、花生粕、大豆粕等的用量以及添加硫酸锌、碳酸锌和氯化锌。

(2)患病禽可肌内注射氧化锌 5 mg/只,发病较多时可在每千克饲料中添加 60 mg 的氧化锌进行治疗。

四、钙磷缺乏和钙磷失调症

钙、磷在骨骼组成、神经系统、肌肉和心脏正常功能的维持及血液酸碱平衡、促进凝血等方面发挥着重要作用,钙和磷缺乏症是一种以雏禽佝偻病、成禽骨软病为特征的重要营养代谢性疾病。

【病因】

(1)饲料中钙、磷含量不足。鸡生长发育和产蛋期对钙磷需求量较大,如果补充不足,则容易产生钙磷缺乏症。

(2)钙、磷在饲料中要有适当的比例才有利于吸收。雏鸡和蛋鸡的饲料中钙磷比应为(2～5)∶1。

(3)维生素 D 不足影响钙、磷的吸收和利用。如果维生素 D 缺乏,则会引起钙磷缺乏症的发生。

(4)其他因素。如日粮中蛋白质、脂肪、植酸盐含量过多,环境温度过高,运动少,日照不足以及疾病等都会影响钙、磷代谢和需求量,引起钙、磷缺乏症。

【症状】

雏禽典型症状是佝偻病。发病较快,1～4 周龄出现症状。早期可见患病禽经常蹲伏,不愿走动,食欲不振,病禽生长发育和羽毛生长不良,站立不稳,跛行。骨质软化,易骨折,关节肿大,跗关节尤其明显,胸骨畸形,肋骨末端呈念珠状小结节,有时腹泻。

成年鸡易发生骨软症。主要发生于蛋鸡产蛋高峰期,临床表现为骨质疏松,骨硬度差,骨骼变形,肢软无力,卧地不起,爪、喙、龙骨弯曲。产蛋率降低,薄壳蛋、软壳蛋增多,蛋壳表面畸形、沙皮,孵化率降低。

【病理变化】

剖检主要病变在骨骼和关节,全身骨骼都有不同程度的肿胀、疏松,骨容易折断,骨质密度变薄,骨髓腔变大。肋骨增厚,弯曲,致使胸廓两侧变扁,骨质变软。关节面软骨肿胀,有的有较大的软骨缺损或纤维样附着物。雏鸡胫骨、股骨头疏松。

【诊断】

通过临床症状,血磷、血钙浓度测定以及饲料化验检查,可为早期诊断或监测预报提供依据,有条件者也可配合骨骼 X 线检查。

【防治】

(1)预防该病首先要保证日粮中钙、磷含量和调整好钙、磷的比例。雏鸡钙与有效磷的比例为(0.6%～0.9%)∶(0.4%～0.55%),预防补充钙、磷可用磷酸氢钙、骨粉、贝壳粉等原料。同时注意维生素 D 的补充。

(2)患病鸡应当立即提高饲料中钙、磷含量水平,调整钙、磷比例。应以 3 倍于正常需求量在饲料中添加维生素 D 或鱼肝油,连续饲喂 2～3 周,然后再恢复到正常需求量。

任务三　鸡脂肪肝综合征

脂肪肝综合征是由于脂肪代谢障碍造成大量脂肪在肝细胞内蓄积而引起的肝脂肪变性，甚至肝破裂、内出血而死亡的一种营养代谢性疾病，故又称为脂肪肝-出血综合征。该病主要发生于笼养蛋鸡，特别是产蛋高峰期易发，导致产蛋鸡生产性能下降，过肥的肉用仔鸡也可发病。其特征是发病前突然麻痹，随后死亡。剖检可见肝脏、肾脏苍白肿胀，组织学检查表现脂肪浸润。一般情况下，死亡率不超过6%，但有时可高达20%。

【病因】

本病的发生主要受遗传因素、营养因素、饲养管理因素及继发因素等多种因素共同作用影响。

(1)遗传因素。不同品种鸡对脂肪肝综合征的敏感性不同，肉用种鸡比蛋用品种具有更高的发病率。体内激素失调，血液中儿茶酚胺、肾上腺素和去甲肾上腺素含量降低，雌激素水平异常升高，阻碍脂肪的利用，诱发该病。

(2)营养因素。蛋白质脂肪的比例及含量、脂肪与糖的比例对脂肪肝综合征的发生有一定影响。饲喂大豆、玉米为基础的日粮比饲喂小麦、大豆为基础的日粮，鸡脂肪肝综合征的发病率高；从碳水化合物获得能量比从饲料脂肪中获得能量危害更大。微量元素与维生素、日粮与日粮类型对该病的发生有一定的影响。如维生素C、维生素E、B族维生素、锌、铜、硒、锰、铁等缺乏均可诱发该病。

(3)饲养管理因。笼养要比散养发病率高；应激因素如热应激、突然中断饲料供给或因捕捉、雷鸣、惊吓、噪声等因素均可促进脂肪肝综合征的发生；高温季节易导致该病的发生。

(4)其他因素。各种可致肝脏损伤的传染病、营养代谢病和中毒病均可诱发脂肪肝综合征。

【症状】

病鸡往往突然发病，初期不愿活动，低头呆立，精神沉郁。后伏卧于地面，继而呈半昏迷状态，随即全身麻痹，迅速死亡。有时发生此病的鸡舍里有类似公猫的尿臭。

蛋鸡产蛋率突然下降，甚至停产，或达不到应有的产蛋高峰。过度肥胖，体重一般超重20%～25%，腹部膨大。鸡冠和肉髯肿大、苍白，附有皮屑，笼养鸡比散养鸡发病率高，而且发病危急，很快死亡。死亡率一般不超过5%。本病初期鸡群看似正常，但高产鸡的死亡率突然增高。

【病理变化】

剖检可见肝脏肿大，表面有出血点、沉积大量脂肪，易碎，呈黄褐色；切面有脂肪滴附着，在肝被膜下或腹腔内往往有大的血凝块。腹下、皮下、肾脏和心脏底部、肠管、肌胃可见大量脂肪沉积。输卵管也蓄积大量脂肪，产蛋时必须用力挤压而压迫肿大的肝脏，导致肝破裂和内出血。脂肪组织因毛细血管充血而呈粉红色。部分鸡出现心包积液。肌胃因血管充血而肿胀，表面有渗出物，肌胃和肠道中有时有黑褐色的液体，有时喙部也有液体渗出。十二指肠内容物呈苍白色乳油状。

【诊断】

根据病因、发病特点、临床症状、血液化验指标及病理变化特征即可做出诊断。但是，应注意与脂肪肝和肾综合征的鉴别诊断。

【防治】

(1)降低饲料代谢能摄入量，限制日粮能量水平，保证日粮中有足够的蛋氨酸、胆碱、维生素E、生物素和微量元素。消除诱因，加强饲养管理，合理调整饲养密度，控制禽舍环境温度，降低热应激，减少或避免饲养栏内工人的频繁活动，消除噪声等。改喂全价日粮，对防止脂肪肝综合征的发生有良好的作用。

(2)已发病鸡群，在每千克饲料中添加氯化胆碱1 g、维生素E 10 IU，肌醇1 g，连续饲喂7 d；或喂服氯化胆碱0.1～0.2 g/只，连用10 d。在每千克日粮中添加生物素0.05～0.10 mg。在日粮中提高蛋白质水平或添加橄榄油和动物脂肪均可在一定程度上减少死亡率。

任务四　痛　风

痛风是体内蛋白质代谢障碍和肾功能障碍所引起的一种营养代谢性疾病。主要特征是尿酸和尿酸盐大量在内脏器官或关节中沉积。临床表现为运动迟缓，腿、翅关节肿胀，厌食、衰弱和腹泻。

【病因】

尿酸是嘌呤碱在一系列酶的催化作用下被氧化的产物。

(1)饲料中蛋白质含量过高，尤其是添加大量鱼粉，导致产生大量尿酸。

(2)中毒(如磺胺类药物中毒)和其他任何引起肾脏的炎症、变性等而使肾功能障碍的因素，都能导致尿酸排泄减少，造成血中尿酸增高。

(3)饲料含钙或镁过高可诱发痛风。

(4)饲养环境潮湿阴暗、饲养密度过大、运动不足、日粮中维生素缺乏和衰老等因素皆可成为促进本病发生的诱因。

(5)感染因素，如传染性支气管炎、传染性法氏囊病等引起肾脏损伤，造成尿酸盐沉积。

【症状】

一般病鸡表现食欲减退，逐渐消瘦，鸡冠苍白，排白色黏液稀粪，含有多量的尿酸盐。

内脏痛风最常见，多呈急性经过。主要呈现营养障碍、腹泻和血液中尿酸水平增高。患病禽开始无明显症状，逐渐表现为精神萎靡，全身性营养障碍，食欲不振，逐渐消瘦、衰弱，贫血，鸡冠萎缩、苍白；蛋鸡产蛋降低或完全停止。泄殖腔松弛，排白色稀便，污染泄殖腔下部的羽毛。

关节型痛痛风多在趾前关节、趾关节发病，也可侵害腕前、腕及肘关节。关节肿胀，起初软而痛，界线多不明显，之后肿胀部逐渐变硬，微痛，形成豌豆大或蚕豆大小结节(图5-1)。病程稍久，结节软化或破裂，排出灰黄色干酪样物，局部形成出血性溃疡。病禽往往呈蹲坐或独肢站立姿势，行动迟缓，跛行。幼雏痛风多发生于出壳后数日至10日龄，死亡率为10%～80%，排白色粪便。

【病理变化】

剖检可见心脏、肝脏、腹膜、脾脏及肠系膜等覆盖一层白色尿酸盐，尿酸盐大量蓄积能形成一层白色薄膜被覆于脏器表面，显微镜下尿酸盐呈针状结晶。肾脏肿大，颜色变浅，表面有尿酸盐沉着所形成的白色斑点。输尿管扩张增粗，管腔内充满石灰样沉积物以及大量白色尿酸盐。关节表面及关节周围组织中，有多量白色黏稠物质(尿酸盐)沉着，有些关节表面可发生腐烂，严重时关节组织发生溃疡、坏死(图 5-2、图 5-3、图 5-4)。

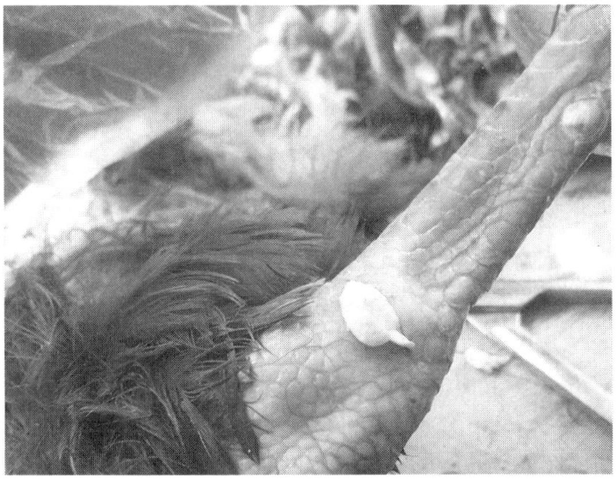

图 5-1　关节肿大

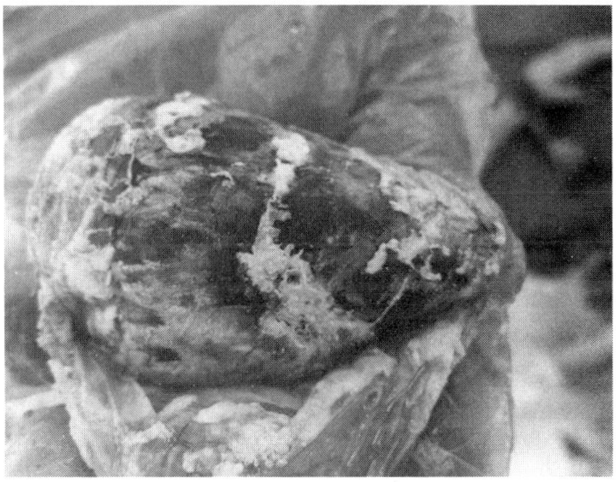

图 5-2　心脏尿酸盐沉积

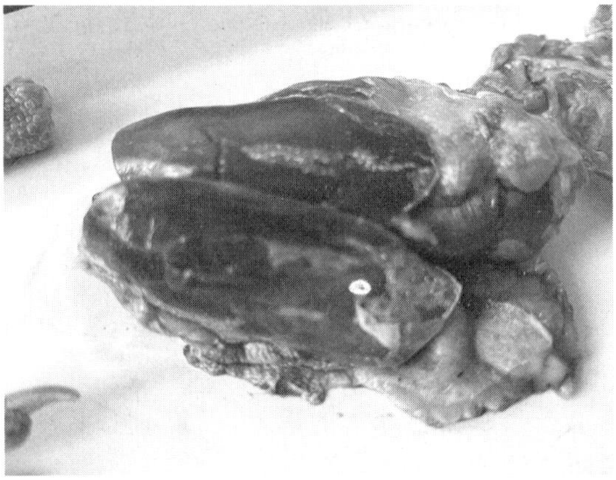

图 5-3　肝脏尿酸盐沉积

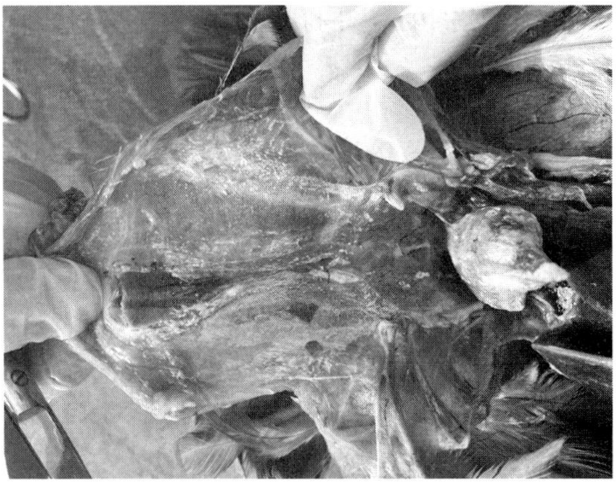

图 5-4　胸骨尿酸盐沉积

【防治】

(1)加强饲养管理，合理搭配日粮，保证饲料质量和营养全面，尤其要补充维生素 A，控制蛋白质和钙的用量等可减少本病的发生。

(2)加强饲养管理，减少或消除导致痛风的诱发因素。

(3)不宜长期使用或过量使用对肾脏有较大损害的药物及消毒剂，如磺胺类药物、庆大霉素、卡那霉素、链霉素等。

(4)饲料和饮水中添加有利于尿酸盐排出的药物，如倍利健(硫酸新霉素可溶性粉)，每升饮水中添加 1 g，连用 3～5 d，可缓解病情。

任务五 啄 癖

啄癖又称异食癖、恶食癖、互啄癖，是多种营养物质缺乏及其代谢障碍所致的非常复杂的味觉异常综合征。各日龄和品种的鸡均可发生，尤以雏鸡发病率最高。轻者啄伤翅膀、尾基，造成流血伤残，影响生长发育和外观；重者啄穿腹腔，拉出内脏，有的半截身体被啄光而致死，给养禽业造成巨大的经济损失。

【病因】

鸡群啄癖发生原因复杂，主要包括营养、饲养管理、健康和激素等因素。

（1）营养因素。日粮供应不足、配合不当、维生素缺乏、矿物质和微量元素缺乏等都可导致啄癖发生。如日粮中蛋白质含量偏低，赖氨酸、蛋氨酸、亮氨酸、色氨酸、胱氨酸中的一种或几种含量不足或过高；钙、磷含量偏低或比例失调；锌、硒、锰、铜、碘等微量元素缺乏或比例不当均可导致啄癖发生。

（2）饲养管理因素。饲养方式不当、饲养密度过大、通风不良、有害气体浓度过高、光线太强或光线不适、温度和湿度不适宜等因素都可引发啄癖。

（3）健康因素。寄生虫病、大肠埃希菌病、白痢、消化不良等病症可引起啄羽、啄肛。患有慢性肠炎而造成营养吸收差，会引起互啄。

（4）激素因素。刚开产的鸡血液中雌激素和黄体酮含量高，如公鸡雄激素的增长，促使啄癖倾向增强。

【症状】

根据啄癖的病因不同，其临床表现分为以下六种。

（1）啄肛癖。啄食肛门，以致肛门受伤、出血，有时连直肠也被啄食掉，在肛门周围形成一个空洞。此类啄癖在幼龄鸡及产蛋鸡较常见。

（2）食肉癖。啄食体表有创伤、体弱有病或已死亡的鸡的肌肉，以致被啄食的鸡最后只剩下羽毛和骨骼，此类型啄癖在各日龄的鸡中均可见到。

（3）食毛癖。互相啄食彼此的羽毛、自身的羽毛或已脱落在地上的羽毛，以致羽毛不整齐或全身无毛。此类啄癖在换羽期或缺乏某些必需的营养成分时较多见。

（4）啄趾癖。互相啄咬彼此的脚趾或自己的脚趾，以致脚趾出血、跛行。雏鸡较常发生此类啄癖。

（5）食蛋癖。有食蛋癖的成年鸡经常啄食产蛋箱内或地面上的蛋，有时母鸡每次都在产蛋后又将产出的蛋啄食掉。

（6）异食癖。病禽反常地啄食一些在正常情况下不采食或少采食的异物，如石子、沙砾、垫料、水泥、石灰、碎砖、粪便等。

【防治】

（1）预防鸡啄癖可适时断喙、修喙；合理搭配日粮，控制光照。改善饲养管理环境，使鸡舍通风良好；饲养密度适中；温度适宜，天气热时要降温；光线不能太强，最好将门窗玻璃和灯泡涂上红色、蓝色或蓝绿色。针对性补充营养，防止寄生虫病、传染病的发生。

(2)患病鸡群用硫酸亚铁和维生素 B_2 治疗啄羽。体重 500 g 以上的鸡，单只服用硫酸亚铁片 0.9 g/次、维生素 B_2 2.5 mg/次，2～3 次/d，连服 3～4 d。在日粮中加入 1%硫酸钠或 1%～2%石膏粉，直至啄癖消失；或者给患鸡每只每天内服石膏 0.5～3.0 g，连服数日。

任务六　鸡腹水综合征

鸡腹水综合征又称雏鸡水肿病、肉鸡腹水症、心衰综合征和鸡高原海拔病，是一种由多种致病因素共同作用引起的以心、肺、肝等实质器官发生病理损伤、腹腔内积聚大量浆液性淡黄色液体为特征的临床综合征。

【发病特点】

(1)本病主要发生于肉用仔鸡，多见于 3～6 周龄，特别是生长迅速的肉鸡，这与其生长快、耗能高、需氧多有关，且公鸡发病率高于母鸡。

(2)本病多发于冬季和早春，这与冬春季节禽舍内通风不良而造成缺氧有关。

(3)饲喂颗粒料的肉鸡比喂粉料的发病率高，饲料中拌有过量的痢特灵和含有介子酸的菜籽油，影响心肌功能，导致缺氧和肝硬化。食盐中毒、煤酚类消毒剂和有毒的脂肪中毒等可引起血管损伤，增加血管的通透性，导致腹水综合征的发生。

【病因】

诱发该病的因素有遗传因素、环境因素、饲料因素和继发因素等，一般都是机体缺氧导致肺动脉压升高，右心室衰竭，以致腹腔积液所致。

(1)遗传因素。主要与鸡的品种和年龄有关。遗传选育过程中侧重于生长方面选择，使肉鸡心肺的发育和体重的增长具有先天性的不平衡性，即心脏正常的功能不能完全满足机体代谢的需要，导致相对缺氧。

(2)环境因素。环境缺氧和需氧量增加而导致的相对缺氧是诱发该病的主要原因。由于供热保温，通风降到最低程度，鸡舍内二氧化碳浓度增加，加之天气寒冷，肉鸡代谢水平提高，耗氧量多，随后可发生腹水综合征，且死亡率明显增加。

(3)饲料因素。高能量日粮使肉鸡的耗氧量增加。由于消耗过多能量，需氧增多而导致相对缺氧；饲喂颗粒饲料的鸡采食量大，生长快，饲料消化率高，需氧增多。高蛋白质或高油脂等饲料造成营养过剩或缺乏，微量元素和维生素不足以及饲料霉变、霉菌毒素中毒等也可引发腹水综合征。

(4)继发因素。当肉鸡患慢性呼吸道疾病和大肠埃希菌病时，可继发腹水综合征。

【症状】

病鸡生长发育迟缓，精神沉郁，饮食欲减退，羽毛蓬松，精神倦怠，不愿活动，呼吸困难，鸡冠、肉髯发绀，腹部明显膨大，呈水袋状(图 5-5)，下垂，触压有波动感，腹部皮肤变薄、发亮，严重者皮肤淤血发红、发紫，有的病鸡站立困难，以腹部着地呈企鹅状，行动迟缓，呈鸭步样。病程一般为 7～14 d，死亡率 10%～30%，最高达 50%。

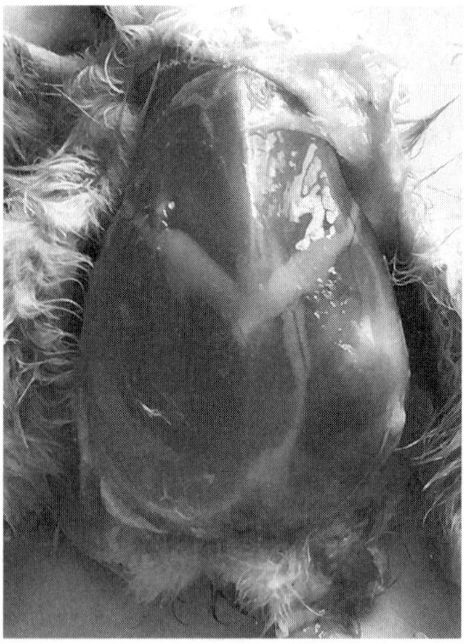

图 5-5 腹水

【病理变化】

剖检变化为腹腔内积聚大量液体，多为淡红黄色半透明出血性渗出物，内有纤维蛋白样物质，呈半透明胶冻样凝块；肠道广泛充血，肠壁增厚；肺部充血、水肿；心包积液，心脏增大，右心明显肥大、扩张，心肌松弛，心脏表面有白色点状小病灶，心腔内有凝固的血凝块。肝淤血、肿大，呈暗紫色，边缘钝圆、增厚，肝脏表面有一层胶冻样物质，能形成肝包膜水疱囊肿；肾脏充血肿大，并有尿酸盐沉积。

【治疗】

治疗原则是排出腹腔积液，消炎利尿，对症治疗。实际生产中由于治疗费时费力，所以该病主要以预防为主。

(1)排出腹腔积液。用注射器无菌操作抽取腹腔积液，然后用生理盐水冲洗。

(2)消炎利尿。排出腹腔积液后腹腔内注入 0.05%的青霉素普鲁卡因 0.2～0.3 mL、1%速尿注射液 0.3 mL。全群饮水中加入 0.05%维生素 C 或喂服 25%葡萄糖 4～5 mL/只、或双氢克尿塞 4～5 mL/只，2 次/d，同时饮服抗生素，连用 3 d。

(3)对症治疗。在饲料或饮水中添加氯化钙、维生素、微量元素、矿物质以及健脾利尿的中草药等。严重病例同时肌内注射 10%安钠咖 0.1 mL。

【预防】

本病的预防主要从优良品种选育、加强通风换气、改善饲养环境、合理搭配日粮、控制生长速度等方面进行。

(1)遗传选育。本病有明显的遗传倾向。因此，控制本病的根本措施是选育对缺氧、腹水综合征或对二者都有耐受力的家禽品系。

(2)改善鸡群管理及环境条件。这是防制本病的关键措施。调整鸡群密度，防止拥挤；适当打开门窗通风换气，减少鸡舍内二氧化碳和氨的含量，保障鸡舍有较充足的氧气流通，严格控制鸡舍温度，防止过冷。

(3)合理控制光照，不但可使鸡黑暗期间产热和氧气需要量均显著降低，而且在光照间歇期可以使已经具有轻微腹水综合征的鸡恢复。

(4)合理搭配饲料。按照肉鸡生长需要供给平衡的优质饲料；减少高油脂饲料；按营养需要配以食盐量；按科学配方，在饲料中补充足量的维生素 E、硒和磷，力求钙磷平衡。

(5)日粮中补充维生素 C。日粮中添加维生素 C 控制腹水综合征可取得良好效果，添加量为每千克日粮 450～500 mg。

课程思政元素

兽医是动物源性食品安全的捍卫者

“民以食为天，食以安为先。”食品是人类生存和发展的基本需求之一，它可提供人体生长发育、维持生命以及进行各项活动所需的能量和营养物质。食品安全关系人民群众身体健康和生命安全，是重大民生问题。随着我国国民经济水平及人民生活水平的大幅提高，动物源性食品在我国城乡居民的日常膳食消费中所占比例逐年增长，市场监管总局数据显示，2022 年我国人均肉类食品消费量约 70 kg/年，达到世界平均消费量的 2 倍。

2020 年 6 月，某养鸡场为防止自家农场养殖的鸡因病死亡，给 800 余只产蛋鸡饲喂恩诺沙星可溶性粉，后将被饲喂恩诺沙星可溶性粉的鸡所产的 50 kg 鸡蛋对外销售，经检测，鸡蛋中含有恩诺沙星成分，检验结果为不合格，依法进行严肃处理。

执业兽医资格考试真题精选

1. 某 25 日龄蛋用鸡群，因患维生素 B_1 缺乏症已在饲料中添加维生素 B_1 进行治疗，此时预防球虫病，不适宜添加的药物是(　　)【2013】

A. 磺胺喹啉　　B. 地克珠利　　C. 盐酸氨丙啉

D. 氯羟吡啶　　E. 莫能菌素

2. 某鸡场发生大量雏鸡死亡，剖检病死雏鸡见小脑肿胀，质地变软，软脑膜充血，镜下出现大小不一的坏死灶。发生的疾病最可能是(　　)【2013】

A. 维生素 A 缺乏症　　B. 维生素 B_{12} 缺乏症　　C. 维生素 C 缺乏症

D. 维生素 D 缺乏症　　E. 维生素 E-硒缺乏症

3. 蛋鸡群，300 日龄，近来体重明显增加，产蛋率下降至 50%，喜卧，有的病鸡突然死亡，剖检见腹腔有大量脂肪沉积，肝脏明显肿大，色黄，质脆并有油腻感。该病可能是(　　)【2013】

A. 肺动脉高压综合征　　B. 禽后睾吸虫病　　C. 大肝杆菌病

D. 脂肪肝综合征　　E. 脂肪肝-肾综合征

4. 蛋鸡群，8 000 只，近期产蛋率下降到 55%，软壳蛋或薄壳蛋增加，病鸡运动困难，日粮中钙含量为 1%，剖检可见的类型病变是(　　)【2013】

A. 皮下出血　　B. 肺水肿　　C. 肠道出血

D. 肝脏肿大　　E. 骨骼变形易折

(5～7 题共用题干)【2013】

肉鸡群，35 日龄，部分鸡精神萎靡，呼吸困难，心跳加快，腹部膨大，触诊有波动感剖检可见腹腔内有淡黄色透明的液体。

5. 该病最可能的诊断为(　　)

A. 禽痛风　　B. 脂肪肝综合征　　C. 生长障碍综合征

D. 腹水综合征　　E. 食盐中毒

6. 本病的心脏主要病变是(　　)

A. 右心室扩张　　B. 左心室扩张　　C. 右心萎缩

D. 左心萎缩　　E. 心肌出血

7. 下列说法正确的是(　　)

A. 血红蛋白量增加　　B. 血红蛋白量减少　　C. 中性粒细胞数增加

D. 中性粒细胞数减少　　E. 血红蛋白不变

8. 某鸡场育成鸡生长缓慢,脚软弱无力,胫骨变形、弯曲,骨端膨大,剖检在肋软骨交接处出现圆形膨大的结节,可初步诊断其病因为(　　)【2014】

A. 钙、磷与维生素 D 缺乏　　B. 硒或/和维生素 E 缺乏　　C. 锌缺乏

D. 锰缺乏　　E. 铜中毒

9. 可引起家禽所谓“软颈病”症状的中毒属于(　　)【2014】

A. 大肠埃希菌食物中毒　　B. 肉毒梭菌及其肉毒毒素中毒　　C. 小肠结肠炎耶尔森菌

D. 沙门菌　　E. 葡萄球菌

10. 家禽出现滑腱症提示(　　)【2014】

A. 锰缺乏症　　B. 铜缺乏症　　C. 锌缺乏症

D. 碘缺乏症　　E. 铁缺乏症

11. 肉鸡腹水综合征发生的根本原因是(　　)【2014】

A. 生长过快　　B. 细菌感染　　C. 微量元素缺乏

D. 气温过高　　E. 营养缺乏

12. 笼养蛋鸡场,产蛋高峰期始终有 10%软壳蛋,部分鸡腹泻,喜卧,龙骨轻度变形。为进一步确诊,应先检测血清中(　　)【2014】

A. 钙水平　　B. 磷水平　　C. 钾水平　　D. 钠水平　　E. 镁水平

13. 鸡群出现多卧少立,运动困难,产软壳蛋、薄壳蛋,引起鸡群发病可能是日粮中缺乏(　　)【2014】

A. 维生素 B_1　　B. 维生素 B_2　　C. 维生素 B_2　　D. 维生素 C　　E. 维生素 D

14. 一群雏鸡,生长停滞,腿无力,常以飞节着地呈蹲状休息,骨骼变软膨胀,喙与爪变软易弯曲。该鸡群日粮可能缺乏的维生素是(　　)【2016】

A. 维生素 A　　B. B 族维生素　　C. 维生素 C　　D. 维生素 D

E. 维生素 E

15. 鸡,行动迟缓,腿关节肿大。死后剖检见肾、肝被膜和心包上有大量石灰样物质沉积。该病最可能的诊断是(　　)【2018】

A. 病毒性关节炎　　B. 痛风　　C. 维生素 E 缺乏

D. B 族维生素缺乏　　E. 大肠埃希菌病

16. 雏鸡,排白色稀便;剖检见心肌和肝脏有散在的黄白色针尖大小坏死点;镜下见有多量网状细胞浸润。其炎症类型是(　　)【2018】

A. 出血性炎　　B. 化脓性炎　　C. 增生性炎

D. 浆液性炎　　E. 纤维素性炎

(17～19 题共用题干)【2018】

3 日龄肉鸡群，陆续发病，病鸡沉郁，食欲减退，喜卧，跛行。剖检可见腹部皮下胶冻样渗出，胰腺变窄、变薄、变硬，骨骼肌纤维发生透明变性，可见肌纤维肿胀，嗜伊红性增强，横纹消失，肌间成纤维细胞增生。

17. 该病可诊断为(　　)

A. 硒缺乏症　　B. 维生素 B_1 缺乏症　　C. 维生素 B_2 缺乏

D. 锰缺乏症　　E. 维生素 K 缺乏症

18. 该病还可能出现的异常是(　　)

A. 肌胃萎缩　　B. 观星样姿势　　C. 趾爪卷曲症

D. 滑腱症　　E. 花斑肾

19. 饲料中含量过多，可能促进该病发生的物质是(　　)

A. 维生素 E　　B. 磷　　C. 铜　　D. 钙　　E. 维生素 A

(20～21 题共用题干)【2018】

260 日龄蛋鸡群，产蛋率下降，产软壳、薄壳蛋，蛋壳破损率增多；瘫痪，骨质变脆；血钙为 1.5 mmol/L，血清碱性磷酸酶升高。

20. 引起该鸡群发病的因素不包括(　　)

A. 饲料中钙缺乏　　B. 光照不足　　C. 维生素 D 缺乏

D. 维生素 B 缺乏　　E. 运动不足

21. 该鸡群最可能发生的疾病是(　　)

A. 维生素 B_1 缺乏症　　B. 笼养蛋鸡疲劳综合征　　C. 硒和维生素 E 缺乏症

D. 纤维性骨营养不良　　E. 肉鸡腹水综合征

22. 在下列疾病中，鸡痛风常见于(　　)【2016】

A. 鸡肾型传染性支气管炎　　B. 新城疫　　C. 鸡流感

D. 雏鸡脑软化　　E. 鸡传染性脑脊髓炎

23. 蛋鸡群，200 日龄，在产蛋高峰期时，突然产蛋量下降，蛋白稀薄，孵化率低下，雏鸡呈现生长缓慢，腹泻，不能走路，趾爪向内弯曲。最可能的疾病是(　　)【2019】

A. 维生素 A 缺乏症　　B. 维生素 B_2 缺乏症　　C. 维生素 C 缺乏症

D. 维生素 D 缺乏症　　E. 泛酸缺乏症

项目五执业兽医资格考试真题精选参考答案

项目六
家禽中毒性疾病

学习目标

知识目标

掌握磺胺类药物中毒、黄曲霉毒素中毒、霉变饲料中毒的预防措施。

能力目标

根据发病情况正确诊断中毒的种类,并制订预防措施。

思政目标

注重培养安全用药意识、公共食品安全,重视环保的意识。

学习内容

任务一　鸡磺胺类药物中毒

磺胺类药物中毒是由于大量使用或长期连续使用磺胺类药物所引起的中毒病。

【病因】

磺胺类药物是防治家禽传染病和某些寄生虫病的一类最常用的化学合成药物。磺胺类药物的治疗剂量与中毒量接近,用药剂量过大,或连续使用超过 7 d,即可造成中毒。另外,维生素 K 缺乏可诱发本病。

【症状】

雏鸡精神沉郁,食欲减退,羽毛松乱,生长迟缓或停止,机体虚弱,腹泻,鸡冠苍白,有时头部肿大,呈蓝紫色。黏膜黄染,皮下有出血点,凝血时间延长,排出酱油样或灰白色稀粪。产蛋鸡食欲下降,产蛋量降低,产薄壳蛋、软壳蛋或蛋壳粗糙。

【病理变化】

特征病变为皮下、肌肉广泛性出血,尤以胸肌、腿肌出血明显,呈点状或斑块状。血液稀薄;骨髓褪色黄染;肠道、肌胃与腺胃有点状或长条状出血;肝、脾、心脏有出血点或坏死灶;肾脏体积肿大,输尿管增粗,有尿酸盐附着。

【诊断】

主要根据病史调查，是否用过磺胺类药物，以及用药的种类、剂量、添加方式、供水情况、发病的时间和经过。还要现场观察临床症状及病禽剖检病理变化，进行综合分析即可做出诊断。

【防治】

(1)应用磺胺类药物时间不宜过长，一般连用不超过 5 d，且应用此类药物时需给予充足的饮水。尽量选用高效低毒的磺胺类药物，如复方新诺明、磺胺喹噁啉、磺胺氯吡嗪等。产蛋鸡禁止使用磺胺类药物。

(2)出现中毒症状时，立即更换饲料，停止饲喂磺胺类药物，供给充足的饮水。

(3)在饮水中加入 1%小苏打和 5%葡萄糖溶液，连用 3～4 d。

(4)在每千克饲料中添加维生素 K_3 5 mg，连用 3～4 d。

任务二　鸡黄曲霉毒素中毒

曲霉毒素中毒是由于鸡采食了被黄曲霉菌污染的含有毒素的玉米、花生粕、豆粕、棉籽饼、麸皮、混合料或配合料等而引起的中毒病。

【病因】

黄曲霉菌广泛存在于自然界，在温暖潮湿的环境中最易生长繁殖，产生黄曲霉毒素。黄曲霉毒素及其衍生物有 20 余种，引起鸡中毒的主要毒素有 B、B2、G、M。以黄曲霉毒素 B 的毒性最强。

【症状】

(1)雏鸡表现精神沉郁，站立不稳，两翅下垂，食欲不振，消瘦，鸡冠苍白，虚弱，凄叫，排淡绿色稀粪，有时带血。

(2)育成鸡表现精神沉郁，不愿走动，消瘦，腿部或爪部有出血斑，或融合成青紫色，如乌鸡腿。

(3)成年鸡耐受性稍高，病情和缓，产蛋减少或开产期推迟，个别可发生肝癌，呈极度消瘦的恶病质而死亡。

【病理变化】

(1)急性中毒。肝脏充血、出血、肿大、坏死，呈黄白色，胆囊充盈。肝细胞脂肪变性，呈空泡状，肝小叶周围胆管上皮增生形成条索状。肾体积肿大，苍白色泽。胸部皮下、肌肉有时出血。肠道有出血。

(2)慢性中毒。常见肝硬化，体积缩小，颜色发黄，并呈白色点状或结节状病灶，肝细胞大部分消失，大量纤维组织和胆管增生，个别可见肝癌结节，伴有腹水。心包积水。胃、嗉囊有溃疡，肠道充血、出血。

【诊断】

(1)根据食入霉败变质饲料的病史，有出血、贫血和衰弱为特征的临床症状和肝脏变性、出血、坏死等病变为特征的剖检变化，进行综合性分析，排除传染病与营养代谢病的可能性，并且符合真菌毒素中毒病的基本特点，即可做出初步诊断。

(2)实验室检查。可疑饲料的病原真菌分离培养与鉴定，可疑饲料的黄曲霉毒素测定等方法诊断。

(3)鉴别诊断。注意与磺胺类药物中毒、传染性法氏囊病等鉴别。

【防治】

(1)饲料防霉。严格控制温度、湿度，注意通风，防止雨淋。为防止饲料发霉，可用福尔马林对饲料进行熏蒸消毒；或在饲料中加入防霉剂，如在饲料中加入 0.3%丙酸钠或丙酸钙。

(2)染毒饲料去毒。可采用水洗法，用 0.1%的漂白粉水溶液浸泡 4～6 h，再用清水浸洗多次，直至浸泡水无色为宜。

(3)鸡出现中毒后立即停喂霉变饲料，更换新料，减少饲料中脂肪含量。

(4)饮服 5%葡萄糖水、水溶性电解多维或水溶性多种维生素。

任务三　霉变饲料中毒

霉变饲料中毒是禽类采食霉变饲料后引起的一种急性或慢性中毒病，是现代养禽业中最常见的中毒性疾病之一。雏鸡以下痢、生长发育迟缓、病弱禽增多、死亡迅速等为特征。

【病因】

致病霉菌产生的霉菌毒素是致病的原因。已知有 3 种毒素对鸡毒害最大，即黄曲霉毒素、褐黄曲霉毒素与镰刀菌毒素。

本病一年四季均有发生，但以夏秋梅雨季节发病率最高，因为这个季节气温高、湿度大，饲料极易霉变。如一批饲料被霉菌污染，所有食用该批饲料的鸡群都会发病，发病时间一般在食用该批饲料后的 3～5 d 内出现。品种、日龄、管理条件等因素，都会影响该病的发病时间，但最迟不超过 7 d。

【症状】

(1)雏鸡。食入霉变饲料后的 3～5 d 内，鸡群首先表现食欲下降，挑食，料槽内剩料较多，同时群内出现相互啄食现象。随后鸡群中出现较多精神沉郁、羽毛松乱、行动无力、藏头缩颈、双翅下垂的病鸡。严重的病鸡，冠髯苍白，排出的粪便带有黏液或白绿色稀水样，并逐渐消瘦，5～7 d 后出现死亡，逐渐增多。部分食用霉料过多、中毒较重的鸡只，发生急性死亡。

(2)青年鸡。发病症状基本与雏鸡相同，但其中相互啄食、两腿瘫痪等症状比雏鸡严重。

(3)产蛋鸡。食入霉变饲料 5～7 d 后出现病状。初期病鸡粪便表面覆盖有一层铜绿色的尿酸盐，但粪便基本成形。随着时间的延长，这种粪便迅速增加，并逐步变成稀水状的黄褐色或白绿色粪便，较严重的病鸡则排出茶水样的稀便，潜血。由于严重下痢，病鸡体温升高，食欲下降或废绝，嗉囊内有酸臭的液体，冠髯颜色由鲜红丰润变为暗红干皱，失去光泽，最后变为紫黑色，严重者开始零星死亡，较大的鸡群会出现啄食癖，如相互啄食羽毛、肛门等，其中以脱肛、啄肛危害最大，可使许多产蛋鸡输卵管、肠道被啄出而死亡。这是霉菌中毒引起的重要并发症之一。此时鸡群的产蛋量迅速下降，开产不久的蛋鸡产蛋量停止上升，同时出现较多的软壳蛋、薄壳蛋与砂壳蛋。

(4)种公鸡。食入霉变饲料后，冠体由鲜红色逐步变为深红色，失去红润光泽。采精时，精液数量明显下降，质量降低，稀薄透明。

【病理变化】

(1)雏鸡与青年鸡。慢性中毒者营养不良，消瘦明显，胸肌淡红色，严重者胸部皮下有浆液性渗出。胸肌和大腿部肌肉可见红紫色的出血斑点。肝肿体积大，褐紫色，表面有许多灰白色小点或黑紫色斑点，严重者肝表面附有一层白色渗出物。心脏水肿、透亮，脂肪消失。

(2)产蛋鸡。嗉囊内容物酸臭，肝脏表现淡黄褐色，体积肿大，表面许多红色、黑紫色出血点。卵巢上的卵泡变形、坏死呈菜花样或破裂，卵黄流入腹腔，引起腹膜炎。

(3)种公鸡。肝脏、肾脏肿大，呈紫红色。胆囊肿大、充满胆汁，睾丸体积缩小，肠黏膜严重充血、出血。

【诊断】

根据鸡群症状、病理变化、饲料霉变史即可做出初步诊断。停用霉变饲料部分病鸡症状消失，可确诊为霉变饲料中毒。

【防治】

(1)饲料应存放于通风干燥的环境，低层与靠墙壁的地方设置隔潮设备。粉碎后的配合饲料，不可存放时间过久，湿度大的季节要随配制随应用。

(2)确定或疑似霉饲料中毒，应立即停止使用，并更换优质饲料，同时在饲料中加入0.06%的土霉素、0.2%的干酵母，连用5～7 d，可用绿豆加甘草熬水喂饮鸡只。

任务四　鸡高锰酸钾中毒

高锰酸钾中毒是家禽在应用高锰酸钾进行饮水消毒时，浓度过高而导致的中毒病。

【病因】

高锰酸钾是畜禽生产中常用的消毒防腐剂，其水溶液与有机物接触能释放出新生态氧，通过氧化作用达到杀菌效果。养鸡场常用高锰酸钾饮水，以预防鸡的某些传染病和肠道疾病，一般饮水浓度应低于0.1%，当超过0.1%浓度，即有发生高锰酸钾中毒的危险。用0.04%～0.05%的溶液连续饮水3～5 d，可使蛋壳变灰，但受精率、孵化率不受影响。成年鸡高锰酸钾的致死量为1.95 g/(只·d)，其作用除损伤黏膜外，还损害肾、心和神经系统。

【症状】

口、舌及咽部黏膜发紫、水肿，呼吸困难，流涎，排白色稀便，头颈伸展，横卧于地。严重者常于1 d内死亡。慢性中毒时，成年鸡产蛋率降低，蛋壳颜色变成灰色。

【病理变化】

消化道黏膜有腐蚀现象和轻度出血，严重者嗉囊黏膜大部分脱落。

【诊断】

根据口服高锰酸钾溶液的病史、临床症状、剖检病理变化综合分析做出诊断。

【治疗】

立即停用高锰酸钾溶液，补充足量洁净饮水，一般经 3～5 d 可恢复。必要时在饮水中加入适量牛奶或奶粉，以保护消化道黏膜。

【预防】

（1）给鸡饮水消毒时，只能用 0.01%～0.02%浓度的高锰酸钾溶液，不宜超过 0.03%；消毒黏膜、洗涤伤口时，也可用 0.01%～0.02%浓度的高锰酸钾溶液；消毒皮肤，宜用 0.1%浓度的高锰酸钾溶液。

（2）用高锰酸钾饮水消毒时，要待其全部溶解后再饮用。

任务五　鸡喹乙醇中毒

喹乙醇中毒是指将喹乙醇作为家禽生长促进剂或药物使用时，由于用量过大或大剂量连续应用所引起的中毒病。

【病因】

喹乙醇在防治禽霍乱和促生长方面有较好作用，生产中发生中毒的原因主要是盲目加大用量；拌料不均匀；在全价饲料已添加喹乙醇的情况下，使用喹乙醇治疗病鸡等。一般在每千克饲料中加入 25～30 mg 喹乙醇。预防细菌性传染病，一般在每千克饲料中添加 100 mg 喹乙醇，连用 7 d，停药 7～10 d。治疗量一般在每千克饲料中添加 200 mg 喹乙醇，连用 3～5 d，停药 7～10 d。据报道，在每千克饲料中添加 300 mg 喹乙醇，饲喂 6 d，鸡就会出现中毒症状。在每千克饲料中添加 1 000 mg 喹乙醇饲喂 240 日龄蛋鸡，第 3 天即出现中毒症状。喹乙醇在鸡体内有较强的蓄积作用，小剂量连续应用，也会蓄积中毒。

【症状】

病鸡精神沉郁，缩头嗜睡，羽毛松乱，食欲下降或废绝，不喜运动，排黄色水样稀粪。鸡喙、冠、脸及鸡趾呈紫黑色，饮水量增加，腹泻，卧地不动，最后衰竭死亡。轻度中毒时，发病较迟缓；大剂量中毒时，可在数小时内发病。产蛋鸡产蛋量急剧下降，甚至绝产。

【病理变化】

剖检病鸡可见皮肤、肌肉发黑。口腔内有多量黏液，消化道出血，尤以十二指肠、泄殖腔严重，腺胃乳头或乳头间出血，血液凝固不良，肌胃角质层下有出血斑点，腺胃与肌胃交界处有黑色的坏死区。心脏冠状脂肪和心肌表面有散在出血点，心肌柔软。肺充血和出血，呈暗紫色。肝脏体积肿大且有出血斑，色泽暗红，质脆，切面糜烂多汁，脾、肾体积肿大，质地变脆。成年母鸡卵泡萎缩、变形、出血，输卵管变细。

【诊断】

根据大剂量或连续应用喹乙醇的病史、特征性症状及剖检变化进行诊断。注意与典型新城疫鉴别。新城疫有呼吸道症状、口流黏液、排黄绿色稀便、抗体水平高低差很大。

【防治】

(1)严格控制剂量,并有一定的休药期。

(2)对中毒鸡群,立即更换饲料,停止应用喹乙醇,并采取对症治疗,可饮用口服补液盐或饮用5%葡萄糖,同时给予维生素C制剂 25~50 mg/(只·d),可肌内注射、饮水或拌料。

参考文献

[1] 廖明.禽病学.3版.北京:中国农业出版社,2021.

[2] 刘金华,甘孟侯.中国禽病学.2版.北京:中国农业出版社,2016.

[3] 钱富景,王亚华,化军.禽病防制.北京:中国农业大学出版社,2023.

[4] 张进隆,任作宝,向金梅.动物寄生虫病.2版.北京:中国农业大学出版社,2022.

[5] 尹泽东.动物药理.北京:中国农业大学出版社,2023.

[6] 杨红梅.动物微生物.2版.北京:中国农业大学出版社,2023.

[7] 杨建平,杨学勇.动物微生物.2版.北京:中国农业大学出版社,2022.

[8] 贾志江.动物传染病.2版.北京:中国农业大学出版社,2023.

[9] 刘振湘,孟可爱.养禽与禽病防治.2版.北京:中国农业大学出版社,2023.

[10] 李生涛,布登付,郑中华,等.新出现和重新出现的动物传染病.北京:中国农业出版社,2020.

[11] 胡凤娇.家禽传染病防治手册.北京:中国农业出版社,2013.

[12] 郑世军,宋清明.现代动物传染病学.北京:中国农业出版社,2013.

[13] 张宏伟,匡存林.动物寄生虫病.2版.北京:中国农业出版社,2012.

[14] 秦建华,张龙现.动物寄生虫病学.北京:中国农业大学出版社,2013.

[15] 邢玉娟,贺生中.动物普通病.北京:中国农业大学出版社,2015.

[16] 张忠,李勇生.禽内科病.北京:中国农业大学出版社,2016.

[17] 关文怡,于凤芝.禽病防治.北京:中国农业大学出版社,2022.

[18] 王新华,逯艳云,王秋霞.禽病病理诊断与防治彩色图谱.北京:中国农业出版社,2023.

附　录

高致病性禽流感疫情应急实施方案

（2020 年版）

为及时、有效地预防、控制和扑灭高致病性禽流感，确保养殖业持续发展和人民健康安全，维护经济发展和社会稳定，根据《中华人民共和国动物防疫法》《中华人民共和国进出境动植物检疫法》《重大动物疫情应急条例》《国家突发重大动物疫情应急预案》《全国高致病性禽流感应急预案》等有关规定，制定本实施方案。

一、疫情报告与确认

任何单位和个人发现禽类出现发病急、传播迅速、死亡率高等异常情况，应及时向当地畜牧兽医主管部门、动物卫生监督机构或动物疫病预防控制机构报告。

县级以上动物疫病预防控制机构接到报告后，应立即派出 2 名以上防疫人员到现场进行临床诊断，符合高致病性禽流感诊断技术规范（附件 1）可疑病例标准的，应判定为可疑疫情，及时采样并组织开展检测，符合疑似病例标准的，应判定为疑似疫情；经省级动物疫病预防控制机构检测，符合确诊病例标准的，应判定为确诊疫情，同时将病料送国家禽流感参考实验室进行复核和定型等分析。省级动物疫病预防控制机构难以确诊的，需送国家禽流感参考实验室确诊。相关单位在开展疫情报告、调查以及样品采集、送检、检测等工作时，要及时做好记录备查。

省级动物疫病预防控制机构将确诊疫情信息或无法确诊的疑似疫情信息按快报要求报中国动物疫病预防控制中心。由国家禽流感参考实验室确诊的疫情，国家禽流感参考实验室需按规定同时将确诊结果通报样品来源省级动物疫病预防控制机构和中国动物疫病预防控制中心。中国动物疫病预防控制中心按程序将有关信息报农业农村部，同时抄送中国动物卫生与流行病学中心。

在家禽运输过程中发现的高致病性禽流感疫情，对没有合法或有效检疫证明等违法违规运输的，按照《中华人民共和国动物防疫法》有关规定处理；对有合法检疫证明且在有效期之内的，疫情处置、扑杀补助费用分别由疫情发生地、输出地所在地方按规定承担。疫情由发生地负责报告、处置，计入输出地。

各地海关、交通、林业和草原、卫生健康等部门发现可疑情况的，要及时通报所在地省级畜牧兽医主管部门。所在地省级畜牧兽医主管部门按照有关规定及时组织开展流行病学调查、样品采集、检测、诊断、信息上报等工作，按职责分工，与海关、交通、林业和草原、卫生健康等部门共同做好疫情处置工作。

农业农村部根据确诊结果和流行病学调查信息，确认并公布疫情。必要时，可授权相关省级畜牧兽医主管部门确认并公布疫情。

二、疫情响应

(一)疫情响应分级

根据疫情流行特点、危害程度和涉及范围，将高致病性禽流感疫情响应分为四级：特别重大(Ⅰ级)、重大(Ⅱ级)、较大(Ⅲ级)和一般(Ⅳ级)。

1. 特别重大(Ⅰ级)

21天内，有下列情况之一的：

(1)在相邻省份的相邻区域有10个以上县发生疫情；

(2)在1个省有20个以上县发生或者10个以上县连片发生疫情；

(3)在数省内呈多发态势的疫情；

(4)特殊情况需要启动Ⅰ级响应的。

2. 重大(Ⅱ级)

21天内，有下列情况之一的：

(1)在1个省级行政区域内有2个以上市(地)连片发生疫情；

(2)在1个省级行政区域内有20个疫点或者5个以上10个以下县连片发生疫情；

(3)在相邻省份的相邻区域有10个以下县发生疫情；

(4)特殊情况需要启动Ⅱ级响应的。

3. 较大(Ⅲ级)

21天内，有下列情况之一的：

(1)在1个省级行政区域内有1个市(地)2个以上5个以下县发生疫情；

(2)在1个省级行政区域内有1个县内出现5个以上10个以下疫点；

(3)特殊情况需要启动Ⅲ级响应的。

4. 一般(Ⅳ级)

21天内，有下列情况之一的：

(1)在1个市(县)行政区域发生疫情；

(2)常规监测中，同一地方行政区域内未发生禽只异常死亡病例但多点检出高致病性禽流感病原学阳性；

(3)特殊情况需要启动Ⅳ级响应的。

必要时，农业农村部可根据防控实际对突发高致病性禽流感疫情具体级别进行认定。

（二）疫情预警

农业农村部和省级畜牧兽医主管部门应当根据对高致病性禽流感发生、流行趋势的预测，及时发出疫情预警。地方各级人民政府接到动物疫情预警后，应当采取相应的预防、控制措施。

（三）分级响应

发生高致病性禽流感疫情时，各地、各有关部门按照属地管理、分级响应的原则做出应急响应。

1. Ⅰ级响应

农业农村部根据疫情形势和风险评估结果，报请国务院启动Ⅰ级应急响应，启动国家应急指挥机构；或经国务院授权，由农业农村部启动Ⅰ级应急响应，并牵头启动多部门组成的应急指挥机构。

全国所有省份的省、市（地）、县级人民政府立即启动应急指挥机构，实施防控工作日报告制度，组织开展紧急流行病学调查和应急监测等工作。对发现的疫情及时采取应急处置措施。各有关部门按照职责分工共同做好疫情防控工作。

2. Ⅱ级响应

发生疫情省份的省、市、县级人民政府立即启动Ⅱ级应急响应，并启动应急指挥机构工作，实施防控工作日报告制度，组织开展紧急流行病学调查和应急监测工作。对发现的疫情及时采取应急处置措施。各有关部门按照职责分工共同做好疫情防控工作。

农业农村部加强对发生疫情省份应急处置工作的督导，根据需要组织有关专家协助开展疫情处置，并及时向有关省份通报情况。必要时，建议国务院协调有关部门给予必要的技术和物资支持。

3. Ⅲ级响应

发生疫情的市（地）、县级人民政府立即启动Ⅲ级应急响应，并启动应急指挥机构工作，实施防控工作日报告制度，组织开展紧急流行病学调查和应急监测工作。对发现的疫情及时采取应急处置措施。各有关部门按照职责分工共同做好疫情防控工作。

省级畜牧兽医主管部门要加强对发生疫情地应急处置工作的督导，根据需要组织有关专家协助开展疫情处置，并向有关地区通报情况。及时采取预防控制措施，防止疫情扩散蔓延。

4. Ⅳ级响应

发生疫情的市（县）或检出阳性样品所在地的县级人民政府立即启动Ⅳ级应急响应，并启动应急指挥机构工作，组织开展紧急流行病学调查、应急监测和风险分析，及时采取应急处置措施。各有关部门按照职责分工共同做好防控工作。

市（地）级人民政府畜牧兽医主管部门应组织专家对应急处置工作进行技术指导，省级人民政府畜牧兽医主管部门应根据需要提供技术支持。

上述级别应急响应期间，要严格限制家禽及其产品由高风险区向低风险区调运，对家禽与家禽产品调运实施差异化管理，关闭相关区域的家禽交易场所，具体调运监管方案由农业农村部另行制定发布并适时调整。

（四）响应级别调整与终止

根据疫情形势和防控实际，农业农村部或相关省级畜牧兽医主管部门组织对疫情形势进行评估分析，及时提出调整响应级别或终止应急响应的建议。由原启动响应机制的人民政府或应急指挥机构调整响应级别或终止应急响应。

三、应急处置

（一）可疑和疑似疫情的应急处置

对发生可疑和疑似疫情的相关场点（划定同疫点）实施严格的隔离、监控，并对该场点及有流行病学关联的养殖场（户）进行采样检测。禁止易感动物及其产品、饲料及垫料、废弃物、运载工具、有关设施设备等移动，并对其内外环境进行严格消毒。必要时可采取封锁、扑杀等措施。

屠宰、交易场点发生疑似疫情时，应立即停止生产经营活动。

（二）确诊疫情的应急处置

疫情确诊后，县级以上畜牧兽医主管部门应当立即划定疫点、疫区和受威胁区，开展追溯追踪等紧急流行病学调查，向本级人民政府提出启动相应级别应急响应的建议，由当地人民政府依法做出决定。

1. 划定疫点、疫区和受威胁区

疫点：发病禽所在的地点。对规模养殖场，一般以发病禽所在养殖场为疫点；对具备良好生物安全防护水平、免疫抗体检测合格的规模养禽场，发病栋舍与其他栋舍有效隔离，经风险评估无交叉污染风险的，可以发病栋舍为疫点。对其他养殖场（户），如周边养殖场（户）隔离和免疫措施有效落实，可以发病禽所在的养殖场（户）为疫点；如发病禽所在场（户）与周边养殖场（户）发生交叉污染或具有交叉污染风险，以病禽所在养殖小区、自然村或病禽所在养殖场（户）及流行病学关联场（户）为疫点。对放养禽，以发病禽活动场地为疫点。在运输过程中发现疫情的，以运载病禽的车辆、船只、飞机等运载工具为疫点。在交易场所发生疫情的，以该场所为疫点。在屠宰加工过程中发生疫情的，以该屠宰加工厂（场）为疫点。

疫区：一般是指由疫点边缘向外延伸 3 km 的区域。

受威胁区：一般是指由疫区边缘向外延伸 5 km 的区域。

划定疫点、疫区和受威胁区时，应根据当地天然屏障（如河流、山脉等）、人工屏障（道路、围栏等）、行政区划、饲养环境、家禽免疫情况、野禽分布与活动范围等情况，以及流行病学调查和风险分析结果，综合评估后划定。

2. 封锁

疫情发生所在地的县级畜牧兽医主管部门报请本级人民政府对疫区实行封锁，由当地人民政府依法发布封锁令。疫区跨行政区域时，由有关行政区域共同的上一级人民政府对疫区实行封锁，或者由各有关行政区域的上一级人民政府共同对疫区实行封锁。必要时，上级人民政府可以责成下级人民政府对疫区实行封锁。

3. 疫点内应采取的措施

疫情发生所在地的县级人民政府应当依法及时组织扑杀疫点内的所有禽只。对所有病死禽、被扑杀禽及其产品进行无害化处理。对排泄物、被污染或可能被污染的饲料和垫料、污水等进行无害化处理。对被污染或可能被污染的物品、交通工具、用具、禽舍、场地环境等进行彻底清洗消毒并采取防鸟、灭鼠、灭蝇等措施。出入人员、运载工具和相关设施设备要按规定进行消毒。

4. 疫区应采取的措施

疫情发生所在地的县级以上人民政府应按照程序和要求，组织设立警示标志，设置临时检查消毒站，对出入的相关人员和车辆进行消毒。禁止易感动物出入和相关产品调出，关闭活禽交易场所并进行彻底消毒。对疫区内养殖场(户)特别是与发病禽群具有流行病学关联性的禽群进行严密隔离观察，加强应急监测和风险评估，根据评估结果开展紧急免疫。对经评估生物安全、免疫状况良好且高致病性禽流感病原学抽样检测阴性的规模养殖场，可按照指定路线运至就近屠宰场屠宰。

疫区内的家禽屠宰场点，应暂停屠宰等生产经营活动，在官方兽医监督指导下采集样品送检，并进行彻底清洗消毒。必要时，检测结果为阴性、取得《动物防疫条件合格证》的屠宰厂(场)，经疫情发生所在县的上一级畜牧兽医主管部门组织开展风险评估通过后，可恢复生产。

封锁期内，疫区再次发现疫情或检出病原学阳性的，应参照疫点内的处置措施进行处置。经流行病学调查和风险评估，认为无疫情扩散风险的，可不再扩大疫区范围。

对疫点、疫区内扑杀的禽，原则上应当就地进行无害化处理，确需运出疫区进行无害化处理的，须在当地畜牧兽医部门监管下，使用密封装载工具(车辆)运出，严防遗撒渗漏；启运前和卸载后，应当对装载工具(车辆)进行彻底清洗消毒。

5. 受威胁区应采取的措施

关闭活禽交易场所。对受威胁区内养殖场(户)加强应急监测和风险评估，根据评估结果开展紧急免疫。

6. 运输途中发现疫情应采取的措施

疫情发生所在地的县级人民政府依法及时组织扑杀运输的所有禽，对所有病死禽、被扑杀禽及其产品进行无害化处理，对运载工具实施暂扣，并进行彻底清洗消毒，不得劝返。当地可根据风险评估结果，确定是否需划定疫区并采取相应处置措施。

(三)活禽交易市场监管

疫点所在市(地)、县要立即关闭辖区内所有活禽交易场所，并进行彻底清洗消毒。

(四)紧急流行病学调查

1. 发病情况调查

掌握疫点、疫区、受威胁区及当地所有易感禽类养殖情况、免疫情况、环境状况及野禽分布状况;根据诊断技术规范(附件1),在疫区和受威胁内进行病例搜索,寻找首发病例,查明发病顺序,统计发病家禽种类、发病数量、死亡数量,收集相关信息,分析疫病发生情况。

2. 追踪和追溯调查

对首发病例出现前21天内以及疫情发生后采取隔离措施前,从疫点输出的易感家禽、相关产品、运载工具及密切接触人员的去向进行追踪调查,对有流行病学关联的养殖、屠宰加工场所进行采样检测,评估疫情扩散风险。

对首发病例出现前21天内,引入疫点的所有易感家禽、相关产品、运输工具和人员往来情况等进行追踪调查,对有流行病学关联的相关场所、运载工具进行采样检测,分析疫情来源。

疫情追踪调查过程中发现异常情况的,应根据风险分析情况及时采取隔离观察、抽样检测等处置措施。

(五)应急监测

疫点所在地(市)、县要立即对所有养殖场所开展应急监测,对重点区域、关键环节和异常死亡的家禽加大监测力度,及时发现疫情隐患。要加大对家禽交易场所、屠宰场所、无害化处理厂的巡查力度,有针对性地开展监测。要高度关注家禽、野禽的异常死亡情况,应急监测中发现异常情况的,必须按规定立即采取隔离观察、抽样检测等处置措施。

(六)野禽控制

当地畜牧兽医主管部门应向林业和草原部门及时通报有关信息,指导养殖场(户)强化生物安全防护措施,避免饲养的家禽与野禽接触。

(七)健康监测和人员防护

加强对疫情处置人员的安全防护(附件2)。当地畜牧兽医主管部门要协助卫生健康部门加强对家禽饲养、扑杀等高风险人员的医学观察。

(八)解除封锁和恢复生产

疫点内所有禽类及其产品按规定进行无害化处理完毕21天后,对疫点和屠宰场所、市场等流行病学关联场点抽样检测阴性的,经疫情发生所在县的上一级畜牧兽医主管部门组织验收合格后,由所在地县级畜牧兽医主管部门向原发布封锁令的人民政府申请解除封锁,由该人民政府发布解除封锁令,并通报毗邻地区和有关部门。解除封锁后,可以恢复家禽生产经营活动。

(九)扑杀补助

对强制扑杀的家禽,符合补助规定的,按照有关规定给予补助,扑杀补助经费由中央财政和地方财政按比例承担。

四、信息发布和科普宣传

及时发布疫情信息和防控工作进展，同步向卫生健康等相关部门和国际社会通报情况。未经农业农村部授权，地方各级人民政府及各部门不得擅自发布发生疫情信息和排除疫情信息。坚决打击造谣、传谣行为。

坚持正面宣传、科学宣传，第一时间发出权威解读和主流声音，做好防控宣传工作。科学宣传普及防控知识，加强与卫生健康部门的交流与合作，针对生产者和消费者的疑虑和关切，及时答疑解惑，引导公众科学认知禽流感，增强防疫和防护意识，消除恐慌心理，理性消费禽产品。

五、善后处理

(一)后期评估

应急响应结束后，疫情发生地畜牧兽医主管部门组织有关单位对应急处置情况进行系统总结，可结合体系效能评估，找出差距和改进措施，报告同级人民政府和上级畜牧兽医主管部门。较大(Ⅲ级)疫情的，应上报至省级畜牧兽医主管部门；重大(Ⅱ级)以上疫情的，应逐级上报至农业农村部。

(二)表彰奖励

疫情应急处置结束后，对应急工作中态度坚决、行动果断、协调顺畅、配合紧密、措施有力的单位，以及积极主动、勇于担当并发挥重要作用的个人，县级以上人民政府应予以表彰、奖励和通报表扬。

(三)责任追究

在疫情处置过程中，发现禽类养殖、贩运、交易、屠宰等环节从业者存在防疫主体责任落实不到位，以及相关部门工作人员存在玩忽职守、失职、渎职等违纪违法行为的，依据有关法律法规严肃追究当事人责任。

(四)抚恤补助

地方各级人民政府要组织有关部门对因参与应急处置工作致病、致残、死亡的人员，按照有关规定，给予相应的补助和抚恤。

六、附则

(1)本实施方案适用于所有亚型高致病性禽流感疫情的处置。

(2)本实施方案有关数量的表述中，“以上”含本数，“以下”不含本数。

(3)针对供港澳家禽及其产品的防疫监管，涉及本方案中有关要求的，由农业农村部、海关总署另行商定。

(4)野禽发生疫情的，根据流行病学调查和风险评估结果，参照本方案采取相关处置措施，防止野禽疫情向家禽扩散。

(5)监测中发现家禽感染 H5 和 H7 亚型流感的，应立即隔离观察，开展紧急流行病学调查并及时采取相应处置措施。该阳性禽群过去 21 天内出现异常死亡、经省级复核仍呈病原学阳性的，按疫情处置。过去 21 天内无异常死亡、经省级复核仍呈病原学阳性的，扑杀阳性禽及其同群禽，并采集样品送国家禽流感参考实验室复核分析。对检测阳性的信息，应按要求快报至中国动物疫病预防控制中心。

(6)动物隔离场、动物园、野生动物园、保种场、实验动物场所发生疫情的，应按本方案进行相应处置。必要时，可根据流行病学调查、实验室检测、风险评估结果，报请省级有关部门并经省级畜牧兽医主管部门同意，合理确定扑杀范围。

(7)本实施方案由农业农村部负责解释。

(8)本实施方案自公布之日起施行。

附件：1. 高致病性禽流感诊断技术规范

2. 人员防护技术规范

附件 1

高致病性禽流感诊断技术规范

一、流行病学

1. 传染源

主要为病禽(野鸟)和带毒禽(野鸟)。病毒可在污染的粪便、水等环境中存活较长时间。

2. 传播途径

主要为接触传播和呼吸道传播。感染禽(野鸟)及其分泌物和排泄物，污染的饲料、水、蛋托(箱)、垫草、种蛋、鸡胚和精液等媒介以及气溶胶，都可传播禽流感病毒。

3. 易感动物

鸡、火鸡、鸭、鹅、鹌鹑、雉鸡、鹧鸪、鸵鸟、孔雀等多种禽类易感，多种野鸟也可感染发病。

4. 潜伏期

病毒毒力、家禽免疫情况、品种和抵抗力、饲养管理和营养状况、环境卫生及应激因素等都会影响潜伏期。潜伏期可从数小时到数天，最长可达 21 天。世界动物卫生组织《陆生动物卫生法典》将高致病性禽流感的潜伏期定为 21 天。

5. 发病率和病死率

与宿主、感染毒株和禽群免疫状况等因素密切相关，最高可达 100%。

6. 季节性

没有明显的季节性，但冬春多发。

二、临床表现

(1)饮水量异常变化、采食量下降。

(2)精神沉郁,嗜睡,可见扭颈等神经症状;呼吸困难,有呼吸道症状。

(3)冠髯发绀、发紫,脚鳞或有出血。

(4)产蛋突然下降,软壳蛋、畸形蛋增多。

(5)发病率高,发病急、死亡快。

(6)鸭、鹅等水禽可见腹泻和神经症状,有时可见角膜发红、充血、有分泌物,甚至失明。

三、剖检变化

(1)气管弥漫性充血、出血,有少量黏液;肺部有炎性症状。

(2)腹腔有浑浊的炎性分泌物;肠道可见卡他性炎症;输卵管内有浑浊的炎性分泌物,卵泡充血、出血、萎缩、破裂,有的可见卵黄性腹膜炎;胰腺边缘有出血、坏死。

(3)心冠及腹部脂肪出血;腺胃肌胃交界处可见带状出血,腺胃乳头可见出血;盲肠扁桃体肿大出血;直肠黏膜及泄殖腔出血。

急性死亡家禽有时无明显剖检变化。

四、实验室诊断

(一)样品的采集、运输和保存

尽量在发病初期采集具有典型临床症状的禽只样品。采样过程中应避免交叉污染,并规范填写采样登记表。

1. 血清样品的采集

无菌采集禽类的血液,每只约 2 mL,编号并填写相应采样单。待血液凝固,血清析出后,收集血清用于血凝抑制(HI)检测。

2. 病原学样品的采集

活禽可采集咽喉和/或泄殖腔拭子样品,病死禽可采集气管、肺和脑等组织样品。

拭子样品。取咽喉拭子时将拭子深入喉头及上腭裂来回刮 2～3 次并旋转,取分泌液;取泄殖腔拭子时将拭子深入泄殖腔旋转一圈并蘸取少量粪便;将采样后的拭子分别放入盛有 1.2 mL 采样缓冲液的 2 mL 采样管中,编号并填写相应采样单。

组织样品。发病禽可无菌采集气管、肺、脑、肠(包括内容物)、肝、脾、肾、心等组织脏器,装入无菌采样袋或其他灭菌容器,编号并填写相应采样单。

3. 样品保存、包装和运输

样品采集后置保温箱中,加入预冷的冰袋,密封,尽量 24 h 内送到实验室。样品的包装和运输应符合农业农村部《高致病性动物病原微生物菌(毒)种或者样本运输包装规范》等规定。

样品运抵后应尽快处理。病原学样品 4 ℃存放不得超过 4 天,否则应在－70 ℃下保存;在样品保存过程中,应避免反复冻融;尽量避免在－20 ℃下保存。血清学样品在 1 周内能检测，则保存在 4 ℃环境中，否则应在－20 ℃下保存。

(二)血清学检测

采用 HI 试验，检测血清中 H5 或 H7 亚型禽流感病毒血凝素抗体。HI 抗体水平≥2^4，结果判定为阳性。

(三)病原学检测

1. 病原学快速检测

采用反转录-聚合酶链反应(RT-PCR)或实时荧光定量 RT-PCR 等方法。

2. 血凝素基因裂解位点序列测定

对血凝素基因裂解位点的核苷酸序列进行测定，与高致病性禽流感病毒基因序列比对。

3. 病毒分离与鉴定

采用鸡胚接种或细胞培养分离鉴定病毒。从事高致病性禽流感病毒分离鉴定，必须经农业农村部批准。

4. 致病性测定

静脉内接种致病指数(IVPI)大于 1.2 或用 0.2 mL 1∶10 稀释的无菌感染流感病毒的鸡胚尿囊液，经静脉注射接种 8 只 4～8 周龄的易感鸡，在接种后 10 天内，能致 6～7 只或 8 只鸡死亡，即死亡率≥75％。

五、结果判定

(一)可疑病例

禽群发病率、死亡率超出正常范围，且符合下述标准之一的，判定为可疑病例。

1. 临床判断标准

(1)脚鳞出血。

(2)冠髯发绀，头部和面部水肿。

(3)产蛋突然下降，软壳蛋、畸形蛋增多。

(4)出现神经症状。

符合上述条件之一的，判定为符合临床标准。

2. 剖检病变标准

(1)消化道、呼吸道黏膜广泛充血、出血。

(2)心冠及腹部脂肪出血。

(3)卵泡充血、出血，可见卵黄性腹膜炎。

(4)腺胃肌胃交界处可见带状出血。

符合上述条件之一的，判定为符合剖检病变标准。

(二)疑似病例

对临床可疑病例,经市(地)、县级动物疫病预防控制机构实验室检测为H5或H7亚型禽流感病毒核酸阳性的,判定为疑似病例。

(三)确诊病例

对疑似病例,省级动物疫病预防控制机构经RT-PCR或实时荧光定量RT-PCR方法复核阳性,且测序证实含有高致病性禽流感病毒分子特征的病毒核酸或病毒分离鉴定为高致病性禽流感病毒的,可判定为确诊病例。

附件 2

人员防护技术规范

一、疫情处置人员

(1)进入疫情处置相关场所时,疫情处置人员应穿防护服和胶靴,佩戴橡胶手套、N95口罩、护目镜。

(2)离开疫情处置相关场所时,应在出口处脱掉防护用品,交工作人员进行集中处理,并在换衣区域进行消毒,回到驻地后要洗浴。

二、饲养人员

饲养人员一般不参与疫情处置工作,特殊情况下参与疫情处置工作的,应采取适当的防护措施:

(1)与可能感染的家禽及其粪便等污染物品接触前,必须戴口罩、手套和护目镜,穿防护服和胶靴。

(2)工作完毕后,脱掉防护用品,交工作人员进行集中处理,并洗浴。同时,要对可能污染的衣物须用70 ℃以上的热水浸泡5 min或用消毒剂浸泡,然后再用肥皂水洗涤,于太阳下晾晒。

三、健康监测

(1)免疫功能低下、60岁以上和有慢性心脏和肺脏疾病的人员原则上不应参与家禽接触的疫情处置工作。

(2)疫情处置人员和家禽饲养人员应及时报告健康异常情况。

(3)所有暴露于感染或可能感染场所的人员均应接受卫生健康部门监测。

(4)出现呼吸道感染症状的人员及其家人应尽快接受卫生健康部门检查。